U0316414

高职高专信息技术类专业项目驱动模式规划教材

办公软件 应用项目实训

王 芹 钟玉珍 主 编

高文铭 郭 彦 副主编

清华大学出版社

北 京

内 容 简 介

本书以 Office 2010 为平台,采用"项目引领、任务驱动"的编写思路,通过项目背景、项目分析、项目实施、项目拓展、项目小结和课后练习 6 个教学环节,以及多方位、多层次的训练,提高读者使用办公软件处理日常办公事务的能力,以适应现代化办公应用的需要。本书的每一个项目都是一个综合案例,作者力求所用项目案例具有新颖性、实用性及系统性,能够指导读者循序渐进、由浅入深地掌握办公软件操作技能与技巧。

本书是理实一体的办公软件应用教材,不仅可以作为大中专、高职院校相关专业的教材,还可以作为培训学校的培训教材。本书适合利用 Office 处理办公事务的各类人员使用,也适合希望对 Office 的使用从入门到精通的广大读者及电脑爱好者使用。

图书在版编目(CIP)数据

办公软件应用项目实训 / 王芹,钟玉珍主编. --北京:清华大学出版社,2013(2017.3 重印)
高职高专信息技术类专业项目驱动模式规划教材
ISBN 978-7-302-32706-6

Ⅰ. ①办⋯ Ⅱ. ①王⋯ ②钟⋯ Ⅲ. ①办公自动化-应用软件-高等职业教育-教材
Ⅳ. ①TP317.1

中国版本图书馆 CIP 数据核字(2013)第 125538 号

责任编辑:孟毅新
封面设计:傅瑞学
责任校对:刘 静
责任印制:何 芊

出版发行:清华大学出版社
       网   址:http://www.tup.com.cn,http://www.wqbook.com
       地   址:北京清华大学学研大厦 A 座   邮   编:100084
       社 总 机:010-62770175   邮   购:010-62786544
       投稿与读者服务:010-62776969,c-service@tup.tsinghua.edu.cn
       质 量 反 馈:010-62772015,zhiliang@tup.tsinghua.edu.cn
       课 件 下 载:http://www.tup.com.cn,010-62795764
印 装 者:三河市少明印务有限公司
经   销:全国新华书店
开   本:185mm×260mm   印   张:18.75   字   数:416 千字
版   次:2013 年 8 月第 1 版   印   次:2017 年 3 月第 5 次印刷
印   数:6001～7000
定   价:38.00 元

产品编号:048681-01

随着计算机的普及,熟练使用办公软件成为人们必须掌握的技能之一。本书从工作、学习、生活中经常遇到的实际问题出发,设置不同的项目,使读者快速掌握办公软件操作技能,会用所学的知识灵活、快速地解决实际问题,提高其职业技能。

本书根据作者多年从事办公软件教学的经验,从办公的需要综合考虑,让读者了解制作文档、处理数据的正确思路及制作流程;掌握日常办公文档制作、工作表数据管理和处理、常用演示文稿制作方法和技巧,掌握文档制作要点、处理数据时的注意事项,让读者真正快速掌握解决实际问题的方法和实用的办公技巧。

全书共四篇,由 16 个项目组成,每个项目讲解了日常办公应用中的一个案例。这些案例都是针对学生在校期间和今后工作时大多数企事业单位工作的实际需求选定的具有代表性的例子。例如,在 Word 应用中,选用了 Word 基本操作、公文通知、应聘登记表、宣传海报、企业组织结构图、试卷封皮、毕业论文7 个项目。这些项目由浅入深,相互关联,每个项目解决一个实际应用问题。每学完一个项目,学生就可以把所学到的方法和技巧直接应用到实际工作中,具有很强的实践性和实用性。

本书具有以下特色:

- 所选项目具有较强的实用性,注重应用能力的培养。
- 采用“项目引领、任务驱动”的编写方式,强调“学其所用,用其所学”。
- 设置多个实践性环节,旨在指导学生循序渐进、由浅入深地掌握办公软件操作技能。
- 书中插入了技巧、提示、技能链接,使读者对相应的知识点、操作技巧深入掌握,以提高办公效率。

参考的授课计划或学习计划如下表所示。

项目名称	课 程 内 容	建议课时	知识技能要点
项目 1	Word 2010 的应用——Word 2010 的基本操作	4	1. 文档制作基本流程 2. Word 2010 的基本操作
项目 2	制作“公文通知”——文档的创建与编辑	4	1. 常用办公文档和商务文档的格式设置方法 2. 常用办公文档和商务文档的格式排版技巧 3. 常用办公文档和商务文档编辑与撰写能力
项目 3	制作应聘登记表——表格的设计与应用	4	1. 创建、编辑、格式化表格的方法 2. 单元格合并与拆分,制作不规则表格的方法 3. 根据实际需要设计并制作出美观、实用的表格

项目名称	课 程 内 容	建议课时	知识技能要点
项目 4	制作宣传海报——图片的设计与应用	4	1. 在文档中插入各种对象的方法 2. 分栏操作 3. 各种图形对象的格式设置、图形与文字环绕设置 4. 图文混排技巧
项目 5	制作企业组织结构图——SmartArt 图形的应用	4	1. 利用 SmartArt 图形功能创建流程图 2. 对流程图进行编辑、美化
项目 6	制作考试试卷袋封面——邮件合并	4	1. 邮件合并的基本方法和步骤 2. 使用图片、艺术字等对象设计邮件合并主文档 3. 使用邮件合并功能批量制作信函的方法 4. 使用信封向导制作批量信封的方法
项目 7	编排毕业论文——长文档处理	8	1. 分节符、分页符的使用方法 2. 页眉、页脚的设置与页码的编制方法 3. 样式的创建、应用及修改 4. 自动生成目录的方法 5. 插入题注、脚注与尾注 6. 用所学的知识对长文档进行编排与修饰 7. 审阅长文档
项目 8	Excel 2010 的应用——Excel 2010 的基本操作	2	1. 电子表格制作流程 2. Excel 2010 的基本操作
项目 9	制作员工基本信息表——表格的设计与创建	4	1. 工作表格式设置与打印 2. 使用 Excel 灵活设计、制作日常工作报表
项目 10	分析学生成绩单——公式与函数的应用	4	1. 常用函数及公式的使用方法 2. 区分单元格相对引用和绝对引用及各自引用的场合
项目 11	分析学生指法竞赛成绩——数据处理操作	4	1. 数据排序、筛选、分类汇总、合并计算、数据透视表的方法与技巧 2. 根据需要,对数据清单进行排序、筛选、分类汇总、合并计算,并制作数据透视表
项目 12	制作销售统计表——图表的制作	4	1. 创建、编辑、修改、美化图表的方法和技巧 2. 根据需要,用图表来直观地反映数据关系
项目 13	PowerPoint 2010 的应用——PowerPoint 2010 的基本操作	2	1. 演示文稿制作流程 2. PowerPoint 2010 的基本操作
项目 14	制作产品演示文稿——演示文稿的制作	4	1. 在幻灯片中插入各种对象的方法 2. 幻灯片的美化方法和技巧 3. 超链接的设置 4. 根据工作情景制作一个符合主题思想的演示文稿
项目 15	"毕业答辩"演示文稿——多媒体与动画的应用	4	1. 幻灯片中动画效果、切换效果的设置 2. 演示文稿放映、打包、打印等操作
项目 16	制作招生简章——Office 2010 综合应用	4	1. 在 Word 中嵌套 Excel 表格 2. 在 Word 中嵌套 Excel 图表 3. 将 Word 文档转换为幻灯片的方法
累计课时		64	

　　本书由王芹、钟玉珍担任主编,高文铭、郭彦担任副主编,杨建毅担任主审。王芹编写第一篇和第三篇,钟玉珍编写第二篇,高文铭、郭彦编写第四篇,王芹负责全书的统稿工作,参加编写工作的还有杨家敏、任凤娟、孙凌玲。尽管我们在本书的编写方面做了许多努力,但由于作者水平有限,书中难免有疏漏之处,敬请读者批评指正。

编　者

2013 年 6 月

第一篇　Word 2010 文字处理应用

第二篇　Excel 2010 电子表格的应用

第三篇　PowerPoint 2010 的应用

第四篇   三合一完美结合

第一篇

Word 2010 文字处理应用

Word 2010 中文文字处理软件是办公自动化套件 Office 2010 中文版的重要成员之一。本篇介绍 Word 2010 的应用，内容包括 Word 2010 中文档的创建与编辑、表格的应用、图片的应用、SmartArt 图形的应用、邮件合并的方法及长文档的处理。

项目 1　Word 2010 的应用——Word 2010 的基本操作

项目 2　制作"公文通知"——文档的创建与编辑

项目 3　制作应聘登记表——表格的设计与应用

项目 4　制作宣传海报——图片的设计与应用

项目 5　制作企业组织结构图——SmartArt 图形的应用

项目 6　制作考试试卷袋封面——邮件合并

项目 7　编排毕业论文——长文档处理

Word 2010 的应用——Word 2010 的基本操作

【项目背景】

走上工作岗位不久的张泽在学院的院长办公室工作,他感到 Office 软件应用较多,所以想先熟悉一下。他通过上网了解到 Word 是 Office 中最常用的三大组件之一,其主要作用是创建、编辑、排版、打印各类文档,完成书信、公文、报告、论文、商业合同的写作、排版等文字编辑处理工作。Word 2010 比以往的 Word 版本有着更为强大的功能和更易于操作的界面环境,他想了解 Word 2010 具体的应用,该从哪里入手呢?

【项目分析】

Word 2010 提供了一套非常完整的工具,使用户可以很方便地输入和编辑文本,制作出各种具备专业水准的文档。首先应了解 Word 2010 的知识体系和制作流程,然后熟悉 Word 2010 的基本操作。

【项目实施】

本项目可以通过以下几个任务来完成:

任务 1.1　认识 Word 2010 的知识体系

任务 1.2　了解 Word 2010 的制作流程

任务 1.3　熟悉 Word 2010 的基本操作

任务 1.1　认识 Word 2010 的知识体系

Word 2010 的知识体系基本上分为 5 个方面:文字输入与编辑、格式设置、图形和表格化文档、自动化处理及打印输出。每个方面包含的具体内容如图 1-1 所示。

文字输入与编辑	• 输入各种内容：数字、汉字、英文字符、标点、特殊符号 • 基本编辑技巧：插入、删除、复制、移动、撤销、重复、查找与替换
格式设置	• 单独设置：字体、字号、字形、颜色、特殊效果、段落对齐、段落缩进、段间距与行间距、制表位、项目符号、边框与底纹 • 批量设置：样式、模板
图形和表格化文档	• 添加图形对象：插入图片、剪贴画、艺术字、绘制图形、文本框 • 添加表格：插入表格、绘制表格、调整表格结构、设置表格的格式 • 设置对象格式：调整大小与颜色、裁剪图片、艺术效果、文字环绕方式
自动化处理	• 常规自动化：标题编号与自动化、图和表编号自动化、目录自动化、脚注和尾注自动化 • 特殊自动化：添加域、录制宏、Word VBA开发自动化程序
打印输出	• 页面设置：纸张大小、纸张方向、页边距、页码、页眉与页脚、分栏、分页与分节 • 打印输出、打印预览、设置打印范围、指定打印选项、正确打印

图 1-1　Word 2010 的知识体系

任务 1.2　了解 Word 2010 的制作流程

　　了解 Word 知识体系结构对于制作文档的流程相当重要。当然，文档的要求不同，其制作流程有些变化，但基本流程如图 1-2 所示。在整个流程中，可能不需要某些步骤，根据实际问题灵活选用。

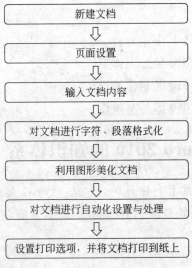

图 1-2　文档制作流程图

任务 1.3　熟悉 Word 2010 的基本操作

1.3.1　了解 Word 2010 窗口

　　如图 1-3 所示,Word 2010 中各组件的操作界面和 Word 2007 相似,它不再延续之前版本的下拉菜单,而是将应用程序中的所有功能以选项卡的形式分类集中到"功能区",并将使用频率最高的"保存"、"撤销"、"重复"命令放在快速访问工具栏中,简化了用户的操作。

图 1-3　Word 2010 界面

1. 标题栏

标题栏位于窗口的最上方。在 Word 2010 中,标题栏共有 3 个部分。
(1)"快速访问"工具栏:主要用于显示各种常用工具和自定义工具。
(2)标题部分:显示当前编辑的文档名称。
(3)窗口控制按钮:主要用于最小化、最大化/向下还原、关闭文档窗口。

2. 选项卡和功能区

　　选项卡位于标题栏的下方,主要分为"文件"、"开始"、"插入"等 10 个部分。"文件"选项卡与其他 9 个不同,是 Word 2010 保留的唯一一个下拉菜单,其功能与此前版本的"文件"菜单一样,如图 1-4 所示。对于其他 9 个选项卡,每个选项卡都对应着各自的功能区,通过单击选项卡,可以在不同的功能区切换。例如,单击"开始"选项卡,即进入"开始"功能区,如图 1-5 所示。

图 1-4 "文件"选项卡

图 1-5 "开始"选项卡

3. 文档编辑区

文档编辑区位于文档窗口的中心位置,用户可以在这里执行输入和编辑等操作。在编辑区会出现一个不停闪烁的光标"|"来提示用户当前的编辑位置,如图 1-6 所示。

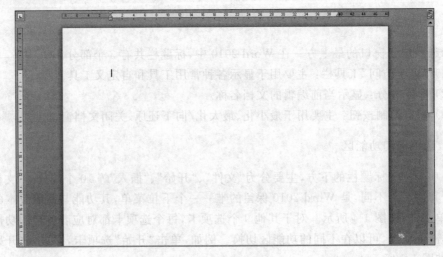

图 1-6 文档编辑区

在文档编辑区的上方和左方各有一个标尺,即水平标尺和垂直标尺。其中,水平标尺在"页面视图"、"Web 版式视图"和"普通视图"模式下可以看到;垂直标尺只有在"页面视图"模式下才能看到。标尺的作用是帮助用户查看文档的宽度,查看和设置制表符的位置、段落缩进的位置以及文档的左右界限。

4. 状态栏

状态栏位于窗口底部,主要显示当前文档的状态信息,如显示当前文档的页数/总页数、文档字数、是否处于改写状态、视图切换按钮和显示比例等信息。用户只需拖动显示比例上的滑块,即可改变文档的显示比例,如图 1-7 所示。

图 1-7　状态栏

5. Word 2010 的视图

Word 2010 提供了多种视图,让用户以不同的方式查看文档。单击"视图"选项卡,在对应的功能区中有如图 1-8 所示的文档视图模式。

1.3.2　新建和保存文档

启动 Word 2010 应用软件,自动打开一个名为"文档 1"的空白文档,可以直接在该文档中进行编辑,也可以新建其他空白文档,或根据 Word 2010 提供的模板文件新建文档。

图 1-8　Word 2010 视图

(1)单击"文件"→"新建"命令,如图 1-9 所示,在中间的"可用模板"列表框中选择文档模板的类型,然后单击"创建"按钮,即可创建相应的文档。

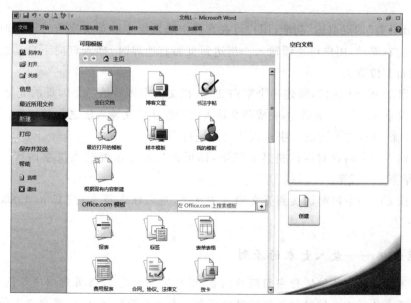

图 1-9　新建文档

（2）为了将新建的或经过编辑的文档永久地存放在计算机中，可以保存该文档。单击"快速访问"工具栏中的"保存"按钮![保存图标]，打开"另存为"对话框，如图 1-10 所示。在"文件名"文档框中输入保存后的文档名称，在"保存类型"下拉列表中选择文档的保存类型，然后单击"保存"按钮。

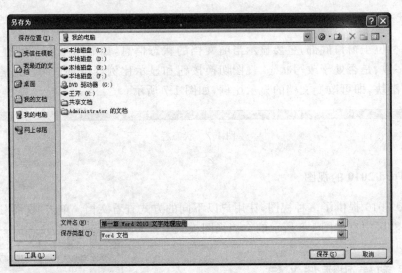

图 1-10　保存文档

技巧　在 Word 2010 中，单击"文件"→"最近使用文档"命令，然后在下拉菜单中选择准备打开的文档，即可打开最近使用过的文档。

1.3.3　输入文本

Word 具有"即点取输"功能，用户可在文档中输入汉字和英文字符。输入时，插入点自动自左向右移动，用户可连续输入。当达到页面右边界时，插入点向下自动换行，移到下一行的行首位置。

（1）启动 Word 2010，新建一个空白文档，在文档中将显示一个闪烁的光标。如果要输入中文汉字，按 Ctrl＋空格键，完成英文输入法和默认中文输入法之间的切换。按 Ctrl＋Shift 组合键，可以在不同的汉字输入法之间进行切换。

（2）输入文字内容对应的拼音和笔形，即可在光标显示处输入汉字内容。按 Enter 键换行，结束一个段落。

（3）按 Ctrl＋空格键切换到英文输入法状态，可以输入英文；按 Caps Lock 键，切换字母大小写。

技能链接——录入文本的原则

（1）不要使用空格键进行字间距的调整，以及居中方式、段落首行缩进等设置。

（2）不要使用回车键对段落间距进行调整。当一个段落结束时，再按回车键。

（3）不要使用连续按回车键产生空行的方法进行分页设置。

1.3.4　插入特殊符号

在文档编辑过程中，经常需要输入键盘上没有的字符，通过 Word 中插入符号的功能来实现。

（1）将光标定位到要插入符号的位置，然后单击"插入"→"符号"→"符号"按钮 Ω 符号▾，在弹出的下拉菜单中选择"其他符号"命令。

（2）在打开的"符号"对话框中选择需要的符号图标，然后单击"插入"按钮。

1.3.5　删除文本

删除文本内容是指将指定的内容从文档中清除。删除文本内容有以下几种方法：

（1）按 Backspace 键，可删除光标左侧的字符；按 Delete 键，可删除光标右侧的字符。

（2）选择准备删除的文本块，然后按 Delete 键。

（3）选择准备删除的文本块，然后单击"开始"→"剪贴板"→"剪切"按钮 ✄。

技能链接——利用插入或改写功能修改文本

（1）插入：插入新的文字后，文字后面的内容将随光标自动向后移动。

（2）改写：插入新的文字后，新的文字将自动替换光标后面的文字。通过状态栏中的"插入/改写"来切换插入或改写功能，或者按 Insert 键。

1.3.6　文本编辑

编辑文本的操作主要包括选择文本、移动文本、复制文本和删除文本，还可以撤销前一次的编辑，或者恢复撤销的编辑。

1. 选择文本

无论要对文本进行何种操作，都需要先选择该文本。表 1-1 列出了用鼠标选择文本的方法。

表 1-1　用鼠标选择文本的操作方法

要选中的文本	操 作 方 法
任意数量的文本	在要开始选择的位置单击，然后按住鼠标左键不放，并拖动选择需要的文字
一个词	在单词中的任何位置双击鼠标
一个句子	按住 Ctrl 键，在句中任意位置单击鼠标，可选中两个句号中间的一个完整句子
一行文本	将鼠标指针指向段落左侧的选定栏，等鼠标指针变成向右箭头，单击鼠标左键

续表

要选中的文本	操 作 方 法
选择一段	将鼠标指针指向段落左侧的选定栏,等鼠标指针变成向右箭头,双击鼠标左键;也可连续三击该段落的任意部分
一大块文本	单击要选择文本的起始处,然后滚动到要选择内容的结尾处,在按住 Shift 键的同时单击鼠标
不连续的文本	先选择第一个文本区域,再按住 Ctrl 键,选择其他文本区域
整篇文章	将鼠标指针指向段落左侧的选定栏,等鼠标指针变成向右箭头后,连击三次
纵向选择文本内容	按住 Alt 键,然后从起始位置拖动鼠标到终点位置

技巧 若文本比较长,拖动鼠标会非常不方便。可以采用下面的方法选定大区域文本:将鼠标指针置于需选定的文本开始位置,然后将光标移动到需选定文本区,同时按下 Shift 键。

2. 移动文本

移动文本是指将一处文本移到另一处,以便重新组织文档的结构。

(1)将鼠标指针指向选定的文本,鼠标指针变成箭头形状。

(2)按住鼠标左键拖动出现一条虚线,将插入点移到目标位置。

(3)释放鼠标左键,选定的文本从原来的位置移动到新的位置。

3. 复制文本内容

复制文本内容是指将文档中某处的内容经过复制操作,在指定位置获得完全相同的内容。复制后,原位置上的内容依然存在,在新位置将产生与原位置完全相同的内容。

(1)选择要复制的文本内容,然后单击"开始"→"剪贴板"→"复制"按钮。

(2)在要复制到的位置单击,然后单击"开始"→"剪贴板"→"粘贴"按钮,即将选择的文本复制到指定的位置。

技巧 按下 Ctrl+C 组合键,可以快速地将选定内容复制到剪贴板上。

按下 Ctrl+X 组合键,可以快速地将选定内容移动到剪贴板上。

按下 Ctrl+V 组合键,可以快速地将选定内容粘贴到目标位置。

4. 撤销和重复

在 Office 中,用户随时可以对某一步执行"撤销"操作。如果觉得某一步操作有问题,希望返回该步骤操作前的状态,可以使用"撤销"命令。如果要取消已撤销的操作,返回撤销前的状态,只需执行"恢复"操作即可。可以撤销和重复 100 多次操作。即使在保存文档之后,单击"重复"按钮,还可以重复任意次数的操作。在 Office 2010"快速访问"工具栏中的"撤销"和"恢复"按钮如图 1-11 所示。

如果要同时撤销多项操作,可单击"撤销"下三角按钮,然后在下拉列表中选择。

当撤销了某项操作后,"快速访问"工具栏中的"重复"按钮变为"恢复"按钮,如图 1-12 所示。

图 1-11　"撤销"和"恢复"按钮　　　　　　　　　图 1-12　"撤销"和"重复"按钮

技巧　按下 Ctrl＋Z 组合键,可以快速地撤销上一步操作。

按下 Ctrl＋Y 组合键,可以快速地恢复上一步操作。

项目拓展:设置文档格式和页面布局

1. 设置文本格式

文本格式编排决定字符在屏幕上和打印时的出现形式。Word 提供了强大的设置字体格式的功能,包括字体、字号、字形、颜色、字符间距及特殊的阴影等修饰效果。默认的中文字符格式为宋体 5 号字,英文字符格式是 Time New Roman。

（1）选中要设置字符格式的文字,然后单击"开始"→"字体"选项组,如图 1-13 所示,分别通过"字体"、"字号"下拉列表设置字体和字号。

（2）单击"开始"→"字体"→"字体颜色"按钮,设置字体颜色。

图 1-13　"字体"选项组

（3）单击"开始"→"字体"选项组右下角的"对话框启动器"按钮，打开"字体"对话框,如图 1-14 所示。在"字体"选项卡中,可以设置字体的其他效果。

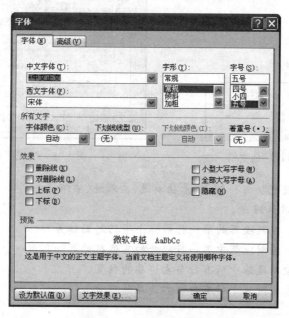

图 1-14　"字体"对话框

2. 设置段落格式

在 Word 中输入文字时，每按一次回车键，就表示一个自然段结束，另一个自然段开始。为了便于区分每个独立的段落，在段落的结束处都会有一个段落标记 ↵。段落标记不仅用来标记一个段落的结束，它还保留着有关该段落的所有格式设置，如段落样式、对齐方式、缩进大小、行距及段落间距。

在编辑文档时，需要设置段落格式，包括段落的对齐方式、段落的缩进、段落间距和行距等。设置段落格式，可以使文档结构清晰、层次分明。

（1）选择要设置格式的段落，然后单击"开始"→"段落"选项组中对应的工具按钮，可以快速设置相应的格式，如图 1-15 所示。

（2）单击"开始"→"段落"选项组右下角的"对话框启动器"按钮，打开"段落"对话框，如图 1-16 所示。在"段落"对话框中，可以设置段落的其他格式。

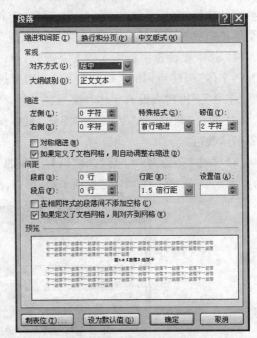

图 1-15 "段落"选项组　　　　　　　图 1-16 "段落"对话框

提示：段落缩进包括首行缩进、悬挂缩进、左缩进、右缩进四种类型，可以利用"段落"对话和标尺来设置段落缩进。

（1）首行缩进：控制段落的第一行第一个字的起始位置。

（2）悬挂缩进：控制段落中第一行以外的其他行的起始位置。

（3）左缩进：控制段落中所有行与左边界的位置。

（4）右缩进：控制段落中所有行与右边界的位置。

3. 页面设置

Word 2010 在建立新文档时，已默认了页面布局的参数设置，但是由于要制作的文档

类型不同,常常要对其进行修改和重新设置。在"页面布局"选项卡中,可以看到如

图 1-17 所示的"页面设置"选项组,利用其中的工具可以设置页面的常规格式。单击右下角的"对话框启动器"按钮

 ,还可以在弹出的"页面设置"对话框中设置页面参数。

图 1-17　"页面设置"选项组

　　(1) 单击"页面布局"→"页面设置"→"纸张大小"按钮,可以设置纸张的大小。

　　(2) 单击"页面布局"→"页面设置"→"纸张方向"按钮,可以设置纸张的方向。

　　(3) 单击"页面布局"→"页面设置"→"页边距"按钮,可以设置页边距。

项目小结

　　通过本项目,了解 Word 的基本知识和制作文档的一般流程,快速熟悉 Word 2010 的操作环境和基本操作。

课后练习:制作企业录用通知书

　　本练习制作如图 1-18 所示企业录用通知书。

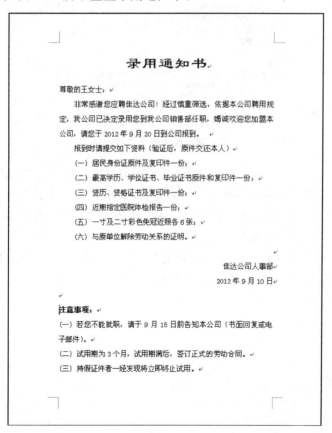

图 1-18　录用通知书

（1）新建 Word 文档。启动 Word 2010，自动打开一个名为"文档 1"的空白文档。单击"快速访问"工具栏上的"保存"按钮，在打开的"另存为"对话框中将该文档存在"我的文档"中，文件名为"录用通知书"。

（2）设置页面布局。单击"页面布局"→"页面设置"→"纸张大小"按钮，设置纸张大小为"16 开"。然后单击"页面布局"→"页面设置"→"页边距"→"自定义页边距"命令，打开"页面设置"对话框。在"页边距"选项卡中设置"上"、"下"、"左"、"右"边距分别为：2.5 厘米、2.5 厘米、3 厘米、3 厘米。

（3）输入文档内容。在光标处输入"录用通知书"，然后按 Enter 键，将插入点移动到下一行，继续输入其他文档内容。输入的文字如图 1-19 所示。

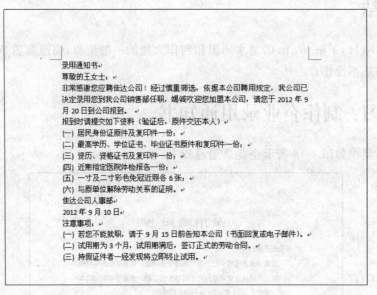

图 1-19　输入的文字内容

（4）设置文档的格式。选中标题文本"录用通知书"，设置字体为"隶书"，字号为"一号"，并将该文本"居中"对齐。选择其他所有文字，设置字体为"宋体"，字号为"小四"。选中"佳达公司人事部"和"2012 年 9 月 10 日"两段文字，设置文本"右对齐"，并将第一段至第八段设置为首行缩进 2 个字符。

（5）打印输出文档。如果有打印机，单击"文件"→"打印"命令，然后指定打印的页面范围、打印的份数等，单击"打印"按钮，即开始打印。

项目 2

制作“公文通知”——文档的创建与编辑

【项目背景】

2012 年 4 月 25 日早上，张泽接到在外出差的办公室主任李远的电话，要求他按照学院的安排，起草一份有关“劳动节”放假的通知，并以文件的形式发给各部门。张泽从未接触过文件，那么，接到任务后，他如何去做呢？

本项目将以帮助张泽制作“劳动节”放假通知为例，如图 2-1 所示，介绍普通文档从新建、简单页面设置、输入与编辑内容、格式化文本到最终保存的操作过程。

春 城 学 院

院办〔2012〕20 号

关于 2012 年劳动节放假通知

学院各部门：

根据上级部门有关文件精神，结合学院实际情况，现将 2012 年劳动节放假时间确定为：4 月 29 日— 5 月 1 日，5 月 2 日上班。4 月 28 日（星期六）正常上班，执行星期一课表（含星期一晚公选课）。

请教务、学生、保卫等部门做好放假相关准备工作；请各部门将假期值班表报保卫处。

春城学院

2012 年 4 月 26 日

主题词：放假 通知

抄送:各部门	共印 10 份
春城学院	2012 年 4 月 26 印发

图 2-1 “公文通知”

【项目分析】

无论是政府机关还是公司企业,在传达正式信息时,经常采用公文的形式。这类文档由于具有公示性,往往要求用语准确,格式固定。公文虽然很多,如公司决定、通知、通报、议案、公告等,但其通用文体结构基本相同,精通一种公文的撰写与格式设置后,其他公文就能在短时间内完成编辑与设置。

利用 Word 2010 可以完成"公文通知"的编辑任务。

【项目实施】

本项目可以通过以下几个任务来完成:

任务 2.1　新建 Word 文档

任务 2.2　输入与编辑文本

任务 2.3　设置公文格式

任务 2.4　插入横线

任务 2.5　检查"拼写和语法"格式

任务 2.6　保存为 PDF 格式的文件

任务 2.1　新建 Word 文档

1. 新建、保存文档

(1) 启动 Word 2010 应用软件,自动打开一个名为"文档 1"的空白文档。此文档默认的纸张大小为 A4(21 厘米×29.7 厘米),纸张方向为纵向,视图方式为页面视图。

(2) 单击"快速访问"工具栏上的"保存"按钮🖫,在打开的"另存为"对话框中选择保存位置、输入文件名及选择保存类型,如图 2-2 所示,然后单击"保存"按钮。

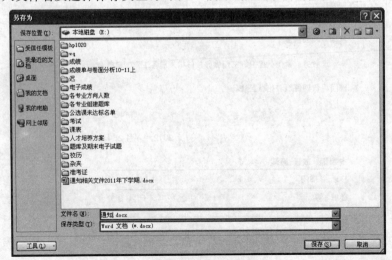

图 2-2　"另存为"对话框

技能链接——视图方式

Word 2010 为用户提供了页面、阅读版式、Web 版式、大纲、草稿 5 种视图。一般的默认视图为页面视图。有时，默认方式会被修改，因此打开文档之后，需首先确定视图方式为页面视图。

2. 页面布局

单击"页面布局"→"页面设置"→"页边距"按钮，在弹出的下拉菜单中选择"自定义页边距"命令，打开"页面设置"对话框。在"页面设置"选项卡中，设置"上"、"下"、"左"、"右"页边距，如图 2-3 所示。

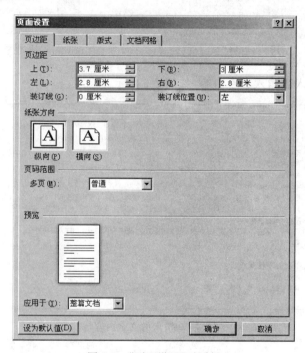

图 2-3　"页面设置"对话框

提示：用户可在"视图"→"显示"选项组中选中"标尺"复选框，然后将光标指向标尺上灰色与白色刻度的分界处。当光标变为双向箭头时，向上、下、左或右拖动鼠标，即可快速调整 4 个边距的大小。

任务 2.2　输入与编辑文本

在 Word 2010 工作窗口中闪烁的竖条"|"称为插入点，表示新插入文字或对象的位置，即可在该位置直接输入文字。可以通过鼠标或键盘移动插入点。在 Word 2010 中，用户输入的文字自动从左向右排列，当达到页面右侧边界后，自动换行。输入完一些文字后，如果按 Enter 键，Word 2010 会自动增加一个段落。自文字输入开始到回车符，称为

一个段落。

（1）调出"语言栏"。然后用鼠标右键单击"任务栏"空白处，在弹出的快捷菜单中单击"工具栏"下的"语言栏"命令，如图 2-4 所示。

（2）单击"语言栏"中的 图标，即可显示当前操作系统中可使用的输入法列表，如图 2-5 所示。当前正在使用的输入法旁会显示符号"√"，如"王码五笔型输入法"。

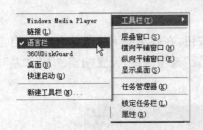

图 2-4　调用"语言栏"　　　　　　　　　　图 2-5　使用五笔输入法

（3）用五笔输入法输入文字内容，如图 2-6 所示。

春城学院
院办〔2012〕20 号
关于 2012 年劳动节放假通知
学院各部门：
根据上级部门有关文件精神，结合学院实际情况，现将 2012 年劳动节放假时间确定为：4
月 29 日—5 月 1 日，5 月 2 日上班。4 月 28 日（星期六）正常上班，执行星期一课表（含
星期一晚公选课）。
请教务、学生、保卫等部门做好放假相关准备工作；请各部门将假期值班表报保卫处。
春城学院
2012 年 4 月 26 日
主题词：放假　通知
抄送:各部门共印 10 份
春城学院 2012 年 4 月 26 印发

图 2-6　输入的文字内容

📌**技巧**　中、英文标点符号有显著的不同。由于键盘上没有相应的中文标点符号，Windows 就在某些键盘上定义了常用的中文标点符号，中英文标点符号就有了某种对应关系。为了输入中文标点符号，先选择一种中文输入法，并按 Ctrl＋.（句号）组合键，然后按键盘上的某个按键，就可以输入相应的中文标点符号。

（4）将光标定位于"院办 2012 20 号"中的"2012"左侧，然后单击"插入"→"符号"按钮，在弹出的菜单中选择"其他符号"命令，打开"符号"对话框。选择字体为"普通文本"、子集为"CJK 符号与标点"后，双击显示区域中的左括号符号，如图 2-7 所示。

（5）将光标定位于"院办 2012 20 号"中的"2012"右侧，准备插入右括号。观察图 2-7 所示插入符号中下方的字符代码："3014"，这是左括号对应的编码，那么，右括号编码应该是"3015"。在输入的位置直接输入"3015"，再按 Alt＋X 键，可直接输入右括号。这种方法可用于输入出现频率较高的特定符号。

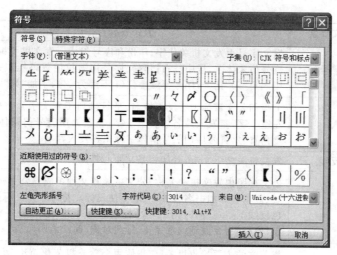

图 2-7   插入符号

任务 2.3   设置公文格式

公文有着固定的格式。公文格式分为眉首、主体、版记三部分。置于公文首页红色反线(又称隔横线)以上的各要素统称眉首;置于红色反线(不含红色反线)以下至主题词(不含主题词)之间的各要素统称主体;置于主题词以下的各要素统称为版记。

公文用纸采用 GB/T(国家标准)148 中规定的 A4 型纸,其成品幅面尺寸为 210mm×297mm。公文用纸天头(上白边)为 37mm±1mm,用纸订口(左白边)为 28mm±1mm,版心尺寸为 156mm×225mm(不含页码),公文各要素遵守的规则如表 2-1 所示。

表 2-1   公文各要素标识规则

公文组成	公文要素	公文各要素标识规则
眉首	公文份数序号	用阿拉伯数字顶格标识在版心左上角第 1 行,采用红色号码机套印
	秘密等级和保密期限	绝密、机密的公文应当标明份数、序号。如需标识秘密等级,用三号黑体字,顶格标识在版心右上角第 1 行,两字之间空 1 字;如需同时标识秘密等级和保密期限,则两项同用三号黑体字,并且密级在前,保密期限置后。秘密等级和保密期限之间用"★"隔开
	紧急程度	紧急程度分为"特急"、"急件"两种。如需标识紧急程度,用三号黑体字,顶格标识在版心右上角第 1 行,并且标识紧急程度的两字之间需要空 1 个汉字;如需同时标识密级、保密期限和紧急程度,则密级和保密期限顶格标识在版心右上角第 1 行,紧急程度顶格标识在版心右上角第 2 行
	发文机关标识	由发文机关全称或规范化简称后加"文件"组成;发文机关标识上边缘至版心上边缘为 25mm。如需标识公文份数序号、秘密等级和保密期限以及紧急程度,可在发文机关标识上空 2 行向下依次标识。发文机关标识原则上使用小标宋体字,用红色标识。字号由发文机关以醒目、美观为原则酌定,但一般应小于 22mm×15mm(高×宽)

续表

公文组成	公文要素	公文各要素标识规则
眉首	发文字号	发文字号由发文机关代字、年份和序号组成。发文机关标识下空2行,用三号仿宋体字,居中排布;年份、序号用阿拉伯数码标识;年份应标全称,用六角"〇"括号;序号不编虚位(1不编为01),不加"第"字
	签发人	上报的公文需标识签发人姓名,平行排列于发文字号右侧。发文字号居左空1字,签发人姓名居右空1字;签发人用三号仿宋体字,签发人后标全角冒号,冒号后用三号楷体字标识签发人姓名
	红色反线	发文机关之下4mm处印一条与版心等宽的红色反线
主体	标题	公文标题由发文机关名称、公文主题和文种组成。公文标题中除法律、法规、规章名称加书名号外,一般不使用标点符号。公文标题一般标识在红色反线下空2行处,用二号小标宋体居中排布,可分一行或多行居中排布;回行时,要做到词意完整,排列对称,间距恰当
	主送机关	指公文的主要接收机关,应当使用全称或规范化简称、统称。标题下空1行,左侧顶格用三号仿宋体字标识,回行时仍顶格;最后一个主送机关名称后标全角冒号。如主送机关名称过多而使公文首页不能显示正文,应将主送机关名称移至版记中的主题词之下、抄送之上,标识方法同抄送
	正文	正文在主送机关名称下1行,用三号仿宋体字,每自然段左边空2字,回行顶格;数字、年份不能回行。用数字表示多层次结构序数。第一层用"一"、"二"、"三"……,第二层用"(一)"、"(二)"、"(三)"……,第三层用"1"、"2"、"3"……,第四层用"(1)"、"(2)"、"(3)"……
	附件	公文如有附件,在正文下空1行左空2字用三号仿字体字标识"附件",后标全角冒号和名称。附件如有序号,使用阿拉伯数码(如"附件:1.××××");附件名称后不加标点符号
	成文日期	用汉字将年、月、日标全;"零"写为"〇";成文日期右对齐
	印章	公文除用"令"发布行政法规、规章,按照法定程序向同级人民代表大会或其常务委员会提请审议事项的议案和少数函件用领导同志签名章外,均应加盖发文机关印章。务必使印章与正文同处一面
版记	主题词	"主题词"用三号黑体字,居左顶格标识,后标全角冒号;词目用三号小标宋体字;词目之间空1字
	抄送机关	公文如有抄送机关,在主题词下1行;左、右各空1字,用三号仿宋体字标识"抄送",标全角冒号;抄送机关间用逗号隔开,回行时与冒号后的抄送机关对齐;在最后一个抄送机关后标句号。如主送机关移至主题词之下,标识方法同抄送机关
	印发机关和印发日期	位于抄送机关之下(无抄送机关,在主题词之下)占1行位置;用三号仿宋体字。印发机关左空1字,印发日期右空1字。印发日期以公文付印的日期为准,用阿拉伯数码标识
	版记中的反线	版记中,各要素之下均加一条反线,宽度同版心

1. 设置发文单位标题和发文字体、字号

(1) 选中发文单位"春城学院"所在段落。

（2）单击"开始"→"字体"选项组，选择字体为"小标宋体"、字号为"初号"、颜色为"红色"。再单击"开始"→"段落"选项组，设置段落格式为"居中"。

技能链接——将小标宋体添加到系统字库中

如果字体列表中没有"小标宋体"，说明系统字库中没有此字体文件。此时，需要先从网上下载"小标宋体"，再通过复制字体文件，粘贴到"开始"→"设置"→"控制面板"的"字体"文件夹中后，才能被用户使用。

（3）选中发文字号"院办〔2012〕20 号"，将字体格式设置为"三号仿宋"，设置段落格式为"居中对齐"、"段后 2 行"。

2. 设置公文标题

选中公文标题"关于 2012 年劳动节放假通知"，设置其字体格式为"二号小标宋体"，段落格式为"居中对齐"、"段前 2 行，段后 1 行"，行距为"单倍行距"。

3. 设置所有正文字体格式

（1）在"学院各部门"文字左侧单击鼠标，同时按住 Shift 键；用鼠标单击"保卫处"文字右侧，选中"学院各部门……保卫处"之间的文字，设置字体格式为"三号宋体"，设置段落格式为"首行缩进 2 个字符"，行距为"1.5 倍行距"。

（2）选中"春城学院"及"2012 年 4 月 16 日"文字，设置字体格式为"三号宋体"，设置段落格式为"右对齐"，行距为"1.5 倍行距"。

4. 设置其他文字格式

（1）选中"主题词"三字，设置字体格式为"三号黑体"；选中"活动 通知"，设置字体为"三号小标宋体"。

（2）选中"抄送：各部门共印 10 份"，设置字体格式为"三号仿宋"。"抄送：各部门"和"共印 10 份"用空格隔开。

（3）选中"春城学院 2012 年 4 月 16 日"，设置字体格式为"三号仿宋"。"春城学院"和"2012 年 4 月 16 日印发"用空格隔开。

任务 2.4 插入横线

1. 在发文机关之下插入一条红色反线

（1）单击"插入"→"插图"→"形状"按钮，弹出如图 2-8 所示的下拉菜单。单击"线条"中的直线工具，按住 Shift 键，在文档中拖动鼠标绘制出一条直线。

（2）选中直线，然后单击鼠标右键，从弹出的快捷菜单中选择"设置形状格式"命令，打开"设置形状格式"对话框。设置"宽度"为"5 磅"，"复合类型"为"由粗而细"，如图 2-9 所示。

（3）选中直线，然后单击"格式"→"形状样式"→"形状轮廓"按钮，在弹出的下拉菜单

图 2-8 "形状"菜单

图 2-9 设置直线的宽度和类型

中选择"标准色"为红色。使用鼠标将红色反线移至发文字号与公文标题之间合适的位置。选中横线后,可使用 Alt 键和方向键进行微调。最后的直线效果如图 2-10 所示。

图 2-10 直线效果图

2. 在主题词下一、二行处插入两条细实线

方法同上。

任务 2.5 检查"拼写和语法"格式

公文设置完毕后,需仔细检查是否有语法、格式错误。

将光标定位在公文的第一个字前,然后单击"快速启动"工具栏→"拼写和语法"按钮

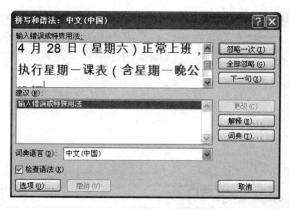，在弹出的"拼写和语法：中文（中国）"对话框中执行更改或忽略处理，如图 2-11 所示。

图 2-11 检查拼写和语法

任务 2.6 保存为 PDF 格式的文件

由于公文不能随意修改，制作者禁止阅读者修改公文文档，可以将公文保存成图片形式。

1. 将"劳动节"放假通知保存为 PDF 格式的文件

单击"文件"按钮，在弹出的下拉菜单中选择"另存为"命令，打开"另存为"对话框，然后设置"保存类型"为"PDF"格式，如图 2-12 所示。

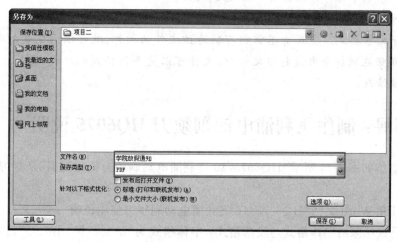

图 2-12 设置文档保存类型为 "PDF"格式

2. 将"劳动节"放假通知保存为模板格式的文件

为了以后能快速设置"通知"类公文，可将当前文档设置为模板文档。

单击"文件"→"另存为"按钮，打开"另存为"对话框，然后在"保存类型"中选择"文档模板",如图 2-13 所示。最后,单击"保存"按钮。

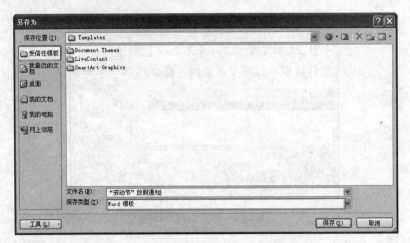

图 2-13　将文档保存为"Word 模板"

 技能链接——PDF 和 XPS 格式

　　PDF 全称 Portable Document Format,译为便携文档格式,是一种电子文件格式。这种文件格式与操作系统平台无关,也就是说,PDF 文件不管是在 Windows、Unix 还是在苹果公司的 Mac OS 操作系统中都是通用的。这一性能使它成为在 Internet 上进行电子文档发行和数字化信息传播的理想文档格式。越来越多的电子图书、产品说明、公司文告、网络资料、电子邮件开始使用 PDF 格式文件。

　　XPS 全称是 XML Paper Specification,是 XML 文件规格书,是一种 Microsoft 公司推出的电子文件格式。使用者不需拥有制造该文件的软件,就可以浏览或打印该文件。XPS 格式确保在联机查看或打印文件时,文件可以完全保持预期格式,文件中的数据不会轻易地被修改。

项目拓展:制作飞利浦电动剃须刀 HQ6075 说明

　　通过制作如图 2-14 所示"HQ6075/16 飞利浦电动剃须刀使用说明"来复习本项目所学知识。

　　(1) 打开 Word 文档"HQ6075/16 飞利浦电动剃须刀使用说明"。

　　(2) 设置标题的字体格式与段落格式:字体格式为"华文行楷、小二号",段落格式为"居中"。

　　(3) 设置正文字体格式与段落格式。字体格式为"仿宋_GB2312、五号",段落格式为"首行缩进 2 个字符,行距 18 磅"。

　　(4) 设置四个小标题文字字体格式与段落格式。选中第一个小标题"产品特点",设置字体格式为"华文行楷、五号、蓝色",段落格式为"段前、段后各 5 磅"。然后单击"开始"→双击"格式刷"按钮,鼠标变成刷子形状,将其移到第二个小标题"详细参数"之前的位置,

图 2-14　HQ6075/16 飞利浦电动剃须刀使用说明

再拖动鼠标左键选定标题文字,即可设置"产品特点"的文字格式。同理,设置第三个、第四个小标题的格式。

技能链接——格式刷

　　双击"格式刷"按钮,可以将源文本的格式复制到多个目标文本中。使用格式刷有两种方式,一种是一次性使用,一种是多次使用。单击"格式刷"按钮,可进行一次格式设置;双击"格式刷"按钮,可以重复多次使用格式刷功能。若不再需要,按 Esc 键或再次单击"格式刷"按钮。

　　(5)设置落款单位和日期字体格式与段落格式。字体格式为"华文行楷、小四号",段落格式为"右对齐"。

　　(6)添加项目编号。按住 Ctrl 键分别选中文本"3D 面部轮廓跟踪系统"、"独立浮动刀头"、"精确切剃系统"、"弹出式修发器"、"水洗设计",然后单击"开始"→"段落"→"编号"按钮,为段落添加项目编号。

　　(7)添加项目符号。选中小标题"详细参数"下的各个段落,然后单击"开始"→"段落"→"项目符号"下三角按钮,在弹出的下拉菜单中选择"定义新项目符号"命令,打开"定义新项目符号"对话框。单击"符号"按钮,打开"符号"对话框,在"字体"列表框中选择"Wingdings",随即双击显示区域中的符号。单击两次"确定"后,为段落添加项目符号。同理,为小标题"注意事项"下的各个段落添加项目符号。

　　(8)设置边框和底纹。选中文本"4008 800 008",然后单击"开始"→"段落"→"边框和底纹"按钮，打开"边框和底纹"对话框，在"边框"选项卡中进行设置，如图 2-15 所示。再单击"底纹"选项卡，按图 2-16 所示设置文本底纹。单击"确定"按钮，完成边框和底纹的设置。

图 2-15　设置边框

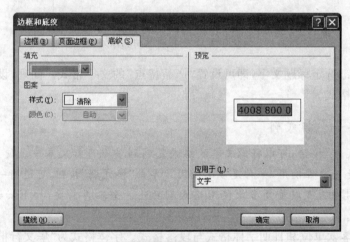

图 2-16　设置底纹

项目小结

通过对本项目实例的讲解，进一步掌握 Word 2010 文字处理的基本方法和步骤，了解常用公文的格式，掌握常用办公文档和商务文档的编辑与撰写技能。

课后练习：制作常用办公文档

制作合作协议、请示及会议通知等常用办公文档，如图 2-17～图 2-19 所示。

合 作 协 议

甲方：长城科贸有限公司

乙方：大岩科技集团公司

经友好协商，双方就合作相关事宜，达成如下协议：

1．乙方为甲方提供技术支持：

高效办公解决方案
网络技术与安全管理
数据库技术

2．乙方为甲方提供培训课程：

Office 2007　　6 小时
计算机网络技术　4 小时
Access　　6 小时
合计　16 小时

3．相关费用

培训费用共包括课时费、讲义费及午餐费，具体为
①课时部分：

- 乙方授课时间为 25 小时
- 甲方每班人数：≤**30** 人
- 总费用：**壹拾叁万陆仟**元整

②讲义部分：

- 讲义由乙方按照实际学员人数予以发放，人手一册。

4．违约责任

乙方应保证对所提供的讲义拥有版权或得到了著作人的授权，因版权引起的纠纷，乙方应承担相关责任。

甲方：**长城科贸有限公司**　　乙方：**大岩科技集团公司**

签字：＿＿＿＿＿＿　　签字：＿＿＿＿＿＿
日期：　　日期：

图 2-17　合作协议

关于购买文印室办公设备的请示

公司领导：

文印办公室自上次购买办公设备以来，已经经过近 5 年的使用期。近些年，因中心工作和各种迎检较多，文印室办公设备使用频率较高，使用量较大，加上文印室地板较潮湿，使用人员专业保养知识缺乏，造成打印机和复印机时常故障，修理费用已经花费了不少。有的主要零部件已经到了使用寿命年限，如果修理后继续使用，过很短一段时间，就又会出现新的故障。如此再继续使用下去，必定会影响公司工作的正常运转。为了使本年度的文印室工作尽快走上正轨，特拟如下工作请求，望领导批准。

1．联想打印机硒鼓更换，需资金约 200 元；

2．东芝复印机更换打印、复印一体机（能打印、复印 A3、8K 纸张，方便印制文件），需资金约 5500 元（具体资金待议）。

以上请求报告望领导准！

文印室

2012 年 3 月 1 日

图 2-18　购置办公设备的请示

关于学院召开创新工作座谈会的通知

各处室、分院、图书馆：

为进一步加强学院管理工作，提升管理水平，创新管理机制，完善管理手段，经研究决定，将于 12 月 7 日召开学院创新工作座谈会，请各部门负责人按照如下要求认真做好准备工作。

1. 各部门负责人要认真准备，积极主动发言，为学院的长远发展谏言献策。

2. 发言内容要紧紧围绕着学院的发展建设，办学体制、机制改革，教育教学管理，后勤行政管理，学生管理工作，招生就业工作，拓展社会培训，如何办学创收、提高教职工的福利待遇等方面，创新工作思路，明确工作目标和发展项目，提出切实可行的意见和建议。

3. 每个部门发言时间原则上不超过 8 分钟。

4. 请各部门负责人将创新工作座谈会的发言提纲（不超过 500 字），于 12 月 5 日下班前交到院长办公室。

2012 年 12 月 3 日

春城学院院长办公室

图 2-19　会议通知

1. 制作合作协议。

（1）新建文档，首先对页面进行设置。注意，设置文档纸型为 16 开。

（2）在"页边距"选项卡中设置文档的"上"、"下"边距为 2 厘米，"左"、"右"边距为 2 厘米，"纸张方向"为纵向，然后单击"确定"按钮，完成页面设置。

（3）在文档中输入文字内容。

（4）对文档中的文字和段落进行格式化，需要注意段落排版、项目符号和编号及特殊符号插入的具体细节。

（5）保存文档。

2. 制作购置办公设备的请示。

提示：在撰写请示时应注意，请示应该一文一事，语言精练，讲清事项与事由。注意与报告的区别。

3. 制作会议通知。

提示：会议通知是上级对下级，组织对成员或平行单位之间部署工作、传达事情或召开会议所使用的应用文书。会议通知主要是公司行政部门根据安排来撰写、发出，内容要言简意赅，措辞得当，发出及时。

项目3

制作应聘登记表——表格的设计与应用

【项目背景】

阳光保险公司人力资源部总监张峰经常要接待前来应聘的人员，对其登记的信息资料进行初步审核与筛选，再通知合适的应聘者前来面试。他发现应聘者所交的应聘登记表各有不同，没有统一的格式，并发现有的应聘者提供的信息比较少，很难从中看到有用的信息。张峰想要一份设计合理的应聘登记表，以统一记录应聘者的情况，还能提高人力资源部的工作效率。他让秘书刘红根据本公司的人才需求，设计相应应聘登记表，如图3-1所示，使得登记信息更具有

阳光保险公司员工应聘登记表

说明：应聘人员务须保证所填信息的真实性，如所提供信息与实际不符，一经发现立即取消聘用资格。

应聘专业（岗位）：						
姓　名		出生年月日		学　历		（贴1寸彩照）
性　别		政治面貌		计算机水平		
民　族		籍　贯		外语水平		
婚姻状况		参加工作时间		工作年限		
联系电话		Email		QQ		
毕业院校及专业						
原工作单位及职务						
离职原因						
户籍所在地						
身份证号码						
技术职称及资格证书						
通讯地址及邮编			邮　编			
教育或培训经历						
自何年何月	至何年何月	在何地区何单位（学校）	任（兼）何职务			
自我评价						
对本公司的要求						
是否要求本公司解决住宿（□是，□否　）						
期望工作地点________			期望收入________			

本人承诺：本人自愿应聘到阳光保险公司工作，承诺以上填写内容完全正确，并没有隐瞒任何事实。同意公司对此申请中的信息进行检查，在发现所填写资料有任何虚假和隐瞒时，本人自愿承担全部责任。

申请人签名________申请日期________

图3-1　应聘登记表

针对性,问题更具有专业性。

【项目分析】

应聘登记表是将求职者真实而重要的信息在第一时间呈现到面试官面前,主要内容包括填表说明、个人基本情况、教育或培训经历、工作经历、爱好特长等,还要建立一些关于健康、在职约束条款等方面的自我声明,最后是应聘者签名和日期。从这样的应聘登记表中可以了解到个人简历没有涉及的内容。

采用 Word 中的表格功能进行登记表排版是最恰当的。制作登记表时,首先要根据公司需要了解的应聘者信息来确定表格的内容和结构。在草稿纸上设计好框架,然后按照框架的样式来制作表格。本项目将通过创建表格、合并表格、添加表格这三大功能来介绍表格的使用方法。

【项目实施】

本项目通过以下几个任务来完成:

任务 3.1 创建表格

任务 3.2 合并单元格

任务 3.3 格式化表格

任务 3.1 创建表格

表格是在文档中显示信息的一种重要形式,由行和列组成若干单元格。单元格是表格的基本单元,表格中的数据及信息都要由单元格来体现。Word 2010 中除了具有预置行、列数规则表格外,还预置了一些表格样式。用户可利用插入命令来自动插入表格,也可以手工绘制各种不规则的表格或复杂的表格。

应聘登记表是一种不规则表格。制作不规则表格一般需要经过以下几个环节:首先,大致确定出表格的行数和列数,生成规则表格;再对表格进行格式化设置;然后,根据需要,对单元格进行合并与拆分;最后,得到符合要求的不规则表格。

1. 设置页面格式

(1) 启动 Word 2010,新建一份"空白文档",然后保存该文档,文件名为"员工应聘登记表"。

(2) 按照文档排版的操作流程,首先进行页面设置。考虑到该表分为四部分,所以设置"纸张大小"为 A4,"纸张方向"为"纵向";"上"、"下"均为"3 厘米"、"左"、"右"边距均为"2 厘米";"装订线位置"为"上"。

2. 设置表格标题、说明文字

(1) 在光标所在的位置处输入表格的标题"阳光保险公司员工应聘登记表"。

(2) 选中标题文字,设置字体格式为"宋体、小二号、加粗",段落格式为"段后 0.5 行",

对齐方式为"居中对齐"。

（3）在标题后按 Enter 键，产生一个新段落。在光标位置处输入文本"说明：应聘人员必须保证所填信息的真实性，如所提供信息与实际不符，一经发现立即取消聘用资格"。

（4）选中文本"说明：应聘人员必须保证所填信息的真实性，如所提供信息与实际不符，一经发现立即取消聘用资格"，设置其字体为"宋体、小五号、加粗"，段落格式为"段后间距为 0.5 行，首行缩进 2 个字符"。

3. 插入表格

单击"插入"→"表格"→"表格"按钮 ，在弹出的下拉菜单中选择"插入表格"命令，打开"插入表格"对话框，如图 3-2 所示。在"插入表格"对话框中，设置"行数"和"列数"的参数："26 行、7 列"。

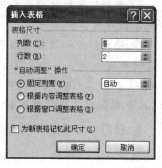

图 3-2　"插入表格"对话框

任务 3.2　合并单元格

合并单元格就是把多个单元格合并成一个单元格；拆分单元格是将一个或多个单元格拆分成多个单元格。

选定若干个单元格，然后单击"布局"→"合并"→"合并单元格"按钮 合并单元格 ，系统将这些单元格合并成一个单元格。表格中的文字可以设置成字符格式和段落格式。文字格式不仅有水平对齐，而且有垂直对齐。表格中的文字不仅可以横排，也可以竖排。单击"布局"→"对齐方式"→"文字方向"按钮，可以使单元格的文字横排。

阳光保险公司员工应聘登记表主要包括四部分内容：应聘专业（岗位）、教育或培训经历、自我评价以及对本公司的要求。

1. 合并单元格

（1）选中表格中的第 1 行，然后单击"布局"→"合并"→"合并单元格"按钮，将这行单元格合并成一个单元格。

（2）选中表格中的第 7 行除第 1 列以外的所有单元格，然后单击"布局"→"合并"→"合并单元格"按钮 合并单元格 ，将这行单元格合并成一个单元格。

（3）采用同样的方法，分别将第 7 行至第 13 行除第 1 列以外的所有单元格合并为一个单元格。

（4）按照图 3-1 所示员工应聘登记表，采用同样的方法，分别将其他单元格进行合并。

（5）按照图 3-1 所示员工应聘登记表，输入文本内容。

技能链接——表格的调整

选取表格时，由于选取对象不同，操作方法也不同。

① 全选：选取整张表格。在表格的左上角，有一个"全选"按钮 ，单击即可。

② 选取一个单元格：鼠标指向单元格左侧边界的单元格选择区或，当鼠标变成右上

角方向的指针时,单击即可。

③ 选取连续多个单元格:鼠标单击要选取的区域的左上角的单元格,按住鼠标左键,拖动到要选取的区域右下角单元格。

④ 整行:鼠标指向表格左边界的行选择区域,当鼠标变成右上角方向指针形状时,单击左键即可。

⑤ 整列:鼠标指向表格上边界的列选择区域,当鼠标变成向下方向指针形状时,单击左键即可。

⑥ 多个单元格、多行、多列:先选取一个单元格、一行或者一列,然后按住 Ctrl 键不放,再分别选取其他的单元格、行及列。

技巧 如果要将两个独立的表格合并为一个表格,删除它们之间的换行符,使两个表格合并在一起。

2. 设置表格的行高

(1) 按住 Ctrl 键,分别选中表格中的第 1、14、22、24 行,然后单击"布局"→"表"→"属性"按钮 属性,打开"表格属性"对话框,如图 3-3 所示。

(2) 单击"行"选项卡,设置行的"指定高度"为"0.8 厘米",如图 3-4 所示。

(3) 选中第 7~13 行、16~21 行,用同样的方法设置行高为 0.7 厘米。

图 3-3 "表格属性"对话框

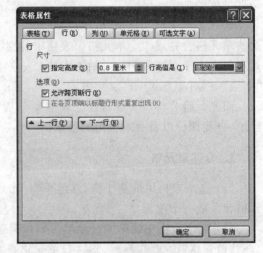

图 3-4 设置表格行高

技能链接——表格的调整

在调整表格时,在按住鼠标左键的同时,按住键盘上的 Alt 键实现微调。

(1) 调整表格的大小:将光标停留在表格内部,直到表格尺寸控制点出现在表格右下角。将鼠标移至表格尺寸控制点上,待向左倾斜的双向箭头出现时,沿需要的方向拖动,即可整体缩放表格。

(2) 调整表格的行高:将光标移动到表格的横向表线上,当光标变成向上、下的箭头时,按下鼠标左键不放,向上、下方向拖曳鼠标,可调整表格的行高。

（3）调整表格的列宽：将光标移动到表格的纵向表线上，当光标变成向左、右的箭头时，按下鼠标左键不放，向左、右方向拖曳鼠标，可调整表格的列宽。

💉**技巧**　如果要调整多行高度和多列宽度，而且希望这些行的行高和列的宽度相同，可以使用"分布行"和"分布列"功能，将选中的多行平均分布行高，多列平均分布列宽。

任务 3.3　格式化表格

为了使创建好的表格更加精美，要对表格中的文本、边框和底纹进行修饰。

1. 修饰表格中的文本

（1）选中表格的"应聘专业（岗位）、教育或培训经历、自我评价、对本公司的要求"文本，设置字体格式为"宋体，加粗、五号"，"应聘专业（岗位）"段落格式为"左对齐"，"教育或培训经历、自我评价、对本公司的要求"段落格式为"居中对齐"。

（2）表格中的其他文本字体格式为"宋体、五号"，段落对齐方式按照图 3-1 所示进行设置。

2. 设置表格的边框和底纹

为了区分表格标题与表格正文，使其外观醒目，给表格添加底纹。为了使表格看起来更加有轮廓感，可以将其最外层边框加粗。

（1）同时选中表格的"应聘专业（岗位）、教育或培训经历、自我评价、对本公司的要求"四行，然后单击"表格工具"→"设计"→"表格样式"→"底纹"按钮，从弹出的颜色菜单中选择"水绿色，强调文字颜色5，淡色60％"，如图 3-5 所示。

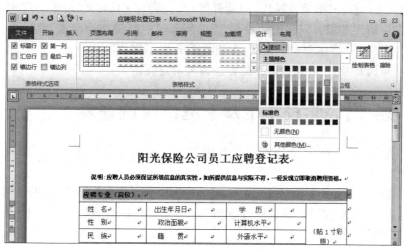

图 3-5　为单元格添加底纹

（2）选中整个表格，然后单击"表格工具"→"设计"→"表格样式"→"边框"下三角按钮，从弹出的下拉菜单中选择"边框和底纹"命令，打开"边框和底纹"对话框。

（3）单击"边框"选项卡，可以在"应用于"下拉列表中先设置好边框的应用范围，然后在"设置"、"样式"、"宽度"中设置边框的外观,如图 3-6 所示。

图 3-6   "边框和底纹"对话框

3. 制作承诺、签名部分

(1) 在表格的下方输入以下文本:

本人承诺:本人自愿应聘到阳光保险公司工作,承诺以上填写内容完全正确,并没有隐瞒任何事实,同意公司对此申请中的信息进行检查,在发现所填写的资料有任何虚假和隐瞒时,本人自愿承担全部责任。

(2) 设置字体格式为"宋体、小五号、加粗"。

(3) 输入签名部分"申请人签名:申请日期:",并设置字体格式"宋体、小五号、加粗"。

(4) 在"申请人签名:"与"申请日期:"中间通过空格键空出位置,然后选择空白部分,并单击"开始"→"字体"→"下划线"按钮 **U ▾**,设置下划线。

(5) 在"申请日期:"后通过同样的方法插入下划线。

项目拓展:高等学校学生及家庭情况调查表

通过制作如图 3-7 所示"高等学校学生及家庭情况调查表",进一步学习不规则表格的制作方法。

(1) 新建一个 Word 文件,保存为"高等学校学生及家庭情况调查表.docx"。

(2) 设置"纸张大小"为"A4",页边距"上"、"下"为"3.17 厘米","左"、"右"为"2.54 厘米","纸张方向"为"横向"。

(3) 输入标题内容"高等学校学生及家庭情况调查表"。

(4) 设置标题字体为"黑体"、字号为"三号、加粗,居中对齐";段前段后各空 1 行,行间距为"固定值,20 磅"。

(5) 按 Enter 键,然后在下一行输入文字"学校:院(系):专业:年级:",并设置字体"宋体、小四号,加粗,居中对齐",段后"0.2 行"。

高等学校学生及家庭情况调查表

学校：＿＿＿＿＿＿院（系）：＿＿＿＿＿＿专业：＿＿＿＿＿年级：＿＿＿＿＿

<table>
<tr><td rowspan="4">学生本人基本情况</td><td>姓 名</td><td colspan="2"></td><td>性 别</td><td></td><td>出生年月</td><td></td><td>民 族</td><td></td></tr>
<tr><td>身份证号码</td><td colspan="3"></td><td>政治面貌</td><td></td><td>入学前户口</td><td colspan="2">□城镇 □农村</td></tr>
<tr><td>家庭人口数</td><td colspan="3"></td><td>毕业学校</td><td></td><td>个人特长</td><td colspan="2"></td></tr>
<tr><td>孤 残</td><td>□是□否</td><td colspan="2">单 亲</td><td colspan="2">□是□否</td><td>烈士子女</td><td colspan="2">□是□否</td></tr>
<tr><td rowspan="2">家庭通讯信息</td><td colspan="2">详细通讯地址</td><td colspan="7"></td></tr>
<tr><td colspan="2">邮政编码</td><td colspan="2"></td><td>联系电话</td><td colspan="4">（区号）－</td></tr>
<tr><td rowspan="7">家庭成员情况</td><td>姓名</td><td>年龄</td><td>与学生关系</td><td colspan="2">工作（学习）单位</td><td>职业</td><td>年收入（元）</td><td colspan="2">健康状况</td></tr>
<tr><td></td><td></td><td></td><td colspan="2"></td><td></td><td></td><td colspan="2"></td></tr>
<tr><td></td><td></td><td></td><td colspan="2"></td><td></td><td></td><td colspan="2"></td></tr>
<tr><td></td><td></td><td></td><td colspan="2"></td><td></td><td></td><td colspan="2"></td></tr>
<tr><td></td><td></td><td></td><td colspan="2"></td><td></td><td></td><td colspan="2"></td></tr>
<tr><td></td><td></td><td></td><td colspan="2"></td><td></td><td></td><td colspan="2"></td></tr>
<tr><td></td><td></td><td></td><td colspan="2"></td><td></td><td></td><td colspan="2"></td></tr>
<tr><td>影响家庭经济状况有关信息</td><td colspan="9">家庭人均年收入＿＿＿＿（元）。学生本学年已获资助情况＿＿＿＿＿＿＿＿＿＿＿＿＿＿＿＿＿＿＿＿＿＿＿。
家庭遭受自然灾害情况：＿＿＿＿＿＿。家庭遭受突发意外事件：＿＿＿＿＿＿。
家庭成员因残疾、年迈而劳动能力弱情况：＿＿＿＿＿＿＿＿＿＿。
家庭成员失业情况：＿＿＿＿＿＿。家庭欠债情况：＿＿＿＿＿＿。
其他情况：＿＿＿＿＿＿＿＿＿＿＿＿＿＿＿＿。</td></tr>
<tr><td>签章</td><td>学生本人</td><td></td><td>学生家长或监护人</td><td></td><td>学生家庭所在地乡镇或街道民政部门</td><td colspan="4">经办人签字：
单位名称：
（加盖公章）
＿＿＿＿年＿＿月＿＿日</td></tr>
<tr><td rowspan="2">民政部门信息</td><td colspan="2">详细通讯地址</td><td colspan="7"></td></tr>
<tr><td colspan="2">邮政编码</td><td colspan="2"></td><td>联系电话</td><td colspan="4">（区号）－</td></tr>
</table>

注：本表仅供参考。

图 3-7　高等学校学生及家庭情况调查表

(6) 插入一个 17 行 9 列的表格，将表格 1～4 行第 1 列合并为一个单元格，并输入“学生本人基本情况”，设置字体为“宋体，五号，加粗，居中对齐”，文字方向“竖向”，设置单元格底纹为“填充，灰色－30％”。

(7) 在第 1 行的 3、5、7、9 列单元格分别输入“姓名”、“性别”、“出生年月”、“民族”，并设置字体为“宋体，五号，居中对齐”。

(8) 在第 2 行的 2、5、7 列中分别输入“身份证号码”、“政治面貌”、“入学前户口”，并设置字体为“宋体，五号，居中对齐”。将第 2 行的 3、4 列单元格合并为一个单元格，再将第 2 行的 8、9 列合并为一个单元格，在后一个合并后的单元格中输入“城镇 农村”，并在“城镇 农村”文字前面分别单击“插入”→“符号”按钮，插入符号“□”。

(9) 在第 3 行的 2、5、7 列中分别输入“家庭人口数”、“毕业学校”、“个人特长”，并设置字体为“宋体，五号，居中对齐”。将第 3 行的 3、4 列单元格合并为一个单元格，再将第 3 行的 8、9 列合并为一个单元格。

(10) 在第 4 行的第 2、4 列单元格分别输入“孤残”、“单亲”，在第 4 行第 3 列单元格中输入“是否”，然后在“是否”前面分别单击“插入”→“符号”按钮，插入符号“□”，并设置字体为“宋体，五号，居中对齐”。将 5、6 列及 8、9 列分别合并，并在合并后的单元格中粘贴第 4 行第 3 列单元格中的文字内容。

（11）将第5、6行的第1列单元格合并，并输入"家庭通讯信息"，设置字体为"宋体，五号，加粗，居中对齐"。设置单元格底纹为"填充，灰色－30％"。再将第5行3～9列单元格合并。

（12）将第6行3、4列单元格合并，再将6～9列单元格合并，并输入"（区号）"。然后，在"（区号）"后面单击"插入"→"符号"→"其他符号"命令，在打开的符号对话框中插入符号"－"。

（13）在第7行的2、3、4、7、8、9列中分别输入"姓名"、"年龄"、"与学生关系"、"职业年收入（元）"、"健康状况"，将第7行的5、6列单元格合并为一个单元格，并在合并后的单元格中输入"工作（学习）单位"，并设置字体为"宋体，五号，居中对齐"。

（14）将第7～13行第1列单元格合并，并输入"家庭成员情况"，设置字体为"宋体，五号，加粗，居中对齐"，文字方向"竖向"。设置单元格底纹为"填充，灰色－30％"。

（15）将7～13行5、6列单元格分别合并为一个单元格。

（16）在第14行第1列单元格中输入"影响家庭经济状况有关信息"，并设置字体为"宋体，五号"。

（17）将第14行第2～9列单元格合并为一个单元格，并按照图3-7所示输入内容，并设置字体为"宋体、五号"。

（18）在第15行第1列输入"签章"，设置字体为"宋体，五号，加粗，居中对齐"，文字方向"竖向"。设置单元格底纹为"填充，灰色－30％"。

（19）在第15行第1、2、4、6单元格按照图3-7输入内容，并设置字体为"宋体、五号"，文字方向为"竖向"。将第15行的8、9列单元格合并为一个单元格，按照样文输入内容，并设置字体为"宋体、五号"。

（20）将第16、17行的第1列单元格合并为一个单元格，并输入文字"民政部门信息"，设置字体为"宋体，五号，加粗，居中对齐"，文字方向"竖向"。设置单元格底纹为"填充，灰色－30％"。

（21）在第16行的第2列输入文字"详细通讯地址"，设置字体为"宋体，五号，居中对齐"。将16行的3～9列单元格合并为一个单元格。

（22）在第17行的第2、4列分别输入文字"邮政编码"、"联系电话"，设置字体为"宋体，五号，居中对齐"。将17行的第5～9列单元格合并为一个单元格，并输入文字"（区号）"，插入符号"－"。

项目小结

本项目主要介绍了表格的制作方法，以及通过单元格的合并与拆分来创建不规则表格的技巧和方法。在制作表格的过程中，详细介绍了表格行、列的选择，行高、列宽的设置，插入和删除列操作，表格边框和底纹的设置操作。通过对本项目实例制作过程的讲解，希望读者能自如地完成现代化办公中各类不规则表格的制作。

课后练习：常用表格制作

制作个人简历、财务票据、工作计划表等常用表格，如图3-8～图3-13所示。

春城学院

Chun Cheng Cue Yuan

个人简历

专　业：计算机应用技术

姓　名：王小雷

电　话：13878325887

E-Mail：490398589@qq.com

求 职 信

尊敬的××××公司方××先生：

　　您好！

　　我是一名即将于 2010 年毕业的春城学院计算机系的学生王小雷，

所学专业是计算机网络技术。大学三年当中，我汲取了丰富的专业知识并

锻炼了自己的能力。通过三年的苦读，我掌握了计算机网络布线、计算机网络互

联、计算机网络安全等专业课程，并对于面向对象的 VC++ 等 Windows 编程有一

定了解。在课外，我还自学了 ASP 动态网页及网络数据库。学好计算机必须有过

硬的外语水平，我以较好的成绩连续性通过了国家英语四、六级考试，现已能阅

读并翻译计算机资料。另外值得一提的是我利用业余时间考取了神州数码网络大

学的 DCNE 网络工程师认证和华为 3COM 公司的 HCNE 网络工程师认证，集两大 IT

业界认证于一身使我具备了丰富的专业知识。

　　自入校以来，我充分利用业余时间广泛的参加社会实践活动。曾先后在两家

网络公司做过网管和技术员兼职工作。积累了丰富的实践经验，尤其是在网络管

理及维护方面。

　　若有幸加盟，我可以致力于贵公司的局域网的设计实现以及维护，或局城网

广城网的交换与路由设计实现和维护等工作。

　　若乎先生经审核有意向，请给我打电话（846********，136*********）或致

函，联系地址×××××××，邮编×××××××。

　　顺祝事业辉煌！

王小雷

2010 年 5 月 10 日

　附：本人个人简历。

图 3-8　个人求职简历

个 人 简 历

基本资料	姓 名	刘新	性 别	男	照片
	民 族	汉 族	籍 贯	吉林长春	
	出生日期	1988.8.1	政治面貌	团员	
	学 历	专科	健康情况	良好	
	毕业学校及时间	春城学院 2010.7	专业	计算机网络技术	
	通讯地址	长春市西乙路1689号	邮编	130031	
	E-mail	Lx1988@sohu.com	联系电话	13878325887	

求职意向	与网络工程相关的行业
教育背景	2004.9 —— 2007.7 长春市第一中学 2007.9 —— 2010.7 春城学院
个人技能	通过英语四级、六级，具有良好的听、说、读、写能力。 计算机等级证书网络三级、神州数码网络大学的 DCNE 网络工程师认证和华为3COM 公司的 HCNE 网络工程师认证，对 OFFICE 办公软件、VC++、PHOTOSHOP 等软件以及操作系统能熟练操作，且对 PC 机的组装和维护有一定的经验。
获奖情况	2008.9 —— 2010.7 获专业奖学金二等奖两次 2007.9 —— 2008.7 获专业奖学金一等奖一次
曾任职务	大三时担任班级团支书，大二时担任班级组织委员
社会实践	大二暑假，跟随老师在本校的实验室进行布线施工实习 利用假期曾先后在两家网络公司做过网管和技术员
主修课程	计算机维护与维修、计算机网络布线、计算机网络互联、计算机网络安全、ASP动态网页、网络数据库等
兴趣爱好	看书、听音乐、玩电脑、打篮球等

图 3-8（续）

转 账 凭 证

年 月 日 　　　字第 号

摘 要	总账科目	明细科目	借方金额									贷方金额								
			百	十	万	千	百	十	元	角	分	百	十	万	千	百	十	元	角	分
合 计																				

财务主管　　　记账　　　出纳　　　审核　　　制单

图 3-9 财务票据

分院 2012 年下半年党总支工作计划表

内容 / 目标 / 标题	计划内容			负责人	备注
	工作目标	起始时间	结束时间		
开展“三亮”活动	亮身份：通过党员佩戴党徽、公共区党员形象展示板 亮标准：设立分院党员活动之家。 亮承诺：将党组织的承诺和党员个人承诺上墙，做到承诺内容项目化、目标化、具体化，公开化。	2012.07.01	2012.12.28	张立新	要求大学生创业中心等直接服务师生和对外的工作窗口的全体工作人员佩带服务卡
开展“三比”活动	比形象：通过建立党员责任区和党员服务岗，比责任心、比工作态度。 比业绩：对分院全体党员 2006 年至今所取得的各种荣誉进行信息统计，编辑成册。 比创新：立足本岗、在原有基础上有突破、有创新，使本岗工作和本部门工作不断上层次上水平	2012.07.15	2012.12.01	刘文力	分院统一下电子表格，由党员本人填写，部门人员监督
广泛开展“三创”活动	创党员先锋岗：要以先进人物和身边的党员教师标兵为榜样，积极争创党员先锋岗。 创师生满意窗口：要积极争创师生满意部门、师生满意窗口、师生满意岗位等 创一流服务品牌：要通过创先争优活动，进一步指导全院的党员教师加强政治修养，提高业务水平，加强师德师风建设	2012.07.10	2012.12.01	王海洋	
开展主题党员论文征集活动	围绕“五个一标准”和“五项目标”积极撰写论文	2012.06.28	2012.12.29	李小军	征文以总支、直属支部为单位初选后择优报组织部，论文字数不少于 1500 字。

五个一标准：个好的带头人、一个好的发展思路、一个好的工作制度、一个好的活动阵地、一个好的保障机制

五项目标：基层党组织战斗力进一步提升，基层党组织书记素质进一步提升，党员队伍活力进一步提升，基层基础保障水平进一步提升，基层党建制度化水平进一步提升

图 3-10　工作计划表

12.9文艺晚会节目单

序号	节目类型	节目名称	表演者
1	大合唱	《保卫黄河》	应用123班
2	吉他弹唱	《春天》	李亚琴
3	舞蹈	《军中姐妹》	王花、王玉茹
4	话剧	《永远的129》	张立铭等
5	三句半	《校园颂》	张伟等
6	扇子舞	《茉莉花》	陈利莉
7	小品	《百变电视台》	孟恩芳等
8	相声	《口吐莲花》	李想、李勇
9	歌曲	《站起来》	肖小月
10	小品	《特别的电话》	张明伟等
11	街舞	《梦幻音乐盒》	张璟等
12	话剧	《感恩》	李小璐等
13	舞蹈	《祖国之恋》	李欢等
14	合唱	《国家》	王雪等

12.9文艺晚会节目单

序号	节目类型	节目名称	表演者
1	大合唱	《保卫黄河》	应用123班
2	吉他弹唱	《春天》	李亚琴
3	舞蹈	《军中姐妹》	王花、王玉茹
4	话剧	《永远的129》	张立铭等
5	三句半	《校园颂》	张伟等
6	扇子舞	《茉莉花》	陈利莉
7	小品	《百变电视台》	孟恩芳等
8	相声	《口吐莲花》	李想、李勇
9	歌曲	《站起来》	肖小月
10	小品	《特别的电话》	张明伟等
11	街舞	《梦幻音乐盒》	张璟等
12	话剧	《感恩》	李小璐等
13	舞蹈	《祖国之恋》	李欢等
14	合唱	《国家》	王雪等

图 3-11　“晚会节目单”效果图

征　订　表

校名 / 数量 / 名称	志成中学	育才中学	实验中学	宏华中学	商业中专	交通职专	小计
日出东方	5	5	8	5	6	8	
大雪无痕	7	6	10	12	7	9	
李自成	3	3	4	3	6	3	
历史的天空	6	5	6	8	8	6	
我亲爱的祖国	10	8	6	6	5	8	
台湾风云	5	5	4	4	5	5	
平均册数							

图 3-12　征订表

图 3-13　会议议程

1. 个人简历的制作。

（1）新建文档，首先对页面进行设置。

（2）设置"个人简历"的页面布局，"上"、"下"边距均为"2.5 厘米"，"左"、"右"边距均为"2 厘米"。

（3）在合适的位置插入表格，然后按照图 3-8 所示样文进行表格合并、拆分，完成表格的制作。

（4）在表格中输入文字内容，然后对表格进行格式化。

（5）为个人简历制作简历封面。单击"插入"→"页"→"封面"按钮 📄封面▾，在弹出的下拉菜单中选择"现代型"命令，插入封面，再按图 3-8 所示更改封面上的文字。

（6）在封面页末插入"分页符"，在第 2 页输入"求职信"。然后，按样文将求职信的内容进行格式化。

 技能链接——写求职简历时的注意事项

（1）简历不要太长。

简历不是写得越多越好，人力资源部的工作人员只看有用的信息。所以，把简历的篇幅控制在 1 页之内，把重要的信息写上，如需要英文简历，加上英文版 1 页，共 2 页足矣。

（2）在文字、排版、格式上不要出现错误。

人力资源部门经常投诉的一个问题是求职者的简历的字体使用非常不规范。正确的做法是：正文标题可以用"三号"或者"小二号"字，可加粗。正文用"五号"或"小四号"字，正文要用"宋体"或者"新宋体"，这是大家的阅读习惯。段落标题用字可以比正文大一号，也可以只是加粗或者加下划线。标题可以用"黑体"来突出显示。简历里所有的内容都应该只有一种颜色,那就是黑色。

(3) 求职目标清晰明确。

所有内容都应有利于应聘职位,无关的甚至妨碍应聘的内容不要叙述,对薪水的要求不要提。

(4) 不要写太多个人情况。

简历一定要真实、客观,突出自己的过人之处。每个人都有值得骄傲的经历和技能,用数字和事实说明自己的强项。

(5) 简历言辞要简洁、直白。

(6) 措辞得当。

不要过分谦虚;自信但不自夸,充分、准确地表达自己的才能。

(7) 学习经历有所取舍。

2. 财务票据的制作。

(1) 新建一个 Word 文档,保存为"财务票据"。

(2) 纸张大小为"B5",纸张方向"纵向",其他采用默认值。

(3) 输入表头内容"转账凭证"。

(4) 插入 7 行 5 列的表格。

(5) 将 2~6 行第 4 列、5 列分别拆分为 6 行 9 列的单元格。

(6) 将第 1、2、3 列的前两行分别合并。

(7) 按照样文输入表格内容,并对表格进行格式化。

3. 工作计划表的制作。

(1) 新建一个 Word 文档,保存为"工作计划表.docx"。

(2) 纸张大小为"A4",纸张方向"横向",其他采用默认值。

(3) 输入表头内容"分院 2012 年下半年党总支工作计划表"。

(4) 插入 6 行 6 列的表格。

(5) 按照样文对单元格进行合并。

(6) 在第 1 行的第 1 列中插入斜线表头。

(7) 按照样文输入表格内容,并对表格进行格式化。

(8) 插入"形状"中的"圆角矩形",并在圆角矩形中输入文字。

4. 设计制作一份晚会节目单,然后将表格转换成文本。

操作步骤略。

5. 制作征订表,并计算总数和平均册数。

操作步骤略。

6. 利用模板制作会议议程。

操作步骤略。

制作宣传海报——图片的设计与应用

【项目背景】

当前小到小型店铺,大到地产企业,宣传成为必不可少的营销手段,包括电视、广播、网络、现场传单等各种形式。其中,效果最快、最直接的,当属现场宣传的形式。现场宣传的效果除商品本身的吸引力外,宣传海报的表现力也是影响营销效果的重要因素之一。一个好的宣传海报可以激发潜在顾客的购买欲望,有效地提高营销业绩。

绿海唱片公司最近要推出韩红的一张专辑,为了做好唱片的宣传工作,公司企划部决定采用宣传海报的形式进行宣传。小李是公司的 Office 高手,制作海报的任务非他莫属了。他很快就制作出如图 4-1 所示的宣传单,那么,他是如

图 4-1　宣传海报效果图

何完成的呢？

【项目分析】

宣传单页是一种信息传递的艺术，是一种大众化的宣传工具。它能迅速提升店铺的知名度，吸引更多新客源，提高营业额，创造佳绩。海报设计必须有相当的号召力与艺术感染力，它的画面应有较强的视觉中心，应力求新颖、单纯，还必须具有独特的艺术风格和设计特点。

宣传海报的内容通常包括文字、图片等，属于图文混排型文档。本项目将通过制作绿海唱片公司的专辑宣传海报来详细介绍 Word 艺术字、版面布局、外部图片、带圈字符的使用方法和应用技巧，使读者掌握使用 Word 进行普通宣传类文档设计的技术。

技能链接——宣传海报设计要点

（1）标题：根据策划方案来撰写文案，首要的是大标题，要有一个非常吸引人的主题或大标题。

（2）内容：精练、详细地说明产品或者服务，切忌内容过于简单、烦琐、马虎。

（3）图片：一幅好的图片胜过千言万语，图片要突出重点。

【项目实施】

本项目可以通过以下几个任务来完成：

任务 4.1　设置中文版式宣传标题

任务 4.2　图文混排

任务 4.3　分栏

任务 4.4　调整字符位置

任务 4.5　边框和底纹

任务 4.1　设置中文版式宣传标题

一个好的宣传单页，最重要的就是标题，看它能否抓住观众的心，文档标题的设置起了至关重要的作用。本例将标题文字设置为"带圈字符"。

（1）新建文档，其纸张大小、方向、边距都采用默认值，然后输入样文中的文字内容，保存文件名称为"音乐大碟.docx"。

（2）选中文字"音乐大碟"，然后单击"开始"→"字体"→"字体"右下角的"对话框启动器"按钮。在"字体"对话框中，设置字体为"华文行楷"，字号为"小初"，字体颜色为"红色"，然后单击下方的"文字效果"按钮，打开"设置文本效果格式"对话框，按图 4-2 所示来设置。

（3）选中第一个文"音"，然后单击"开始"→"字体"→"带圈字符"按钮 字，打开"带圈字符"对话框。选中"增大圈号"选项，如图 4-3 所示，然后单击"确定"按钮。

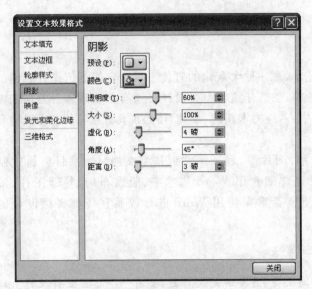
图 4-2 设置文字效果

图 4-3 选择增大圈号

（4）用同样的方法，依次对标题文字全部设定"带圈字符"效果，并将文字的对齐方式设置为"居中"。设置完成的效果如图 4-4 所示。

图 4-4 为标题文字设定"带圈字符"效果

（5）副标题字体为"华文行楷"，字号为"二号，右对齐"，"第 5 张"下边加着重号。

（6）设置文档的正文字体为"幼圆"，字号为"小四"，正文段落格式为"首行缩进 2 字符"，段间距为"20 磅"。

任务 4.2 图文混排

1. 用高级替换对指定文字进行美化

（1）将光标定位在标题文字后、正文文字前，然后单击"开始"→"编辑"按钮[图]，在弹出的下拉菜单中选择"替换"命令，打开"查找和替换"对话框。

（2）在"查找内容"和"替换为"框中分别输入"《感动》"，并单击下面的"更多"按钮，展开对话框下的更多部分，如图 4-5 所示。

（3）将光标定位在"替换为"框中，然后单击对话框下方的"格式"按钮。在弹出的菜

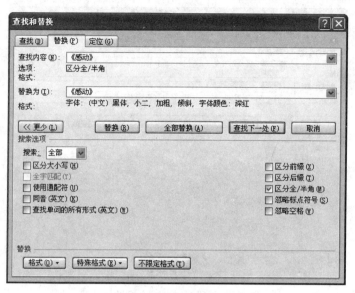

图 4-5　输入查找和替换义字后展开更多部分

单中选择"字体"命令,然后打开"替换字体"对话框。

(4) 在"查找字体"对话框中将字体设为"红色",为字体设置"加粗 倾斜"效果,将字体设置为"黑体",字号设置为"小二",如图 4-6 所示。

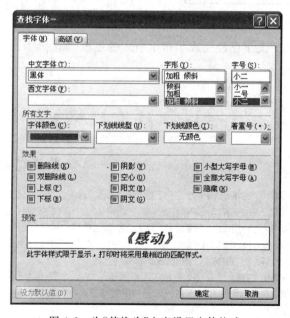

图 4-6　为"替换为"文字设置字体格式

(5) 单击"确定"按钮,返回"查找和替换"对话框,在"替换为"框下方将显示格式设置说明,如图 4-7 所示。

(6) 由于当前光标定位在标题文字之后,同时,在对话框中的"搜索"选项是"向下",

图 4-7 设置"替换为"文字的格式

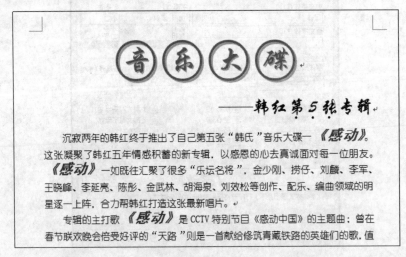

图 4-8 询问是否从头搜索替换文字

所以可直接单击对话框中间的"全部替换"按钮，将文档中所有正文部分的"《感动》"文字进行替换，如图 4-8 所示。

（7）单击"否"按钮返回"查找和替换"对话框，再单击"关闭"按钮返回 Word 文档。此时，文档中所有的"《感动》"文字已经完成了指定格式的更改，如图 4-9 所示。

图 4-9 利用替换功能更改文字格式后的效果

技能链接——Word 中的替换功能

Word 中的替换功能不仅可以为指定文字进行格式化，还可以利用高级替换中的通配符功能对特定格式进行更改或删除，或者利用高级替换功能中的"特殊字符"按钮删除、替换一些编辑标记或符号。

2. 图文混排

为了增强文档的视觉效果,可以在文档中插入与文字相配的图片对象,并为图片设置合适的环绕方式,达到图文混排的效果。

在 Word 中可以插入多种格式类型的图片。图片插入文档后,默认的方式为"嵌入型"环绕方式,可以依据图片特点和需要对图片的大小、位置以及文字环绕方式进行调整。

技能链接——图片和文字的相对位置

在文档中,图片和文字的相对位置有两种情况,一种是嵌入型的排版方式,此时图片和正文不能混排,也就是说,正文只能在图片的下方和下方,可以使用"开始"选项卡中"段落"选项组中"左对齐"、"居中"、"右对齐"等命令来改变图片的位置。另一种是非嵌入式方式,也就是在"自动换行"列表中除"嵌入型"之外的方式。在这种情况下,图片和文字可以混排,文字可以环绕在图片周围,或在图片的上方和下方。此时,拖动图片可以将图片放置在文档中的任意位置。

Word 中的图文混排是指所有对象和文字的混排。Word 中的对象包括图片、剪贴画、自选图形、文本框和艺术字。

(1) 将光标定位在正文之中,然后单击"插入"→"插图"→"图片"按钮,打开"插入图片"对话框。

(2) 先选择图片所在的文件夹,然后选择图片文件,再单击对话框下方的"插入"按钮,如图 4-10 所示。

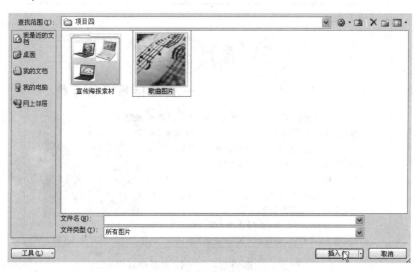

图 4-10　选择要插入到文档中的图片文件

(3) 选择的图片会以"嵌入型"方式插入到文档之中。所谓的"嵌入型",是指图片像文字一样插入文档之中,图片与文字之间没有任何环绕效果。单击图片,在选项卡中可以看到"格式"选项卡。

（4）单击"格式"→"排列"→"自动换行"按钮，从弹出的下拉菜单中选择"四周型环绕"命令。如图 4-11 所示 。

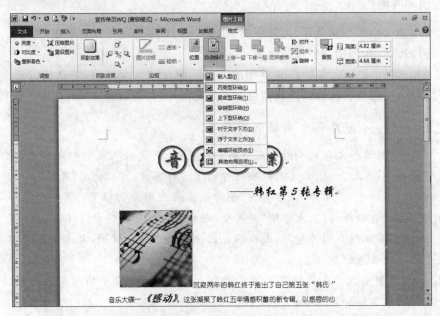

图 4-11　将插入点的图片设置为"四周型环绕"

（5）图片周围出现 8 个白色的控点，文字在图片四周环绕。先用鼠标指针拖放右下角的控制点将图片缩小一些，再将图片拖放至文档右侧位置，如图 4-12 所示。

图 4-12　四周型环绕的图文混排效果

技巧　如果需要将 Word 文档中的图片提取出来，可以右击图片，在弹出的快捷菜单中选择"另存为图片"命令，然后打开"保存"对话框，在"保存类型"下拉列表框中选择要保存的图片格式。在"文件名"文本框中输入文件名，然后单击"保存"按钮。

技能链接——精确调整图片

　　如果要精确调整图片或图形的大小和角度，可以单击文档中的图片，然后单击"格式"→"大小"选项组中的"形状高度"和"形状宽度"，在文本框中设置图片的高度和宽度；还可以单击"大小"选项组中的对话框启动器，打开"布局"对话框，如图 4-13 所示。在"高度"和"宽度"文本框中设置图片的高度、宽度，在"旋转"框中输入旋转角度。在"缩放"选项组的"高度"和"宽度"文本框中按百分比来设置图片的大小。

图 4-13　"布局"对话框

任务 4.3　分栏

　　Word 中的分栏经常用于报纸、报刊等混合页面，它既能节约版面，又能使版面更加紧凑和美观。

　　在本例中，"主要曲目"下有 14 首歌曲的名称，若不进行分栏设置，会由于文字多行且内容短小，导致版面极不均匀。解决的方法就是将 14 首歌曲的名称设置成左、右两栏效果。分完栏后，为了增强视觉效果，可再为这 14 个名称添加项目符号标记。

　　（1）将"主要曲目"下方的 14 首歌曲的名称选中，然后单击"页面布局"→"页面设置"→"分栏"按钮，从弹出的下拉菜单中选择"两栏"命令，"主要曲目"下方的 14 首歌曲的名称会自动平均分成两栏，结果如图 4-14 所示 。

图 4-14　分成两栏后的歌曲名称

（2）如果预设的几种分栏格式不符合要求，可以选择"分栏"下拉菜单中的"更多命令"，打开如图4-15所示的"分栏"对话框，进行相应的设置。

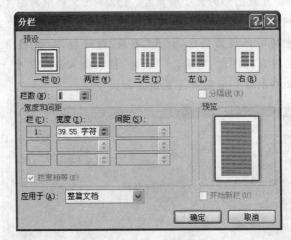

图4-15　"分栏"对话框

（3）分栏后，文字依然呈选中状态，可选择"开始"→"段落"→"项目符号"下三角按钮，从弹出的下拉菜单选择"定义新项目符号"命令，打开"定义新项目符号"对话框，如图4-16所示。

（4）单击"图片"按钮，打开"图片项目符号"对话框，从中选出需要的项目符号图片，如图4-17所示，然后单击"确定"按钮。

图4-16　"定义新项目符号"对话框

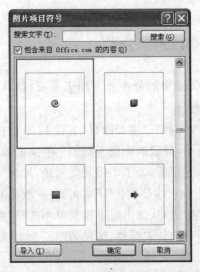

图4-17　在"图片项目符号"对话框中选择图片

（5）返回"定义新项目符号"对话框后，刚刚选中的"图片项目符号"已经显示在其中，只要再单击"确定"按钮，便可以将刚刚选中的"图片项目符号"应用到分栏后的文字前。再应用类似的方法，在"主要曲目"文字前添加一个黄色的段落项目符号，如图4-18所示。

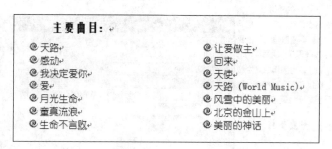

图 4-18 应用"图片项目符号"后的文字

任务 4.4 调整字符位置

在文档最后有 4 个字"隆重推出",这是一个强调的标语,是为了吸引观众。可以调整文字的高度,使文字错落有致,又不失灵活、轻松。

(1) 选中"隆重推出"4 个字,将其字休更改成"华文行楷",字号为"小初"。

(2) 用键盘上的 Ctrl 键将"隆"和"推"选中,然后单击"开始"→"字体"右下角的"对话框启动器"按钮,打开"字体"对话框"高级"选项卡,再按如图 4-19 所示进行设置。

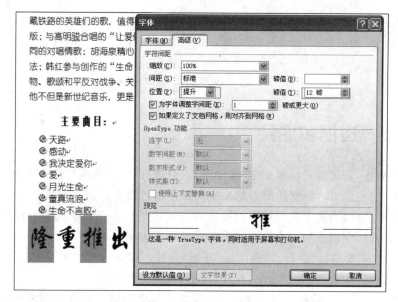

图 4-19 将文字提升 12 磅

(3) 单击"确定"按钮后返回主文档,"隆"和"推"字会上升 12 磅,使这 4 个字的位置上下错开。

(4) 为了使效果更好,可将文字间距拉大。将 4 个文字同时选中,然后单击"开始"→"字体"右下角的"对话框启动器"按钮,打开"字体"对话框"高级"选项卡。

(5) 将"间距"选项卡默认的"标准"更改成"加宽",再将"磅值"设置成"12 磅",如图 4-20 所示。

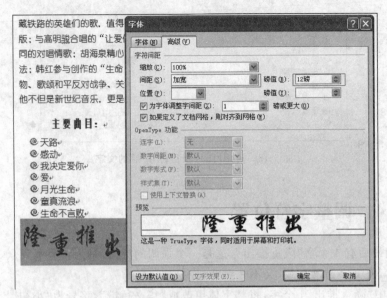

图 4-20 将文字间距加宽 12 磅

（6）单击"确定"按钮，"隆重推出"4 个字最后的显示效果如图 4-21 所示。

图 4-21 间距、位置更改完成后的文字

任务 4.5 边框和底纹

到现在为止，通过设置标题文字、添加图片、设置分栏、设置项目符号以及字符位置等一系列操作，完成了对这篇宣传海报的文字和段落格式设置。为了增强文档的视觉效果，突出重点文字，可以为文字或段落添加边框和底纹效果。由于该文档内容用于宣传音乐专辑，所以为整篇文档添加一个带有音乐符号的页面边框。

（1）选择"主要曲目"一行，然后单击"开始"→"段落"→"边框"下三角按钮，从弹出的下拉菜单中选择"边框和底纹"命令，打开"边框和底纹"对话框。

（2）单击"底纹"选项卡，设置"填充"为"深红色"，将"图案"中的"样式"更改为"10％"，在最下方的"颜色"更改为"白色"，如图 4-22 所示。单击"确定"按钮返回主文档，然后在"主要曲目"段落文字下方添加一行带有白色小点的深红色的底纹，效果如图 4-23 所示。

（3）选中"主要曲目"4 个字，设置文字底纹为深红色，如图 4-24 所示。

（4）选中"隆重推出"4 个字，然后单击"开始"→"段落"→"边框"下三角按钮，从弹出的下拉菜单中选择"边框和底纹"命令，打开"边框和底纹"对话框。

（5）单击"边框"选项卡，将右下角的"应用于"选项设置为"文字"，然后选择左侧"阴影"边框，再将中间的"样式"设置为"双线"，如图 4-25 所示。

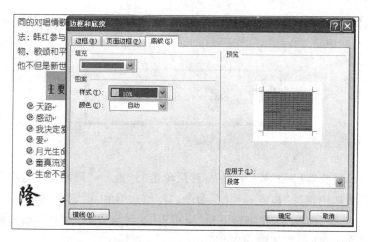

图 4-22　设置文字底纹效果

图 4-23　设置底纹的段落效果

图 4-24　设置底纹的文字效果

图 4-25　选择用于文字的阴影效果

（6）单击"确定"按钮返回主文档，"隆重推出"文字便添加了带有阴影效果的双线边框效果，如图 4-26 所示。

图 4-26　设置完成后的文字效果

（7）用 Ctrl 键将"隆"和"推"字选中，然后单击"开始"→"段落"→"边框"下三角按钮，从弹出的下拉菜单中选择"边框和底纹"命令，打开"边框和底纹"对话框。

（8）单击"底纹"选项卡，并将右下角"应用于"选项设置为"文字"，然后将填充色设为"白色，背景 1，深色 15％"，如图 4-27 所示。

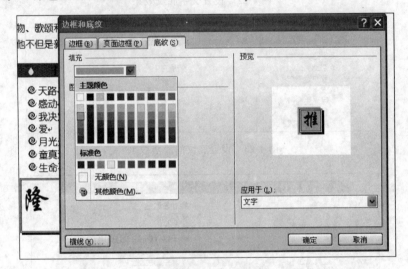

图 4-27　设置文字的底纹

（9）单击"确定"按钮返回主文档，"隆"和"推"字添加了 15％ 灰色的底纹。再用同样的方法将"重"和"出"字设置设"白色，背景 1，深色 65％"底纹，最后将"重"和"出"字更改为白色。全部设置完成后，效果如图 4-28 所示。

图 4-28　设置了边框和底纹的文字效果

（10）单击"开始"→"段落"→"边框"下三角按钮，从弹出的下拉菜单中选择"边框和底纹"命令，打开"边框和底纹"对话框。单击"页面边框"选项卡，从下方"艺术型"下拉列表框中挑选带有♪效果的边框，如图 4-29 所示。

（11）单击"确定"按钮返回主文档，整个页面都有了♪效果的页边框，如图 4-30
所示。

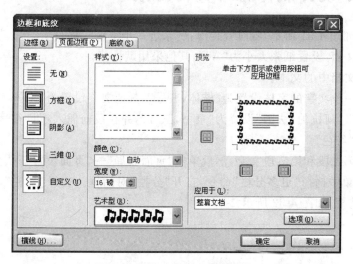

图 4-29 设置艺术型页面边框

图 4-30 为整篇文档设置边框效果

项目拓展：设计制作咖啡宣传海报

通过制作如图 4-31 所示"咖啡宣传海报"来进一步掌握本项目所学知识。

（1）新建文档，设置纸张大小为"A4"，其他采用默认值。

（2）输入文档中的文本。

（3）将第一段文字的字体设置为"楷体，五号"，其他文字设置为"宋体，五号"。

（4）将文字"阿拉伯、法国"设置为"隶书，三号"，并在段前插入项目符号，字体和项目符号的颜色为"红色"。

（5）选中第二段和第三段文字，然后单击"页面布局"→"页面设置"→"分栏"按钮，从弹出的下拉菜单中选择"更多分栏"命令，打开"分栏"对话框。选择"三栏"，再选中"分隔线"前边的复选框，如图 4-32 所示。

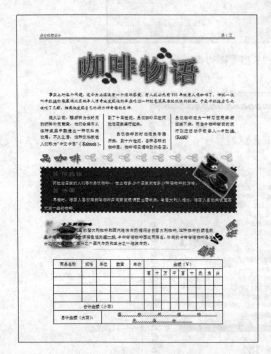

图 4-31　咖啡宣传海报

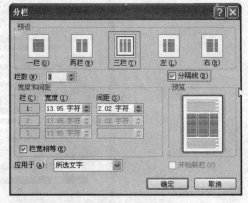

图 4-32　"分栏"对话框

（6）选择图 4-33 所示的文字，然后单击"开始"→"段落"→"边框"下三角按钮，从弹出的下拉菜单中选择"边框和底纹"命令，打开"边框和底纹"对话框。

⌘ 阿拉伯
阿拉伯国家的人们喜欢品饮咖啡，世上有多少个国家就有多少种喝咖啡的方法。
⌘ 法国
早餐时，法国人喜欢用碗喝咖啡并用菊苣根调配出香味来。与意大利人相比，法国人总的来说更喜欢淡一些的咖啡。

图 4-33　要选中的文字

（7）单击"边框"选项卡，按图 4-34 所示进行设置。

图 4-34　设置边框

（8）单击"底纹"选项卡，按图 4-35 所示进行设置。

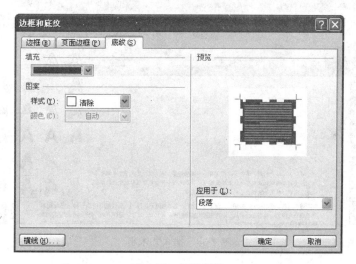

图 4-35　设置底纹

（9）设置了边框和底纹的段落效果如图 4-36 所示。

图 4-36　设置了边框和底纹的段落效果

（10）将光标定位在文档的末尾，插入 7 行 6 列表格，并按照图 4-37 所示样文合并、拆分单元格，并输入文本。

商品名称	规格	单位	数量	单价	金额（￥）								
					百	十	万	千	百	十	元	角	分
合计金额（小写）													
总计金额（大写）：		佰 拾 仟 佰 拾 元 角 分											

图 4-37　表格样文

（11）将光标定位在此文档中，然后单击"插入"→"文本"→"艺术字"按钮，在弹出的下拉菜单中选择"填充-红色，强调文字颜色 2，粗糙棱台"样式，如图 4-38 所示，在文档中插入了"请在此输入你的文字"艺术字。

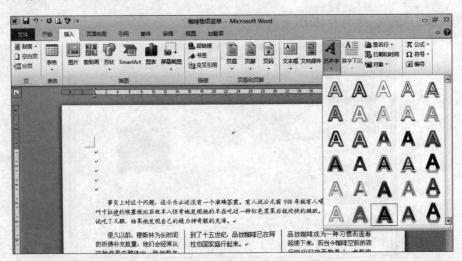

图 4-38　插入艺术字

（12）选中艺术字，更改文字为"咖啡物语"，设置字体为"华文行楷"，然后拖动控制点放大艺术字，效果如图 4-39 所示。

（13）选中艺术字，然后单击"格式"→"艺术字样式"→"文字效果"按钮，在弹出的下拉菜单中选择"转换"命令，再在下一级菜单中选择"波形 1"命令，得到艺术字效果如图 4-40 所示。

（14）按步骤（11）完成其他艺术字的插入和设置。

（15）按照样文插入图片，分别设置其环绕方式，并调整到合适位置。

（16）单击"插入"→"页眉和页脚"→"页眉"按钮，从弹出的下拉菜单中选择页眉的格式为"字母表型"。在标题框中输入页眉"综合版面设计"，并设置段落对齐方式为"左

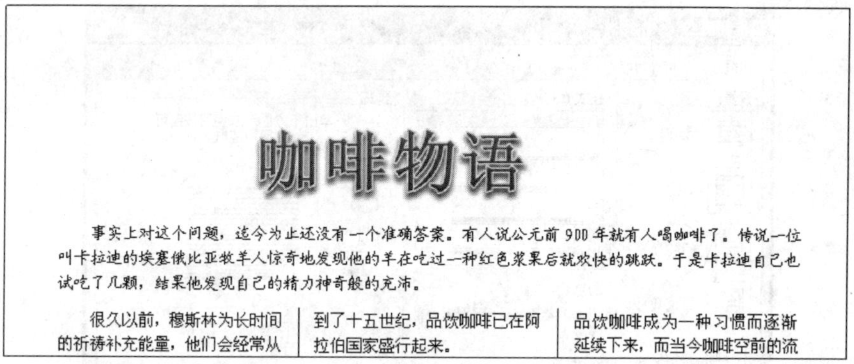
咖啡物语

事实上对这个问题，迄今为止还没有一个准确答案。有人说公元前 900 年就有人喝咖啡了。传说一位叫卡拉迪的埃塞俄比亚牧羊人惊奇地发现他的羊在吃过一种红色浆果后就欢快的跳跃。于是卡拉迪自己也试吃了几颗，结果他发现自己的精力神奇般的充沛。

很久以前，穆斯林为长时间的祈祷补充能量，他们会经常从 | 到了十五世纪，品饮咖啡已在阿拉伯国家盛行起来。 | 品饮咖啡成为一种习惯而逐渐延续下来，而当今咖啡空前的流

图 4-39 在文档中插入艺术字效果

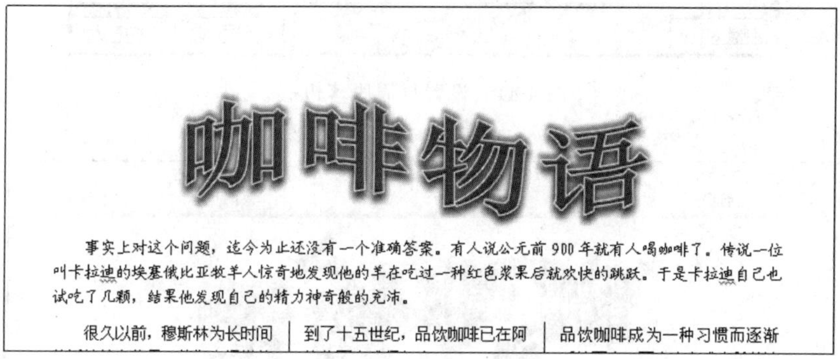
咖啡物语

事实上对这个问题，迄今为止还没有一个准确答案。有人说公元前 900 年就有人喝咖啡了。传说一位叫卡拉迪的埃塞俄比亚牧羊人惊奇地发现他的羊在吃过一种红色浆果后就欢快的跳跃。于是卡拉迪自己也试吃了几颗，结果他发现自己的精力神奇般的充沛。

很久以前，穆斯林为长时间 | 到了十五世纪，品饮咖啡已在阿 | 品饮咖啡成为一种习惯而逐渐

图 4-40 设置转换效果的艺术字

对齐”。

(17) 在页眉右侧输入“第页”，并将光标定位在“第页”中间，然后单击“设计”→“页眉和页脚”→“页码”按钮，在弹出的下拉菜单中选择“当前位置”→“普通数字”命令，将页码插入到页眉中。

(18) 选中页眉中的文字，然后单击“开始”→“段落”→“边框”按钮，打开“边框和底纹”对话框。在“边框”选项卡中，按图 4-41 所示进行设置。最后，单击“确定”按钮，页眉效果如图 4-42 所示。

技能链接——页眉和页脚

页眉是指位于打印纸顶部的说明信息；页脚是指位于打印纸底部的说明信息。页眉和页脚的内容可以是页号，也允许输入其他信息，如将文章的标题作为页眉的内容，或将公司的 Logo 插入页眉。使用 Word 编辑文档时，页眉和页脚不需要每添加一页都创建一次，可以在进行版式设计时直接为全部的文档添加页眉和页脚。Word 2010 提供了许多漂亮的页眉和页脚格式。

图 4-41　设置页眉段落边框

图 4-42　在文档中设置页眉的效果

项目小结

　　本项目主要掌握分栏、插入图片与艺术字、设置图片或艺术字的格式、图文混排的方法和技巧,要求学生学会各种宣传海报版面的整体规划、艺术效果和个性化创意,灵活运用所学知识制作实际生活、工作中所需要的页面美观、大方,能吸引人的各类宣传单及宣传海报。

课后练习：制作各类宣传单

　　设计制作 Lenovo 笔记本电脑宣传单、艺术学校宣传单及黄山风景区介绍,如图 4-43～图 4-45 所示。

图 4-43　Lenovo 笔记本电脑宣传单

图 4-44　艺术学校宣传单

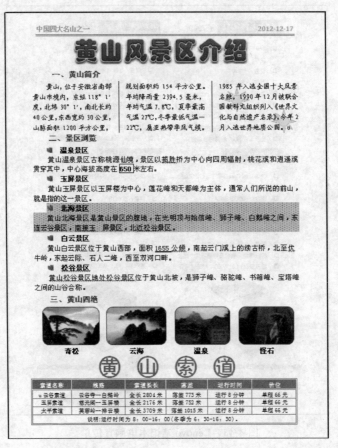

图 4-45　黄山风景简介

1. 设计制作 Lenovo 笔记本电脑宣传单。

（1）新建"Lenovo 笔记本电脑宣传单"文档，设置纸大小为 A4，页边距上、下、左、右分别为"2.50 厘米"、"2.50 厘米"、"3.10 厘米"、"3.10 厘米"。

（2）将文档上半部分为两栏。

（3）绘制矩形和直线，并在矩形框中添加文字内容，如"强悍性能"；设置字体为"楷体，五号，加粗、居中"，字体颜色为"黄色"，并组合矩形框和直线。

（4）设置组合图形填充颜色为"黄色"，线条颜色为"蓝色"，线条粗细为"1 磅"。

（5）绘制一个矩形框，设置矩形框"无填充颜色"、"无线条颜色"，并添加文字，如"￥7999"，并设置文字的格式为"黑体，三号、加粗"，字体颜色为"红色"。

（6）绘制矩形框，添加电脑配置清单文字，并插入项目符号；设置矩形框"无填充颜色"、"无线条颜色"，文字格式为"楷体、小五、加粗"，行间距固定为"20 磅"，项目符号为"▢"。

（7）将组合的图形、电脑配置清单矩形框重新组合，并复制 3 个组合图形，按样文添加文字。

（8）将文档尾部分为一栏。

（9）分别插入 4 个类型的电脑图片，并分别设置缩放比例，去掉背景，再为 4 个图片插入题注。

（10）插入剪贴画中的图片，将文档分隔成两部分。

（11）插入自选图形中的"椭圆形标注"，修改边框和填充颜色并添加文字。

2. 设计制作艺术学校宣传单。

（1）新建"活动宣传单"文档，设置纸大小为"A4"，页边距上下"2.5 厘米"、左右为"3 厘米"。

（2）按样文输入文本。

（3）插入艺术字标题，并对艺术字进行相应的修饰。

（4）插入"圆角矩形"自选图形，设置填充颜色和边框颜色，并添加文字。

（5）复制 5 个"圆角矩形"，然后按样文输入文字。

（6）选中进修专业对应的课程，然后单击"插入"→"文本"→"文本框"按钮，在弹出的下拉菜单中选择"绘制文本框"命令，将该段文字放入文本框中。设置文本框"无填充颜色"，边框颜色为"橙色，强调文字颜色 6，深色带 25％"，然后拖动到样文所示的位置。

（7）插入自选图形中"星与旗帜"的"爆炸 1"，并添加文字。

（8）在页脚中插入文本框，并设置文本框填充颜色为"橙色，强调文字颜色 6，深色带 25％"，无边框颜色，然后在文本框中输入文本。

3. 设计制作黄山风景宣传单，并将此文档保存成图片的形式。

（1）打开"项目 4/黄山风景简介/文山素材.docx"文件。

（2）设置纸张大小为"B5"，上、下边距分别为"1.2 厘米"，左、右边距分别为"1.5 厘米"。

（3）按样文输入文本。

（4）对文本、段落进行格式化。

（5）插入项目符号和编号。

（6）对第一段文字进行分栏。

（7）插入艺术字、图片和自选图形。

（8）插入并修饰表格。

（9）插入页眉，并对表格进行修饰。

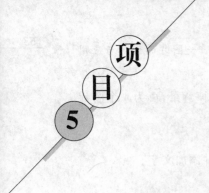

制作企业组织结构图
——SmartArt 图形的应用

【项目背景】

对于企事业单位,其组织结构图是必不可少的。为了利于企业部门间权责的明确,促进企业各部门相互配合、协调,天津唯美有限公司决定制作一个企业组织结构图,办公室主任把此任务交给刚参加工作不久的小李去完成。小李想制作具有专业水平的图形,但有较大的难度,因为需要花费大量的时间和精力调整图形的形状、大小、对齐、颜色及文本显示等。他上网查到,Word 2010 中的智能化 SmartArt 图形具有直观、易懂、简练的特点,其编辑功能可以替代大部分属于用户的手动操作。那么,他将如何使用SmartArt 呢?

【项目分析】

企业要想有好的发展,必须要有健全、畅通的组织结构。绝大多数企业结构图都使用层次结构来制作。层次型图形的特点是层次鲜明,页面整洁、清晰,各级结构分布合理等。由于组织结构图属于正式文档,故其风格一般遵循正规、严肃的特点。用户只需在 SmartArt 库中选择所需的图形后,完成几步简单的设置,即可制作出具有专业水平的各类图形布局。SmartArt 图形工具是制作组织结构图的最好工具。

本项目制作如图 5-1 所示的天津唯美公司组织结构图。通过本项目的学习,读者可以掌握 SmartArt 图形、文档背景色的基本使用方法,进而掌握使用SmartArt 制作相关结构图的技巧,如工艺流程图、列表图、循环图等。

【项目实施】

本项目可以通过以下几个任务来完成:

任务 5.1　插入 SmartArt 图形

任务 5.2　设置 SmartArt 图形

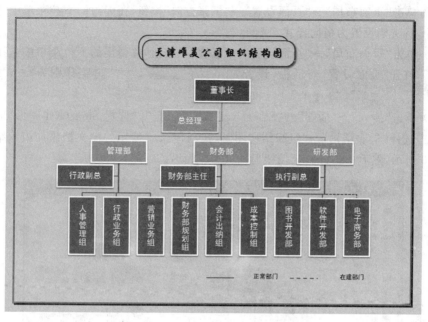

图 5-1　天津唯美公司的组织结构图

任务 5.1　插入 SmartArt 图形

使用 SmartArt 图形制作的组织结构图是以图形的方式形象地展示，给人印象深刻。在 Word 2010 中，可以在文档中插入列表、流程、循环、层次结构、关系、矩阵、棱锥图 7 种图示。

（1）列表：用于显示非有序信息块，或分组的多个信息块，或形表的内容。该类型中包括 36 种布局样式。

（2）流程：用于显示组成一个总工作的几个流程的行径或一个步骤的几个阶段。该类型中包括 44 种布局样式。

（3）循环：用于以循环流程表示阶段、任务或事件的过程，也可以用于显示循环行径与中心点的关系。该类型中包括 16 种布局样式。

（4）层次结构：用于显示组织中的分层信息或上下级关系。该类型中包括 13 种布局样式。

（5）关系：用于比较若干个观点之间的关系。有对立关系、延伸关系或促进关系等。该类型中包括 30 种布局样式。

（6）矩阵：用于显示部分与整体的关系。该类型中包括 4 种布局样式。

（7）棱锥图：用于显示比例关系、互联关系或层次关系，按照从高到低或从低到高的顺序排列。该类型中包括 4 种布局样式。

操作步骤如下。

（1）启动 Word 2010，新建一个"空白文档"。

（2）单击"页面布局"→"页面设置"→"纸张方向"按钮,在弹出的下拉菜单中选择"横向"命令,将文档设置为横向样式。

（3）单击"页面布局"→"页面设置"→"页边距"按钮,在弹出的下拉菜单中选择"自定义边距",打开"页面设置"对话框,设置"上"、"下"、"左"、"右"边距分别为"2.5厘米"、"2.5厘米"、"3厘米"、"3厘米"。

（4）单击"插入"→"插图"→"SmartArt"按钮 ,打开"选择SmartArt图形"对话框,然后单击选择"层次结构"→"组织结构图"样式,如图5-2所示。向文档添加组织结构图,如图5-3所示,然后单击"确定"按钮返回文档编辑区。

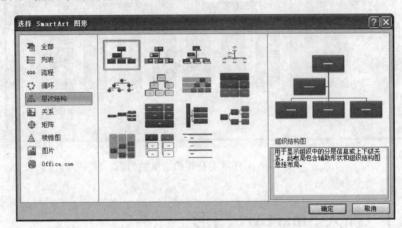

图 5-2 选择组织结构图类型

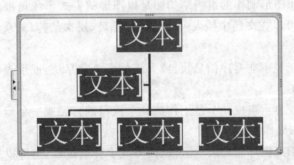

图 5-3 插入文档中的"组织结构图"

（5）右击第3排、第1个形状边框,然后单击"设计"→"创建图形"→"添加形状"下三角按钮,在弹出的下拉菜单中选择"添加助理"命令添加助理。按此方法为第3排、第2个形状和第3排、第3个形状添加助理,结果如图5-4所示。

（6）右击第3排、第1个形状边框,然后单击"设计"→"创建图形"→"添加形状"下三角按钮,在弹出的下拉菜单中选择"在下方添加形状"命令添加下属。按此方法继续添加三个下属,效果如图5-5所示。

（7）按照相同的方法,为第3排第2个及第3个形状分别添加下属,效果如图5-6所示。

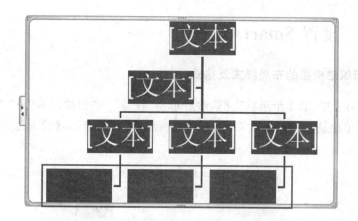

图 5-4　添加助理后的效果

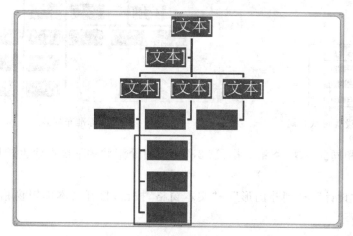

图 5-5　添加下属后的效果

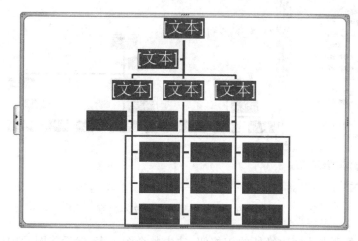

图 5-6　添加所有下属的效果

任务 5.2　设置 SmartArt 图形

1. 更改组织结构图的布局样式及格式

（1）右击第 3 排、第 1 个形状边框，然后单击"设计"→"创建图形"→"布局"按钮，在弹出的下拉菜单中选择"标准"命令，如图 5-7 所示，将其下级形状设为标准布局样式，效果如图 5-8 所示。

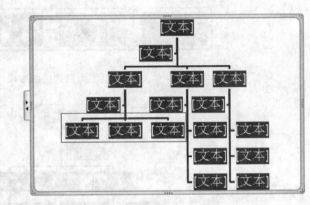

图 5-7　设置形状布局　　　　　　　　　　图 5-8　标准布局效果

（2）采用相同的方法，将第 3 排、第 2 个及第 3 个形状的下级形状也转换成标准布局样式。

（3）单击"设计"→"创建图形"→"文本窗格"按钮，打开文本编辑窗格，输入文本内容，如图 5-9 所示。

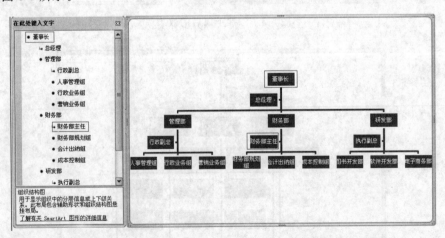

图 5-9　调整布局并输入文本内容

（4）单击图示表外框边缘处的⊞按钮，选中整个图示表，然后将图示中的文字设置为"宋体、五号、加粗"。

（5）默认样式不能达到文档要求，需要为图形添加颜色样式和边框样式。选中整个图示表后，单击"设计"→"SmartArt 样式"→"更改颜色"按钮，在弹出的下拉菜单中选择"彩色"→"彩色范围-强调文字颜色 5 至 6"命令，如图 5-10 所示。设置图形中的第一级为紫色，第二级为橙色，第三级为蓝色。

（6）选中整个图示表后，单击"设计"→"SmartArt 样式"→"其他"按钮，在弹出的下拉菜单中选择"最佳匹配"→"白色轮廓"命令，效果如图 5-11 所示。

（7）由图 5-11 可以看出，由于大量内容添加后，整个 SmartArt 图形空间不变，使得文本超出了形状的范围。这就需要调整形状的大小。单击图示 SmartArt 图形边框，将编辑对

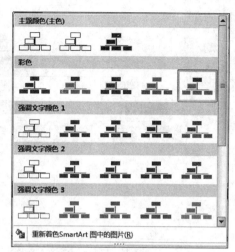

图 5-10　设置图形颜色样式

象设为整个图形，然后单击"格式"→"大小"→"形状高度"和"形状宽度"微调框，分别设置为"10 厘米"和"16 厘米"，如图 5-12 所示。此时，SmartArt 图形内的所有形状将自动等比例放大。

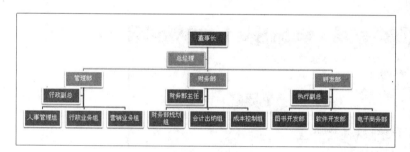

图 5-11　设置完成"SmartArt 样式"的效果

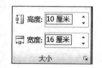

图 5-12　设置 SmartArt 大小

（8）此时可以看到所有单元格都为横排。由于最后一级形状的数量过多，使得整个图形内的形状自动按照最小形状统一调整，出现上、下大片空白，影响美观。为了更有效地利用页面空间，将最后一排形状调整为竖排形式。按住 Shift 键依次单击最下面一排蓝色形状边框将其选中，然后将光标移至任意所选形状右下角，光标变为倾斜箭头样式，如图 5-13 所示。此时，按住鼠标左键调整所选形状的大小及长宽比，将形状调整为垂直矩形的样式，如图 5-14 所示。

（9）调整这些最小的形状后，其他形状会跟着一起调整到最大。保持最下一排蓝色形状的选择状态，单击"格式"→"艺术字样式"选项组右下角的"对话框启动器"按钮，打开"设置文本效果格式"对话框。在"文本框"→"文字版式"→"文字方向"下拉列表中中选择"竖排"，如图 5-15 所示。

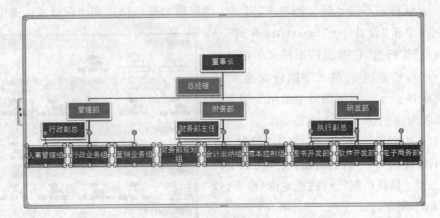

图 5-13　改变形状大小

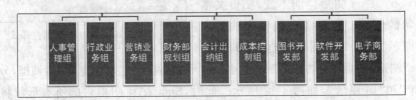

图 5-14　调整后的形状效果

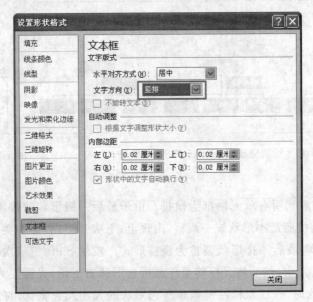

图 5-15　设置文字方向

（10）调整后的图形效果如图 5-16 所示。

（11）本实例中，由于研发部下辖的"电子商务部"为正在建设状态，需要在组织结构图中通过特殊效果来体现，例如颜色、形状、大小等各种样式的差别。本实例中采用虚线表示正在建设的部门。单击选中"电子商务部"形状连接线，然后单击"格式"→"形状样

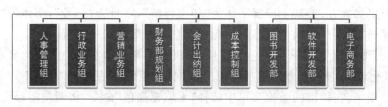

图 5-16　调整竖排文字后的 SmartArt 图形

式"→"形状轮廓"按钮,在弹出的下拉菜单中选择"虚线"→"短划线"命令,如图 5-17 所示。

(12) 由于改变了线型,故颜色自动调整为"黑色",与其他图形不协调。单击"格式"→"形状样式"→"形状轮廓"按钮,在弹出的下拉菜单中选择"标准"→"蓝色"命令,如图 5-18 所示,将颜色改为"蓝色"。

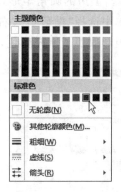

图 5-17　改变连接线型　　　　　　　　图 5-18　设置连接线颜色

(13) 设置连接线的线型和颜色后的效果如图 5-19 所示。

图 5-19　设置连接线的线型和颜色后的效果图

2. 添加自选图形制作文档标题

(1) 由于在本实例中,标题位置不能与普通文档一样处于最顶端第一行,而是根据组织结构图来调整,故使用自选图形来制作标题。

(2) 单击"插入"→"插图"→"形状"按钮,在弹出的下拉菜单中选择"圆角矩形"命令,此时光标变为"十"字交叉形式。在文档上端的中间位置,按住鼠标绘制一个圆角矩形。

(3) 设置"格式"→"大小"→"形状高度"和"形状宽度"分别为"1.5 厘米"和"10 厘米",在自选图形中添加文字"天津唯美组织架构"。

(4) 由于本实例所制作的文档内容较少,故需要将标题字号设置得大一些,使内容在文档中分布更加大方、美观。设置字体为"华文行楷",字号为"一号",字体为"加粗",然后单击"开始"→"段落"→"居中"按钮,使标题在自选图形内居中放置。

（5）由于圆角矩形默认为黑色边框且无底色,不符合本实例中文档的要求,故需要对其进行个性化设置,使其与整体更加协调。双击圆角矩形,然后单击"格式"→"形状样式"→"形状填充"按钮,在弹出的下拉菜单中选择"无填充颜色"命令,将圆角矩形设置为无填充颜色。

（6）单击"格式"→"形状样式"→"形状轮廓"按钮,在弹出的下拉菜单中选择"主题颜色"为"紫色",将所选圆角矩形边框颜色设为紫色。

（7）单击"格式"→"形状样式"→"形状轮廓"按钮,在弹出的下拉菜单中选择"粗细"→"2.25 磅"命令,将所选圆角矩形边框加粗。

（8）再复制一个圆角矩形,向下、向右微微移动,使两个圆角错开。

（9）单击上边的圆角矩形,然后单击"格式"→"形状样式"→"形状效果"按钮,在弹出的下拉菜单中选择"投影"→"右下斜篇移"命令,如图 5-20 所示,为圆角矩形添加阴影。由于圆角矩形取消了填充颜色,只有边框参与投影,最终效果如图 5-21 所示。

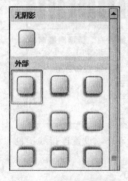

图 5-20　添加阴影效果　　　　　　　　图 5-21　标题最终效果

3. 插入文本框套用表格制作图例

由于 SmartArt 图形中的连接线分实线和虚线两种线型,如果没有特别说明,其他想使用此文档的用户将无法使用此文档,故需要为各种线型添加图例,说明线型代表的意义,既方便读者,又提高了组织结构图的实用性。

（1）单击"插入"→"文本"→"文本框"按钮,在弹出的下拉菜单中选择"绘制文本框"命令,此时光标变为"十"字交叉形式。在文档右下角的位置按住鼠标左键绘制一个文本框。

（2）设置"格式"→"大小"→"形状高度"和"形状宽度"分别为 "1.5 厘米"和"12 厘米",如图 5-22 所示。

（3）为了不影响下面文档背景颜色的展示,需要将文本框设为无边框颜色、无填充颜色样式。单击"格式"→"形状样式"→"形状填充"按钮,在弹出的下拉菜单中选择"无填充颜色"命令,如图 5-23 所示,将文本框设为无填充颜色。

（4）单击"格式"→"形样样式"→"形状填充"按钮,在弹出的下拉菜单中选择"无轮廓"命令,如图 5-24 所示,将文本框边框部分设为无轮廓。

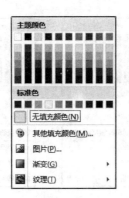
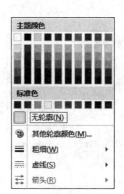

图 5-22　设置文本框大小　　图 5-23　设置文本框的填充颜色　　图 5-24　设置文本框的轮廓

（5）单击文本框内的文本编辑区，将光标移至文本框内，然后单击"插入"→"表格"→"表格"按钮，如图 5-25 所示，在文本框中将插入一个 4×1 表格。

（6）选中全部表格，然后单击"布局"→"单元格大小"选项组，在"表格行高度"和"表格列宽度"微调框中分别输入"1.2 厘米"和"3.0 厘米"，如图 5-26 所示。

（7）单击"设计"→"表样式"→"边框"按钮，在弹出的下拉菜单中选择"无框线"命令，将表格边框设为无框线，如图 5-27 所示，然后单击第一个单元格取消选择。

图 5-25　绘制所需表格　　　　图 5-26　设置表格大小　　　图 5-27　设置表格边框无框线

（8）单击"插入"→"插图"→"形状"按钮，在弹出的下拉菜单中选择"线条"→"直线"命令，如图 5-28 所示。按住 Shift 键，在第一个单元格内绘制一条直线作为直线图例。

（9）单击"格式"→"形状样式"→"形状轮廓"按钮，在弹出的下拉菜单中选择"颜色"→"深蓝，文字 2，淡色 50％"命令，如图 5-29 所示，将直线设为蓝色。

（10）单击"格式"→"形状样式"→"形状轮廓"按钮，在弹出的下拉菜单中选择"粗细"→"2.25 磅"命令，如图 5-30 所示，将所选直线加粗，效果如图 5-31 所示。

（11）重复（8）～（10）步的操作，在第三个单元格中插入一条相同的直线。单击"格式"→"形状样式"→"形状轮廓"按钮，在弹出的下拉菜单中选择"虚线"→"短划线"命令，如图 5-32 所示，将第二条直线变为虚线样式，效果如图 5-33 所示。

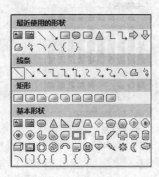

图 5-28　选择直线条件

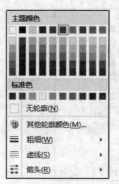

图 5-29　设置直线颜色

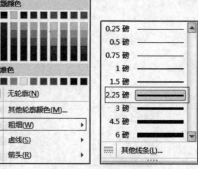

图 5-30　设置直线粗细

图 5-31　直线的效果

图 5-32　设置图例线型

图 5-33　虚线线型

（12）在第二个单元格和第四个单元格分别输入"正常部门"和"在建部门"，并将其设置为"黑体、五号"字，其他保持默认设置。

（13）拖动调整图例中的两条线与文字对齐。按住 Shift 键依次选中文本框和两条图例线，然后单击"格式"→"排列"→"组合"按钮，在弹出的下拉菜单中选择"组合"命令，将所选内容组合为一个整体，以方便调整图例的位置。拖动文本框至合适的位置，最终效果如图 5-34 所示。

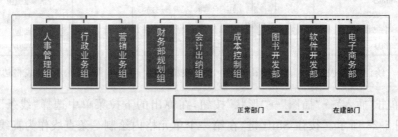

图 5-34　图例的最终效果

4. 为图形添加背景并打印

由于单元格采用白色边框，在白色背影衬托下显得不易分辨，故需要为文档添加背景颜色和边框，使得 SmartArt 图形更加美观、协调。

（1）单击"页面布局"→"页面背景"→"页面颜色"按钮，在弹出的下拉菜单中选择"水绿色，强调文字颜色 5，淡色 60％"命令，如图 5-35 所示，将背景设为水绿色。

（2）单击"页面布局"→"页面背景"→"页面边框"按钮，打开"边框和底纹"对话框。设置页面边框样式为"阴影"样式，边框样式为"双划线"样式，如图 5-36 所示，然后单击"确定"插入页面边框。

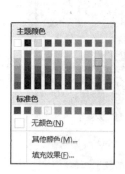

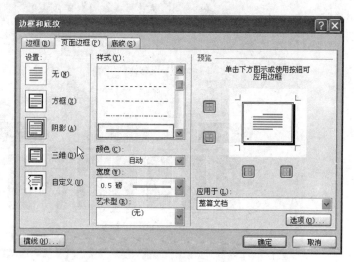

图 5-35　选择背景颜色　　　　　　　图 5-36　设置页面边框样式

（3）Word 默认不打印背景色。如果需要打印时带有背景色，单击"文件"按钮，在弹出的下拉菜单中选择"Word 选项"按钮，打开"Word 选项"对话框。单击选中"显示"→"打印选项"→"打印背景色和图像"复选框，允许打印时附带背景色，如图 5-37 所示。

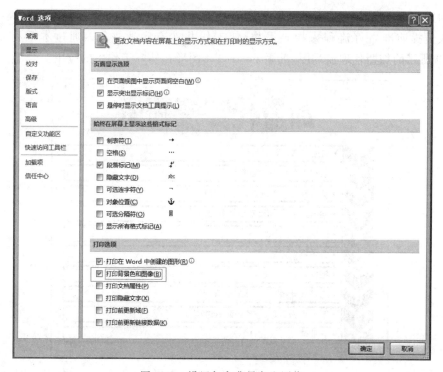

图 5-37　设置打印背景色和图像

（4）到此，整个企业组织结构图制作完毕，其效果如图 5-38 所示。

图 5-38　企业组织结构图最终效果

项目拓展：设计制作加盟代理流程

加盟代理产品是人生择业的重要事情，在开业前会很忙碌。为了不出差错，需要加盟代理人员提前准备好流程来指导操作，使工作井然有序地进行。通过本项目制作如图 5-39 所示的加盟代理流程图，巩固 SmartArt 图形在实际工作中的应用。

图 5-39　加盟代理流程图

（1）创建"加盟代理流程图"文档。

（2）单击"插入"→"插图"→SmartArt 按钮，打开"选择 SmartArt 图形"对话框，然后单击选择"流程"→"垂直 V 形列表"样式，如图 5-40 所示。向文档中添加组织结构图，然后单击"确定"按钮，返回主文档编辑区，效果如图 5-41 所示。

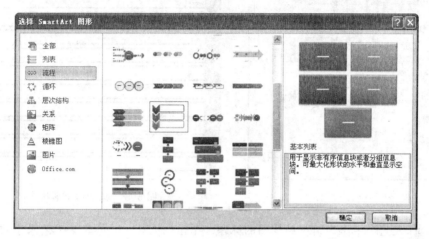

图 5-40　选择组织结构图类型

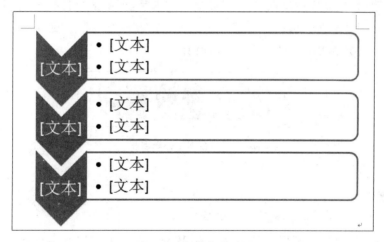

图 5-41　新建的流程图

（3）默认样式不能达到文档要求，为了使流程图更加美观，需要为图形添加颜色样式和边框样式。单击"设计"→"SmartArt 样式"→"更改颜色"按钮，在弹出的下拉菜单中选择"彩色"→"彩色填充-强调颜色 2"命令，如图 5-42 所示。

（4）选中图形，然后单击"设计"→"创建图形"→"添加形状"下三角按钮，再根据需要插入多个形状，如图 5-43 所示。

（5）单击"设计"→"创建图形"→"文本窗格"按钮 文本窗格，打开文本编辑窗格，输入文本内容。在形状中输入文字。

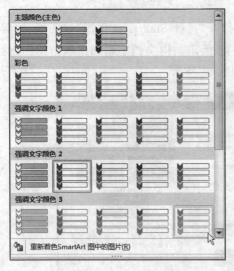

图 5-42　设置图形的颜色样式

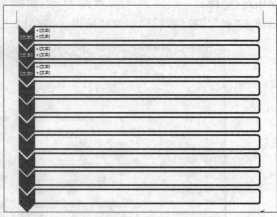

图 5-43　添加多个形状

　　（6）插入艺术字作为组织结构图的标题。单击"插入"→"文本"→"艺术字"按钮，在弹出的下拉菜单中选择"填充-红色，强调文字颜色2，暖色粗糙棱台"样式。插入艺术字，并更改艺术字为"加盟代理流程图"。然后选中艺术字，再单击"格式"→"艺术字样式"→"文字效果"按钮 A▾，在弹出的下拉菜单中选择"转换"→"陀螺形"命令。艺术字效果如图 5-44 所示，组织结构图的最终效果如前面所示。

图 5-44　艺术字标题效果

项目小结

　　通过本项目的学习，可以使读者掌握在 Word 2010 中利用 SmartArt 制作列表、流程、循环、层次结构、关系以及棱锥图的操作方法，以及插入 SmartArt 图形、向 SmartArt 添加形状、向形状中添加文字、美化 SmartArt 的方法和技巧。

课后练习：制作教材组织结构图

　　本练习制作如图 5-45 所示的计算机文化基础的组织结构图。

　　（1）新建一个"计算机文化基础的组织结构图"文档。

　　（2）设置纸张大小 A4，纸张方向"纵向"，页边距采用默认值。

　　（3）插入 SmartArt 图形中的"层次结构"→"水平层次结构"样式。

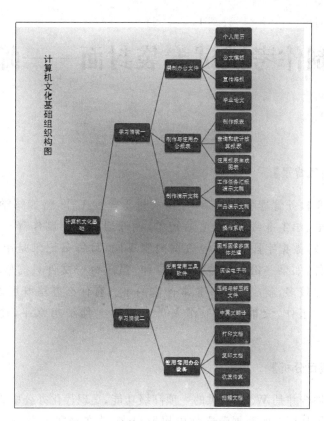

图 5-45　计算机文化基础组织结构图

（4）为该组织结构图添加渐变背景。

制作考试试卷袋封面——邮件合并

【项目背景】

高职教务管理事务繁杂,存在大量重复性工作,譬如每学期各种考试试卷袋封面、学生准考证、成绩通知单、授课通知书的制作等。这些工作量大,格式一致,数据字段相同,但数据内容不同,且每条记录是单独成文、单独填写的文件,如果一份一份地编辑、打印,虽然每份文件只需修改个别数据,一旦份数比较多,就成了一件非常苦恼的事。有什么办法既可以减少枯燥无味的重复性工作,又能显现工作人员高超的文件编辑水平,使得工作效率提高呢?

【项目分析】

邮件合并是 Word 提供的一项高级功能,是现代化办公中非常实用的功能,它将数据从所在的数据源文件中提取出来,放在主文档中用户指定的位置上,从而把数据库记录和文本组合在一起。对一批文档,如果其主要内容基本相同,只有某些数据不同,就可以用邮件合并功能来生成。合并后的文件根据用户自己的需求,可以保存、打印,也可以邮件形式发送出去。

利用 Office 邮件合并功能,可以制作高职教务管理中经常批量打印的文档,如奖状、准考证、成绩单、信封、试卷袋封面、授课通知书、班级课表等。现在以制作考试试卷袋封面为例,学习 Office 中的邮件合并功能,效果如图 6-1 所示。

【项目实施】

本项目可以通过以下几个任务来完成:

任务 6.1　创建主文档

任务 6.2　创建数据源

任务 6.3　合并邮件

课程名称	试题代码	任课教师	考核班级	应到考生	考场	监考教师
Java 程序设	0101230040301	张小静	100101/2 动	14	207	张小静 徐卷
封卷份数	14	每份页数	2	封卷人签字：王芳 2011 年 12 月 8 日		
考核时间	11 月 3 日 16:30-18:00					
考核方式	上机操作	开卷（ ）		闭卷（ ）	考核地点	
缓考学生姓				考生验封签字		

课程名称	试题代码	任课教师	考核班级	应到考生	考场	监考教师
书籍装帧设	0104220090501	程晋	090110-12	39	306	程晋 郭明梅
封卷份数	39	每份页数	3	封卷人签字：王芳 2011 年 12 月 8 日		
考核时间	11 月 13 日 13:00-16:00					
考核方式	上机操作	开卷（ ）		闭卷（ ）	考核地点	
缓考学生姓				考生验封签字		

课程名称	试题代码	任课教师	考核班级	应到考生	考场	监考教师
包装设计 ZX	0104220100501	徐华	090110-12	39	309	徐华 朱雨华
封卷份数	39	每份页数	2	封卷人签字：王芳 2011 年 12 月 8 日		
考核时间	11 月 13 日 8:00-11:00					
考核方式	上机操作	开卷（ ）		闭卷（ ）	考核地点	
缓考学生姓				考生验封签字		

课程名称	试题代码	任课教师	考核班级	应到考生	考场	监考教师
字体设计与	0104220060301	程晋	100108-09	22	207	程晋 陶晓红
封卷份数	22	每份页数	4	封卷人签字：王芳 2011 年 12 月 8 日		
考核时间	11 月 3 日 13:00-16:00					
考核方式	上机操作	开卷（ ）		闭卷（ ）	考核地点	
缓考学生姓				考生验封签字		

课程名称	试题代码	任课教师	考核班级	应到考生	考场	监考教师
ASP.NET 企业	0105220020501	刘强	090116/17ASP	32	305	刘强 赵丽
封卷份数	32	每份页数	6	封卷人签字：王芳 2011 年 12 月 8 日		
考核时间	11 月 13 日 8:00-11:00					
考核方式	上机操作	开卷（ ）		闭卷（ ）	考核地点	
缓考学生姓				考生验封签字		

图 6-1　邮件合并的结果第 1 页

任务 6.1　创建主文档

主文档指在邮件合并操作中，所含内容对合并文档的每个版本都相同的文档，即邮件合并内容的固定不变的部分，例如学生成绩单的课程内容、考试试卷袋封面条目、工资条科目部分等。建立主文档的过程就和平时新建一个 Word 文档一样，通常在使用邮件合并之前建立主文档，这样不但可以考查该项工作是否适合使用邮件合并，而且主文档的建立为数据源的建立或选择提供了标准。

（1）在 Word 中建立一个文件名为"期末考试试卷封面"的文件，作为主文档。

（2）插入表格，然后在表格中输入考试试卷袋封面的基本内容，只输入考试试卷封面中相同的部分，如图 6-2 所示。

课程名称	试题代码	任课教师	考核班级	应到考生	考场	监考教师
封卷份数		每份页数		封卷人签字：王芳 2011 年 12 月 8 日		
考核时间						
考核方式		开卷（ ）		闭卷（ ）	考核地点	
缓考学生姓名				考生验封签字		

图 6-2　"期末考试试卷封面"主文档

任务 6.2　创建数据源

数据源就是数据记录表,其中包含相关的字段和记录内容。一般情况下,通过邮件合并来提高效率,是因为已经有了相关的数据源,可以打开数据源,当然可以重新建立数据源。邮件合并除可以使用由 Word 创建的数据源之外,Excel 工作簿、Access 数据库、MS SQL Server 数据库都可以作为邮件合并的数据源。只要这些数据文件存在,邮件合并时就不需要创建新的数据源,直接打开这些数据源使用即可。因为 Excel 在工作中运用广泛,所以常常利用 Excel 表格作为数据源。作为数据源的 Excel 表要先将行标题删除,得到以标题行(字段名)开始的一张 Excel 表格,并且数据行中间不能有空行,因为要使用这些字段名来引用数据表中的记录。

在 Excel 中输入期末考试安排,保存文件名为"期末考试考场与监考安排",如图 6-3 所示。从第 2 行开始的每一行称为一条记录,第 1 行规定了每条记录要包含几项内容,每项内容为一个字段。在本例中,每条记录必须包含课程名称、试题编号、任课教师、考试班级、考生人数、考场、监考 1、监考 2、考试时间、考试方式、试卷页数共 11 个字段。

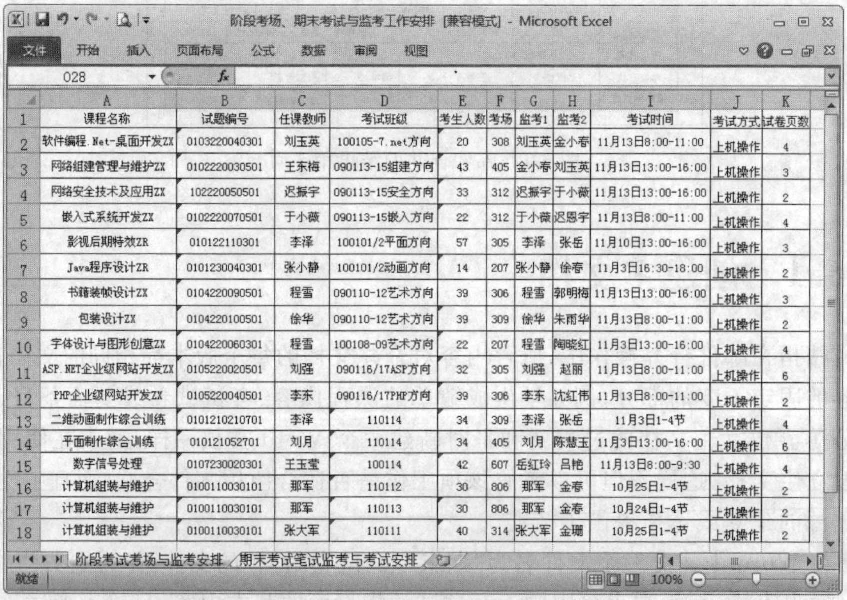

图 6-3　2011—2012 下学期考试考场安排

任务 6.3　合并邮件

利用邮件合并工具,可以将数据源合并到主文档中,得到目标文档。合并完成的文档份数取决于数据表中合并的记录条数。它可以是全篇文档,也可以是其中的一部分记录。合并操作过程可以利用"邮件合并向导"或"邮件合并"工具栏轻松完成。

（1）打开"项目 6/试卷封皮/期末考试试卷封面.docx"文档。

（2）单击"邮件"→"开始邮件合并"→"开始邮件合并"按钮 📄，在弹出的下拉菜单中选择"邮件合并分步项导"命令，打开"邮件合并"侧边栏，如图 6-4 所示。

（3）单击选中"目录"单选按钮，设置所编辑的文档类型为目录，然后单击"下一步：正在启动文档"命令。

（4）单击选中"使用当前文档"单选框，在现有文档上添加收件人信息。单击"下一步：选取收件人"命令，进入选择收件人步骤，如图 6-5 所示。

（5）单击"浏览"命令，如图 6-6 所示，打开"选取数据源"对话框。

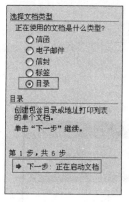

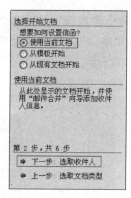
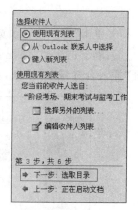

图 6-4　邮件合并第一步　　　　图 6-5　选择开始文档　　　　图 6-6　选择收件人

（6）单击所需的"2011—2012 下学期考试考场安排.xlax"文件，将其数据源链接至当前文档，如图 6-7 所示。由于"2011—2012 下学期考试考场安排.xlsx"有三个工作表，会跳出如图 6-8 所示的对话框，询问用户需要应用的工作表。由于要实例中的数据保存于"阶段考试考场与监考安排"工作表中，单击将其选中后单击"确定"按钮，即返回"邮件合并"侧边栏。

图 6-7　选择数据源

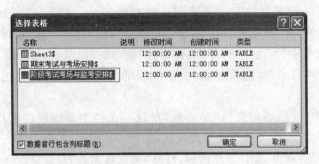

图 6-8 选择工作表

（7）单击"下一步：预览目录"命令进入撰写信函步骤，如图 6-9 所示。

（8）单击主文档"课程名称"单元格，并将光标移至此处，然后单击"其他项目"命令，打开"插入合并域"对话框，如图 6-10 所示。

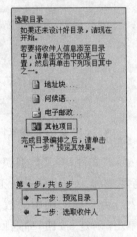

图 6-9 撰写信函

图 6-10 插入合并域

（9）单击"域"列表中的"课程名称"列表，在光标处插入"课程名称"域，然后单击取消返回"邮件合并"侧边栏，会在光标位置插入所选域，效果如图 6-11 所示。

课程名称	试题代码	任课教师	考核班级	应到考生人数	考场	监考教师
«课程名称»						
封卷分数		每份页数		封卷人签字：王芳 2011 年 12 月 8 日		
考核时间						
考核方式		开卷（　）	闭卷（　）	考核地点		
缓考学生姓名				考生验封签字		

图 6-11 在光标位置插入"课程名称"域

（10）重复（8）、（9）步的操作，分别在文档中插入如图 6-12 所示的合并域。

（11）单击"下一步：预览目录"命令，预览目录域的转换效果，如图 6-13 所示。

课程名称	试题代码	任课教师	考核班级	应到考生	考场	监考教师
《课程名称》	《试题编号》	《任课教师》	《考试班级》	《考生人数》	《考场》	《监考1》《监考2》
封卷份数	《考生人数》	每份页数	《试卷页数》	封卷人签字：王芳 2011 年 12 月 8 日		
考核时间	《考试时间》					
考核方式	《考试方式》	开卷（　）	闭卷（　）	考核地点		
缓考学生姓名				考生验封签字		

图 6-12　插入所需域

课程名称	试题代码	任课教师	考核班级	应到考生	考场	监考教师
软件编	0103220040301	刘玉英	100105-7.net	20	308	刘玉英　金小春
封卷份数	20	每份页数	4	封卷人签字：王芳 2011 年 12 月 8 日		
考核时间	11 月 13 日 8:00-11:00					
考核方式	上机操作	开卷（　）	闭卷（　）	考核地点		
缓考学生姓				考生验封签字		

图 6-13　预览信函

（12）如果需要查看某试卷封面，单击如图 6-14 所示"上一项"按钮或"下一项"按钮选择查看其他试卷封面。单击"编辑收件人列表"按钮，可以对收件人列表进行编辑，包括排序、筛选及查找重复收件人等。

（13）如果需要保存，以便日后继续使用，单击"创建新文档"命令，如图 6-15 所示。打开"合并到新文档"对话框，如图 6-16 所示，设置好需要合并的记录后单击"确定"按钮，便可将所有记录合并到一个新文档中。

图 6-14　预览、修改信函　　　　图 6-15　选择输出方式　　　　图 6-16　选择需要打印的记录

（14）合并完成后，会自动建立一个包含所有记录的新文档，如图 6-17 所示。最后就可以保存或打印了。

课程名称	试题代码	任课教师	考核班级	应到考生	考场	监考教师
软件编	0103220040301	刘玉英	100105-7.net	20	308	刘玉英 金小春
封卷份数	20	每份页数	4	封卷人签字：王芳 2011 年 12 月 8 日		
考核时间	11 月 13 日 8:00-11:00					
考核方式	上机操作	开卷（　）	闭卷（　）	考核地点		
缓考学生姓				考生验封签字		

课程名称	试题代码	任课教师	考核班级	应到考生	考场	监考教师
网络组建管	0102220030501	王京梅	090113-15	43	405	金小春 刘玉英
封卷份数	43	每份页数	3	封卷人签字：王芳 2011 年 12 月 8 日		
考核时间	11 月 13 日 13:00-16:00					
考核方式	上机操作	开卷（　）	闭卷（　）	考核地点		
缓考学生姓				考生验封签字		

课程名称	试题代码	任课教师	考核班级	应到考生	考场	监考教师
网络安全技	102220050501	迟振宇	090113-15	33	312	迟振宇 于小薇
封卷份数	33	每份页数	2	封卷人签字：王芳 2011 年 12 月 8 日		
考核时间	11 月 13 日 13:00-16:00					
考核方式	上机操作	开卷（　）	闭卷（　）	考核地点		
缓考学生姓				考生验封签字		

课程名称	试题代码	任课教师	考核班级	应到考生	考场	监考教师
嵌入式系统	0102220070501	于小薇	090113-15	22	312	于小薇 迟振宇
封卷份数	22	每份页数	4	封卷人签字：王芳 2011 年 12 月 8 日		
考核时间	11 月 13 日 8:00-11:00					
考核方式	上机操作	开卷（　）	闭卷（　）	考核地点		
缓考学生姓				考生验封签字		

课程名称	试题代码	任课教师	考核班级	应到考生	考场	监考教师
影视后期特	010122110301	李泽	100101/2 平	57	305	李泽 张岳
封卷份数	57	每份页数	3	封卷人签字：王芳 2011 年 12 月 8 日		
考核时间	11 月 10 日 13:00-16:00					
考核方式	上机操作	开卷（　）	闭卷（　）	考核地点		
缓考学生姓				考生验封签字		

图 6-17　邮件合并结果第 1 页

项目拓展：制作信封和商务信函

许多公司和单位要经常成批地发送同样的函件给不同的客户，这些都是企业用于联系业务、商洽交易事项的信函。在商务信函的写作过程中，不需要华丽优美的词句，只需用简单朴实的语言准确地表达发函方的想法，让对方非常清楚地了解发函方的意图就可以了。商务信函一般有以下特点：

（1）内容单一。信函一定要写得简明扼要，短小精悍，切中要点，一文一事。

（2）结构简单。内容单一，篇幅较短，结构简单、清楚，便于对方阅读和把握。

（3）语言简练，表达精确。涉及数据或者具体的信息时，比如时间、地点、价格、货号等，尽可能精确，使交流的内容更加清楚，有助于加快事务的进程。

1. 批量制作信封

大部分商务信函通常需要以实物的形式进行邮寄。对于普通用户来说，制作不同规格的信封和烦琐的机械性输入相当耗时耗力。Word 提供了多种国内、国外信封样式和内置模板。通过这些模板，可以快速、准确地创建批量信封，大大减轻了普通用户的工作量。可以用信封制作向导制作单个信封，或批量印制各类常用规格的信封。

（1）在制作信封之前，新建一个 Excel 文件，用来存储客户信息，如图 6-18 所示。这是因为在批量生成信封的过程中，需要从 Excel 文件提取地址、联系人、邮编等信息。

	A	B	C	D	E	F	
1	序号	姓　名	单位名称	收件人地址	邮编	职务	
2	4	李　江	吉林市方联中等职业学校	吉林市船营区新发路115号	132011	校长	
3	5	王海生	吉林知合动画中等专业学校	吉林市龙潭区隆礼路3256路	132021	主任	
4	6	张建生	吉林长春江省国际商务学校	吉林省长春市经开区丙己路156号	130033	副校长	
5	7	赵丽丽	吉林职业技术学校	吉林市昌邑区辽北路166号	132001	书记	
6	8	李洪江	长春计算机职业中等专业学校	吉林省长春市经开区甲乙路456号	130033	副校长	
7	9	马国华	长春市现代通信技术学院	吉林市长春市朝阳区建设街1508号	130061	校长	
8	10	王宝秋	吉林工程技术师范学院	吉林省长春市北人民大街223号	130052	副校长	
9	11	李慧芝	长春市八中专	吉林省长春市宽城区兴隆山镇新北路55号	130000	校长	
10	12	乔立红	长春市九中专	吉林省长春市宽城区兴隆山镇新北路60号	130000	副校长	
11	13	刘晓红	吉林职业技术学院　信息工程系	吉林市昌邑区辽北路189号	130056	主任	
12	14	李家政	吉林交通职业技术学院　电子信息分院	吉林市昌邑区辽北路586号	130056	副院长	
13	15	李彦力	吉林电子信息职业技术学院　计算机系	长春电子信息职业技术学院　计算机系	130000	主任	
14	16	王敏祥	四平职业大学　计算机工程学院	四平计算机工程学院动画系	136000	院长	
15							

图 6-18　创建 Excel 客户信息表

（2）单击"邮件"→"创建"→"中文信封"按钮，打开"信封制作向导"对话框，如图 6-19 所示。

（3）单击"下一步"按钮，进入"选择信封样式"步骤。"信封样式"下拉列表中内置了国内信封 B6、DL、ZL、C5、C4 五种样式，及国外信封 C6、DL、C5、C4 四种样式，其尺寸如图 6-20 所示。本项目的信封样式选择"国内信封-DL（220×110）"，如图 6-21 所示。

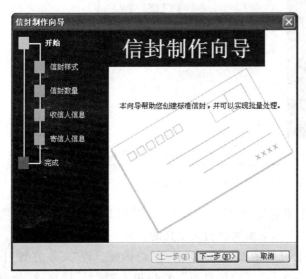

图 6-19　"信封制作向导"对话框

图 6-20　内置信封样式

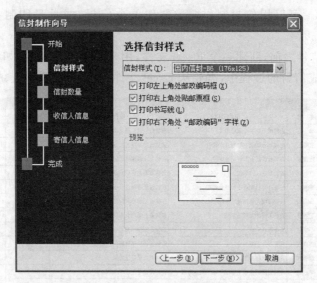

图 6-21　选择信封样式

（4）选中全部 4 个复选框，使信封包括左上角收件人的邮政编码框、右上角处贴邮票框、书写线和右下角处寄件人的"邮政编码"字样。单击"下一步"按钮，进入如图 6-22 所示信封数量选择步骤。

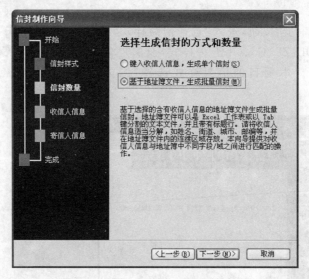

图 6-22　选择生成信封的方式和数量

（5）单击"基于地址簿文件，生成批量信封"单选按钮，设置信封数量为"多封"，然后单击"下一步"按钮，进入如图 6-23 所示的编辑收信人信息的步骤。

（6）单击"选择地址簿"按钮，打开如图 6-24 所示"打开"对话框。将"文件类型"下拉列表框设为 Excel，并单击选中所需文件"客户信息表"，然后单击"打开"按钮，打开通讯录，返回"信封制作向导"对话框。

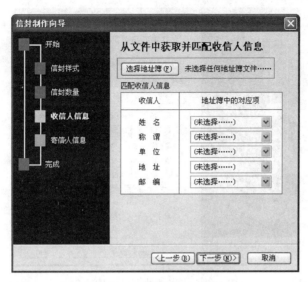

图 6-23　编辑收件人信息

图 6-24　"打开"对话框

（7）将"收信人"选项组中的各项与"客户信息"中的列一一对应，如图 6-25 所示。

（8）单击"下一步"按钮，进入寄信人信息编辑步骤，输入如图 6-26 所示的寄信人信息。

（9）单击"下一步"按钮，进入完成步骤；然后单击"完成"按钮，在新文档内创建批量信封。信封的最终效果图如图 6-27 所示。

（10）如果是 Word 2003，由于自动生成分页符的原因，每隔一个信封会有一个空白信封。此时，只要在打印选项中选择打印奇数页即可。

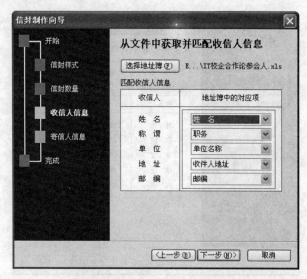

图 6-25　设置地址簿中的对应项

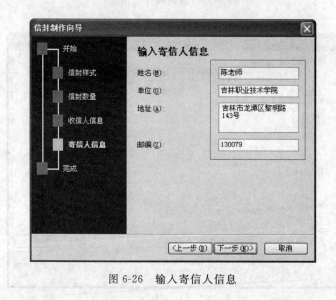

图 6-26　输入寄信人信息

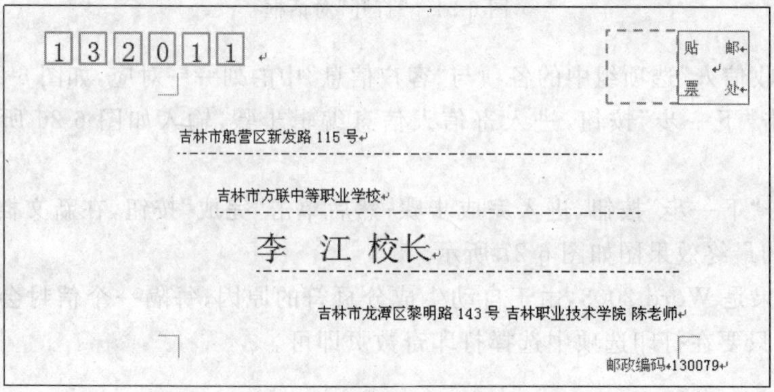

图 6-27　信封的最终效果

2. 使用邮件合并功能制作信纸

信封制作完毕后就可以制作信纸了。对于大量的邀请函,依然采用邮件合并功能来操作,把简单、机械的劳动交给计算机,既可以大大提高工作效率,又可以保证准确度。

使用邮件合并功能批量生成信函的操作步骤如下所述。

(1) 新建 Word 文档,并输入如图 6-28 所示的信函基本内容。由于本项目主要讲解邮件合并功能,故在文本输入方面不做过多解说。

图 6-28   输入邀请函基本内容

技能链接——设计邀请函的基本原则

① 邀请函应该简洁、明确地传递出主要的信息,例如主题、时间、地点、议程、主办单位等。

② 邀请函外观设计应美观大方,以便引起受邀者参加会议的浓厚兴趣。

③ 应该给受邀者提供信息反馈的渠道,以便主办方能根据与会者的需求及时做好准备。

(2) 单击“邮件”→“开始邮件合并”选项卡→“开始邮件合并”按钮,在弹出的下拉菜单中选择“邮件合并分步向导”命令,打开“邮件合并”侧边栏。

(3) 单击选中“信函”单选按钮,设置所编辑的文档类型为“信函”,然后单击“下一步:正在启动文档”命令。

(4) 单击选中“使用当前文档”单选框,在现有文档上添加收件人信息。单击“下一步:选取收件人”命令,进入选择收件人的步骤。

(5) 单击“浏览”命令,打开“选取数据源”对话框。

(6) 单击所需的“客户信息表.xlsx”文件,将其数据源链接至当前文档,单击将其选中后单击“确定”按钮,即可返回“邮件合并”侧边栏。

(7) 单击“下一步:撰写信函”命令,进入撰写信函的步骤。

(8) 单击主文档,将光标移至"尊敬的"后面,再单击"其他项目"命令,打开"插入合并域"对话框。

(9) 单击"域"列表中的"姓名"列表,在光标处插入"姓名"域,然后单击"关闭"按钮返回"邮件合并"侧边栏。这时,会在光标位置插入所选域。

(10) 重复(8)、(9)步的操作,在文档中插入"职务"域。

(11) 单击"下一步:预览信函"命令,预览最终合并的结果。

(12) 如果需要查看某收件人,单击"上一项"按钮或"下一项"按钮来选择查看其他试卷封面。单击"编辑收件人列表"按钮,可以对收件人列表进行编辑,包括排序、筛选及查找收件人等。

(13) 确认文档没有错误后,单击"下一步:完成合并"命令,进入选择输出方式的步骤。如图所示。

(14) 如果不需要保存而直接打印,选择"打印"命令,打开"合并到打印机"对话框,选择需要打印的记录。单击"确定"按钮,打开"打印"对话框,设置打印机选项。

(15) 如果需要保存,以备日后继续使用,单击"编辑单个信函"命令,打开"合并到新文档"对话框。设置好需要合并的记录后单击"确定"按钮,便可将所有记录合并到一个新文档中。

(16) 合并完成后,自动建立一个包含所有记录的新文档。其中,每个记录占一页,摘录其中某页的效果如图 6-29 所示。

图 6-29　邮件合并的第 2 页效果

项目小结

邮件合并是 Word 的一项常用高级功能,它能提高人们的办公效率。本项目通过制作试卷封面、邀请函信封和邀请函两个项目,详细地介绍了邮件合并的操作方法和基本步骤。该案例应用范围广泛,具有很强的实用性。掌握邮件合并功能,可以在很短的时间内处理一些工作量大、重复率高、容易出错的事务。在实际工作中经常要批量处理主要内容基本相同,只是具体数据有变化的文件,可以利用邮件合并功能来完成。邮件合并功能有广泛的应用领域。

(1) 批量打印信封:按统一的格式,将电子表格中的邮编、收件人地址和收件人打印出来。

(2) 批量打印信件、邀请函、通知:主要是从电子表格中调用收件人,换一下称呼,信件内容基本固定不变。

(3) 批量打印工资条、选题单、图书报价单:从电子表格中调用不同字段的数据,每人一条,对应不同信息。

(4) 批量打印学生成绩单:从电子表格成绩中调取个人信息,并设置评语字段,编写不同的评语。

(5) 批量打印各类获奖证书、准考证:在电子表格中设置姓名、获奖名称和等级,在Word 中设置打印格式,可以打印各类证书。

总之,只要有数据源(电子表格、数据库),只要是一个标准的二维数表,就可以很方便地按一个记录一条或一页的方式,在 Word 中利用邮件合并功能打印出来。

课后练习：批量制作常用文档

1. 批量制作学生成绩通知单。

要求在发给家长的"学生成绩报告单"中,如果有不及格科目,在成绩单上注明"提示:您的孩子有不及格科目,请在下学期开学 2 周后参加补考"。

(1) 创建主文档,如图 6-30 所示。

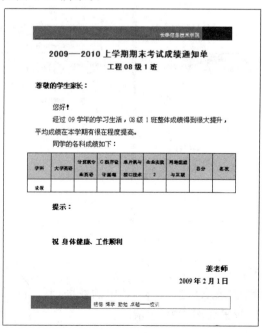

图 6-30　学生成绩主文档

（2）创建"学生成绩"数据源，如图 6-31 所示

	A	B	C	D	E	F	G	H	I	J	K	L	M
1	序号	学生姓名	学号	大学英语	计算机专业英语	C程序设计基础	单片机与接口技术	企业实践2	网络组建与互联	总分	平均分	名次	学期
2	1	任一虹	8011001	98	91	86	87	89	92	543	91	1	2009-2010上学期
3	2	冯玉旭	8011002	91	81	88	82	95	85	522	87	5	2009-2011上学期
4	3	景小红	8011003	93	88	88	79	91	87	526	88	4	2009-2012上学期
5	4	黄军旭	8011004	91	89	87	91	95	88	541	90	2	2009-2013上学期
6	5	宗白雪	8011005	92	91	87	87	95	89	541	90	2	2009-2014上学期
7	6	李明龙	8011006	93	84	81	80	88	76	502	84	6	2009-2015上学期
8	7	刘继祥	8011007	58	60	67	60	67	62	374	62	11	2009-2016上学期
9	8	孙建诺	8011008	63	60	67	60	54	60	364	61	14	2009-2017上学期
10	9	姜红朝	8011009	60	63	63	60	75	59	380	63	9	2009-2018上学期
11	10	陈安雨	8011010	63	63	64	60	66	60	376	63	10	2009-2019上学期
12	11	孟宪军	8011011	69	84	71	61	86	66	437	73	7	2009-2020上学期
13	12	宝音特	8011012	57	62	66	60	64	60	369	62	13	2009-2021上学期
14	13	于欣超	8011014	67	61	60	60	65	60	373	62	12	2009-2022上学期
15	14	王晓磊	8011015	59	41	66	60	72	60	358	60	15	2009-2023上学期
16	15	于军飞	8011017	67	60	66	60	72	60	385	64	8	2009-2010下学期
17													

图 6-31　学生成绩数据源

（3）邮件合并。撰写信函后，将插入点定位到主文档需显示提示信息的位置，然后单击"邮件"→"编写和插入域"→"规则"按钮，在弹出的下拉菜单中选择"如果……然后……那么（I）……"，并在出现的对话框中设置条件，在第一个文字框中写入文字内容，这样就可以用一个主文档和一个数据源合并出不同内容的邮件来，效果如图 6-32 所示。

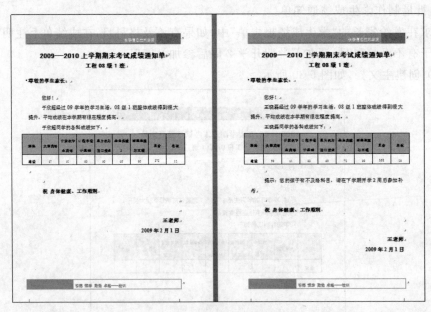

图 6-32　不同效果的成绩单

2. 制作录取通知书。

根据如图 6-33 所示的"录取信息表.xlsx"中的数据，利用邮件合并功能制作春城学院的"新生录取通知书"，效果如图 6-34 所示。

	A	B	C	D
1	考号	姓名	系别	专业
2	1024025	周志红	工业工程	数控技术
3	1024017	赵燕霞	经济管理	市场营销
4	1024021	赵明明	建筑与艺术	工程监理
5	1024018	赵丹丹	经济管理	保险
6	1024013	章大蕾	计算机系	动漫设计与制作
7	1024022	徐前进	建筑与艺术	城市规化
8	1024028	王红梅	工业工程	模具设计与制造
9	1024011	田玉威	计算机系	计算机应用技术
10	1024027	欧阳丹	工业工程	城市轨道交通车辆
11	1024024	刘敏芝	建筑与艺术	土木工程
12	1024019	李霞	经济管理	金融
13	1024015	李明玉	计算机系	嵌入式系统工程
14	1024023	李臣良	建筑与艺术	建筑
15	1024020	黎真念	经济管理	财政学
16	1024014	雷明	计算机系	电脑艺术
17	1024016	关照山	经济管理	会计电算化
18	1024026	顾晓花	工业工程	应用电子技术
19	1024012	甘田田	计算机系	计算机网络技术

图 6-33　录取信息表

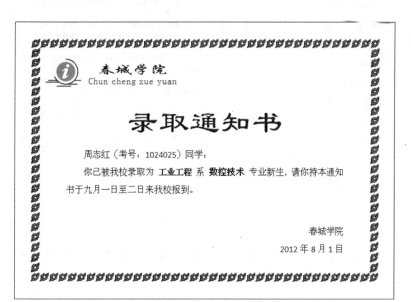

图 6-34　"新生录取通知书"效果图

3. 设计制作学生考试准考证。

根据如图 6-35 所示的"110104-3D 认证报名.xlsx"中的数据,利用邮件合并功能制作春城学院的"国家职业资格计算机信息高新技术考试准考证",效果如图 6-36 所示。

(1)创建主文档,设置纸张大小为"宽度 21 厘米,高度 15 厘米",上、下边距为"2 厘米",左、右边距均为"1.5 厘米"。

(2)创建数据源,即考生个人信息。

(3)主文档创建完成后,利用邮件合并功能连接"准考证数据源",生成新文档。

图 6-35　准考证数据源

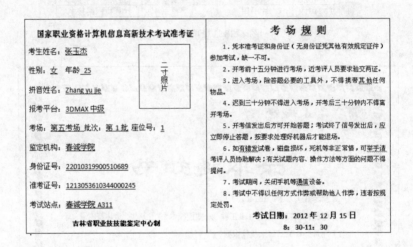

图 6-36　准考证效果图

（4）打印时，要求使用 A4 纸。为了节约纸张，要求一页打印 2 张准考证。准考证以 2 行 1 列的方式排列，设置打印机每版打印 2 页。

编排毕业论文——长文档处理

【项目背景】

毕业论文泛指专科毕业论文、本科毕业论文、硕士研究生毕业论文等，即同学们在学业完成前需要写作并提交的论文。毕业论文一般包括题目、摘要、关键字、目录、正文、参考文献等，不同院校对于各类毕业论文的格式、排版要求各不相同，甚至会有很大差异。

经过半年的紧张工作，加上老师的细心指点、批改，高小璐同学终于完成了"毕业论文"的撰写。论文写好后，在打印前需要按照学校对论文的格式要求对论文进行排版。

为了尽快完成任务，他选定了全部文字，设置其字体为"宋体"，字号为"五号"，行间距为"固定值 20 磅"，再设置各级标题。在此过程中，他发现了样式的妙用。但现有样式不能满足需要，他想了很多办法来处理，可还有很多问题，并且页码的问题不好处理，封面总是有页码。如何帮助他设置格式，让他顺利完成论文呢？

【项目分析】

通过前面几个项目的学习，我们学会了制作各种效果的文档。其中，既有简单的文字型文档、表格文档，也有常用公文、图文混排文档；还学习了如何改变文档的字体、段落格式，利用这些排版方法可以应付一般文档的设置，如一篇较短的文章、报告等。但对于一篇长文档来说，可能出现许多重复性操作。例如，就排版本书而言，就涉及的一级标题、二级标题，乃至三级标题、正文、图题等各部分格式的设置，要重复一系列排版操作（包括设置字体、字号、行距、段落缩进及段前、段后距离等），这将耗费大量的工作时间。

本项目主要介绍普通论文的格式编排，即 Word 2010 中长文档的处理功能。通过 6 个任务介绍样式的创建和应用，为一篇文档设置不同的页眉和页脚以及生成目录。本项目制作好的效果如图 7-1 所示。

【项目实施】

本项目可以通过以下几个任务来完成：
任务 7.1　使用分节符划分文档
任务 7.2　设置封面

图 7-1 "毕业论文"前 8 页效果图

任务 7.3 设置页眉和页脚

任务 7.4 使用样式

任务 7.5 自动生成目录

任务 7.6 图片和表格创建题注

任务 7.1 使用分节符划分文档

在对毕业论文文档进行编辑处理之前,在输入毕业论文的文字内容过程中,先不考虑字符格式和段落格式,尤其文档中的各级标题,不需要做格式美化,因为文档的标题的格式是最后通过"样式"直接定义的。输入文字后,再对整篇文档设置正文所需的字符格式和段落格式。

在对文档排版时,经常需要对同一文档中的不同部分设置不同的版面。在默认情况下,Word 将整篇文档看作"1 节"。若对某个部分设置版面,整篇文档都会随之改变;要想对不同部分设置不同的版式,必须使用分节符。例如,要编辑处理的毕业论文由 4 个部分构成,分别是毕业论文的封面、摘要、目录和正文。其中,封面页不需要页眉/页脚,摘要页、目录页、正文的页眉/页脚各不相同,所以应该把文档分成 4 节,第 1 节为毕业论文的封面,第 2 节为毕业论文的摘要,第 3 节为毕业论文的目录,第 4 节为毕业论文的正文。只有这样,才能单独设置毕业论文某一部分的格式,操作步骤如下所述。

(1) 打开已写好的毕业论文,将光标定位到整篇文档最开始处,然后单击"页面布局"→"页面设置"→"分隔符"按钮,在弹出的菜单中选择"分节符"列表中的"下一页"命令,如图 7-2 所示。这时,在"摘要"页面前多出一个空白页面,同时页面出现"分节符(下一页)"

的格式标记。图 7-3 所示的页面就是利用文档分节实现的,它是文档的第 1 节,后面所有的文档是第 2 节。

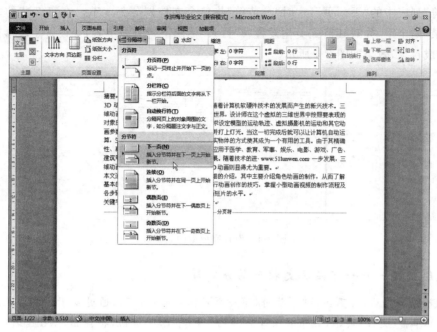

图 7-2　插入分节符

图 7-3　插入分节符后的效果

技能链接——分节符和分页符

分节符是文档的最小格式化单元。为文档分节来制作封面、摘要和目录页的主要目的是能更灵活地设置页眉和页脚。若文档不需要复杂的页眉和页脚效果,也可以不使用分节符,而使用分页符来制作封面效果。

(2)采用同样的方法,在 Abstract 页的文档末尾和"绪论"页文字前分别插入一个"分节符"列表中的"下一页",这时"分节符"将整个文档划分为 4 节。在第 3 节的上方输入"目录"两个字,并对其格式美化设置。"目录"标题下暂时先空着,等设置了段落样式后自动生成目录,效果如图 7-4 所示。

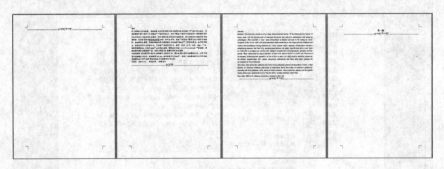

图 7-4 设置完成后的效果

技能链接——如何显示文档中的分节符

插入分节符后,若不显示"分节符(下一页)"格式标记,可以通过以下方法设置。

(1)单击"文件"菜单,在下拉菜单中单击"命令"选项按钮,将弹出"Word 选项"对话框。在左侧列表框中选择"显示"选项,然后选中"始终在屏幕上显示这些格式标记"栏下的"显示所有格式标记"复选框,如图 7-5 所示。

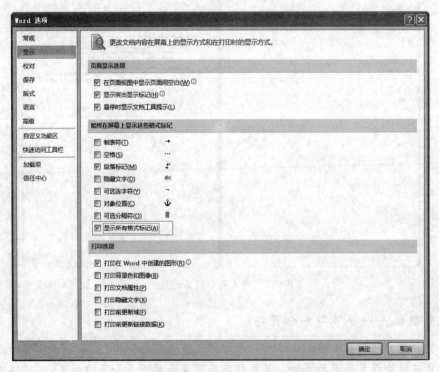

图 7-5 选中"显示所有格式标记"复选框

（2）单击"确定"按钮，即可将所有格式标记（如制表符、空格、段落标记、隐藏文字等）显示于编辑区内。

任务 7.2 设置封面

为了使毕业论文更加美观，学校要求毕业论文有统一的封面。制作封面的基本原则是封面要与论文内容相配，与内容保持协调。本任务有 3 项操作，首先是设置页面布局，然后插入封面的图片，最后插入封面的文字。

（1）单击"页面布局"→"页面设置"→"页边距"按钮，在弹出的下拉菜单中选择"自定义边距"命令，在"页面设置"对话框中设置"上"、"下"、"左"、"右"边距分别为"2.5 厘米"、"2.5 厘米"、"3 厘米"、"2 厘米"。

（2）将插入点光标定位在文档窗口上半部分，然后单击"插入"→"插图"→"图片"按钮。在"插入图片"对话框中，在地址栏中输入素材图片地址"项目 7/图片/标题图片.jpg"，然后在封面中输入并设置文本，如图 7-6 所示。

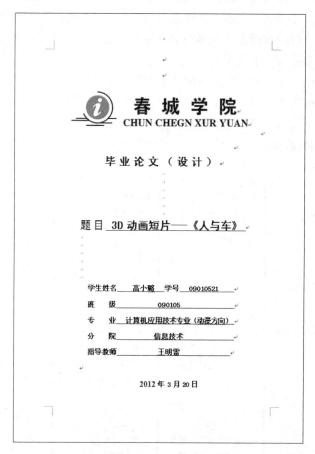

图 7-6 论文封面效果图

提示：除了可以自己制作封面外，还可以直接使用 Word 提供的内置封面样式获得封面。单击"插入"→"页"→"封面"按钮 [图 封面▾]，在弹出的下拉菜单中选择需要的封面即可。

任务7.3　设置页眉和页脚

　　长文档的封面页和目录页设置完成后，下面来设置文档的页眉和页脚。页眉是页面上方(上边距内)的信息，可以输入文字信息，如公司名称、制作人姓名、部门、文档名称或页码，也可以插入公司的标志图片等对象。页脚是页面下方(下边距内)的信息，通常可在其中输入文档页码、总页数、作者或日期、时间等内容。

　　因为毕业论文中各个部分页眉/页脚的设置要求不同，所以先要对文档进行分节设置，为设置页眉/页脚做好准备。本文档各个部分对页眉、页脚的要求是：首页不要设置页眉、页脚；摘要页、目录页不需要页脚，但需要分别设置页眉为"摘要"、"目录"；正文页需要设置页眉为"春城学院毕业论文(设计)专用纸"，页脚设置合适的页码样式，具体操作如下所述。

　　(1) 将光标定位到摘要页文档中，然后单击"插入"→"页眉页脚"→"页眉"按钮。

　　(2) 在打开的下拉菜单中选择"编辑页眉"选项，进入"页眉和页脚"视图。此时，不能对正文中的文字进行编辑，所以正文部分是灰色的。退出"页眉和页脚"视图，回到正常的页面视图后，页眉和页脚中的文字将变成灰色。

　　(3) 由于文档进行过分节，因此在第1页(第1节)页眉中显示的是"页眉-第1节-"，页脚中显示的是"页脚-第1节-"；在第2、3页(第2节)页眉中显示的是"页眉-第2节-"，页脚中显示的是"页脚-第2节-"；在第4页(第3节)页眉中显示的是"页眉-第3节-"，页脚中显示的是"页脚-第3节-"；在第5页(第4节)页眉中显示的是"页眉-第4节-"，页脚中显示的是"页脚-第4节-"，如图7-7所示。

图7-7　分节状态下的页眉、页脚显示

（4）首先为摘要页设置页眉。因为摘要页的页眉与封面页不同，所以应该先取消"与上一节相同"功能，再设置页眉。单击"页眉和页脚工具/设计"→"导航"→"链接到前一条页眉"按钮，使按钮弹起呈"不选中"状态，如图 7-8 所示。在摘要页页眉处输入"摘要"，完成摘要页页眉的设置。

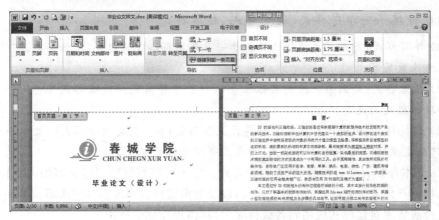

图 7-8 取消"与上一节相同的功能"

（5）这时会发现目录页的页眉与摘要页的页眉相同。将光标定位在第 4 页页眉处，采用步骤（4）的方法取消本页中的"与上节相同"功能。然后，在本页页眉处输入文字"目录"，完成目录页的页眉设置。

（6）页脚中的设置和页眉相似，用户可自己完成。

技能链接——如何从页眉和页脚视图中返回主文档

插入页眉和页脚后，功能区将自动添加"页眉和页脚工具/设计"选项卡。用户只有在页眉和页脚编辑状态下方可对页眉和页脚编辑进行编辑，可以通过双击已经插入的页眉或页脚进入页眉/页脚编辑状态。单击"页眉和页脚工具/设计"选项卡下的"关闭页眉和页脚"按钮，如图 7-9 所示，即可关闭页眉和页脚，返回文档的页面视图。

图 7-9 关闭页眉和页脚

任务 7.4 使用样式

页眉和页脚设置完成后，就需要为文档添加目录了。长文档中的目录非常重要，它起到明确文档结构和查看时超链接跳转的作用。要想在文档中制作出能够进行链接跳转的目录，必须使用 Word 中的样式功能。

样式是 Word 提供的一个非常实用的功能。样式可以快速完成长文档的格式化排版，帮助用户确定格式编排的一致性。样式是事先制作完成的一组"格式"的集合。每个样式都有不同的名称，只要将这些样式应用到指定的文字之中，便可以将该样式中所有的格式都加载进来。样式通常分为字符样式、段落样式和链接样式。

技能链接——字符样式、段落样式、链接样式

（1）字符样式：是用样式名称来标识的一系列字符格式的组合，包括字体、字号、字符间距及特殊效果等。

（2）段落样式：是用某一样式名称保存的一套字符格式和段落格式，它包含了一组字符和段落格式的设定。

（3）链接样式：由段落样式和字符样式混合而成，如果被应用此样式的文本小于一个段落，只改变被选中文字的字符样式，而文本所在段落的样式不变。

Word 本身带有许多样式，称为内置样式。除了可以直接使用定义好的内置样式外，还可以根据具体需要新建样式、删除样式，以及对内置样式修改后再使用等。本任务将按照论文排版要求自建样式应用到各级标题中，具体操作如下所述。

（1）单击"开始"→"样式"选项组中右下角的"对话框启动器"按钮，打开"样式"窗格。单击"新建样式"按钮，打开如图 7-10 所示"根据格式设置创建新样式"对话框。

图 7-10 "根据格式设置创建新样式"对话框

（2）在"名称"文框中输入新建样式的名称"一级标题"。命名时有两点需要注意，一个是尽量取有意义的名称；另一个就是名称不能与系统默认的样式同名。

（3）将"样式类型"设置为"段落"。可在"样式类型"下拉列表框中选择样式类型，根据创建样式时设置的类型不同，其应用范围也不同。

（4）将"样式基准"设置为"无样式"。在"样式基准"下拉列表框中列出了当前文档中

的所有样式,如果创建的样式与其中的某个样式比较接近,可以选择列表中已有的样式,新样式会继承选择样式中的格式。

(5) 将"样式基准"设置为"正文"。在"样式基准"下拉列表框中显示了当前文档的所有样式。该选项的作用是在编辑文档的过程中,按 Enter 键后,转到下一段落时自动套用样式。

(6) 在"格式"选项组中,将字体设为"宋体、加粗",字号设为"小三"。

(7) 单击"格式"按钮,在弹出的菜单中选择"段落"命令,在打开的"段落"对话框中设置"段前"、"段后"为"0.5 磅",行距为固定值"20 磅",大纲级别为"1 级"且"居中"对齐,如图 7-11 所示。

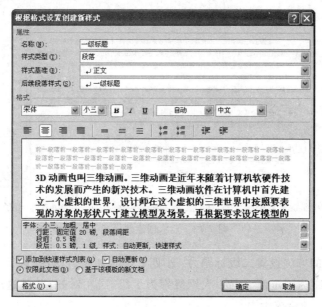

图 7-11　设置样式的属性和格式

(8) 单击"确定"按钮,关闭该对话框,返回"根据格式设置创建新样式"对话框。单击"自动更新"复选框,便于修改文档中的样式。

 技能链接——"自动更新"选项

自动更新功能极大地提高了样式在 Word 文档中的作用。只要文档中应用了带自动更新的样式,今后再对这些段落进行格式美化或格式修改时,就能将所有应用了该样式的段落格式自动更改。

(9) 单击"添加到模板"复选框,使得在这篇文档中创建或修改的样式也能应用在其他文档中。

 技能链接——"添加到模板"选项

可以将修改或新建的样式效果添加到生成这篇文档时的模板之中,供今后长期使用。

办公软件应用项目实训

若这篇文档当初是从新建"空白文档"而来,只要为样式设置"添加到模板"选项,今后再建"空白文档"时,便可看到修改后或自定义的样式。

（10）单击"确定"按钮,关闭该对话框。此时,在"样式"窗格中可看到新建的"一级标题"样式,如图 7-12 所示。只需移到应用"一级标题"样式的段落中,然后单击"一级标题"样式,即可快速设置样式。

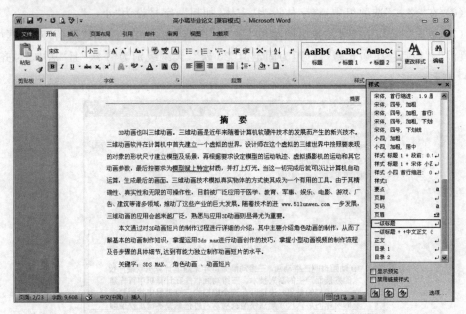

图 7-12　显示创建的样式

（11）用同样的方法设置二级标题为:小四、宋体、加粗、首行缩进 2 个字符;段前、段后分别为 0.5,行距为固定值 20 磅,大纲级别为 2 级,居左对齐;并将这个二级标题应用到"二级标题"样式的段落中。

（12）用同样的方法设置三级标题为:小四、宋体、加粗、首行缩进 2 个字符;段前、段后分别为 0.5,行距为固定值 20 磅,大纲级别为 3 级,居左对齐;并将此三级标题应用到"三级标题"样式的段落中。

任务 7.5　自动生成目录

目录是文档中标题的列表。通过目录,可以了解在一篇文档中论述了哪些主题,并快速定位到某个主题。生成目录时,可以将其设置为插入到指定的位置。为各级标题设置好样式后,就可以在文档中插入目录了。

（1）检查文档中的标题,确保它们已经以标题样式被格式化。

（2）将光标定位在目录页目录标题下面,然后单击"引用"→"目录"→"目录"按钮,在弹出的下拉菜单中选择"插入目录"命令,打开如图 7-13 所示"目录"对话框。

（3）如果希望修改生成目录的外观格式,可以在"目录"对话框中单击"修改"按钮,打开如图 7-14 所示"样式"对话框。选择目录级别,然后单击"修改"按钮,即可打开"修改"对话框修改目录级别的样式。单击"确定"按钮,返回"样式"对话框;再单击"确定"按钮,即返回"目录"对话框。

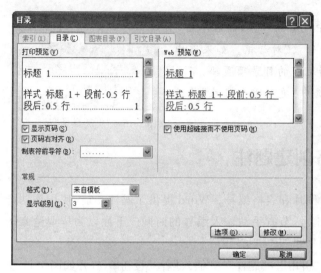

图 7-13　"目录"对话框　　　　　　图 7-14　"样式"对话框

　（4）在"目录"对话框中,可以对是否显示页码,是否页码右对齐,以及制表符、前导符等进行设置。本任务选择默认设置,然后单击"确定"按钮,即可在当前光标处插入自动生成的目录,如图 7-15 所示。

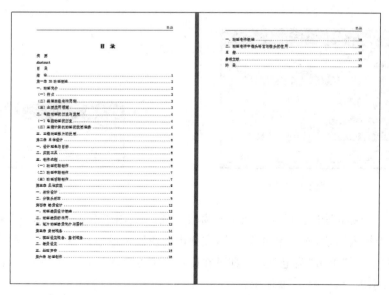

图 7-15　自动生成目录效果

（5）如果要将文档中创建的目录转换为普通文字,可以选择整个目录,然后按 Ctrl＋

Shift＋F9 快捷键,即可中断目录与正文的链接。这时,可以像编辑普通文字那样直接编辑目录。

技能链接——自动更新目录

更新目录的方法很简单:选中现有的目录,然后单击"引用"→"目录"→"更新目录"按钮,打开如图 7-16 所示的"更新目录"对话框。如果选中"只更新页码"单选按钮,则仅更新现有的目录项页码,不会影响目录项的增加和修改;如果选中"更新整个目录"单选按钮,将重新创建目录。

图 7-16　"更新目录"对话框

任务 7.6　图片和表格创建题注

编辑一篇长文档时,可能要对图片和表格编号。Word 提供了题注功能,使用该功能可以对文档中的图片和表格自动编号,节省手动输入编号的时间。下面以为毕业论文的图片添加题注为例,介绍具体的操作步骤。

(1)打开毕业论文,然后单击"引用"→"题注"→"插入题注"按钮,打开如图 7-17 所示的"题注"对话框。

(2)在"标签"下拉列表中选择所需标签,如"表格"或"公式"。因没有提供本任务所需标签,所以单击"新建标签",打开"新建标签"对话框,按图 7-18 所示进行设置。然后,单击"确定"按钮,返回"题注"对话框。此时,新建的标签出现在"标签"列表中。

图 7-17　"题注"对话框

图 7-18　"新建标签"对话框

(3)单击"关闭"按钮,返回文档编辑窗口。此时,单击"插入"→"插图"→"图片"按钮,在文档中插入图片,然后单击该图片,在弹出的快捷菜单中选择"插入题注"命令,在打开的对话框中直接单击"确定"按钮,即可在图片的下方自动插入标签和图号,在该题注的尾部输入文字内容,如图 7-19 所示。

(4)按此方法为毕业论文中的图片插入题注。

图 7-19   在图片的下方插入题注

项目拓展：多人协作处理同一文档

若多人协作处理同一文档,通常的方法是修订人员将文档打印后手工圈写,然后将修改后的文档通过各种方式(例如直接送达、邮寄或传真等)返回原作者手中。原作者根据修订人员的意见对文档修改后再次送交修订人员。有时甚至需要多次修订才能完成文档的修改工作。显然,这种方法无论在效率方面,还是在成本方面考虑都不理想,属于较传统的工作方式,不能满足现代高效自动化办公的要求。

Word 2010 为多人协同办公提供了完美的支持,其批注、修订等功能可以方便、快捷地在保证原文完整性基础上提出修改意见,无论是修订人员还是原作者,都可以方便地交流意见。

1. 修订未保护的文档

当用户需要为他人修改文档时,为方便原作者了解文档做过哪些修改,需要打开"修订"功能来记录所有修改的内容。

（1）修订文档

① 打开需要修改的文档,然后单击"审阅"→"修订"→"修订"按钮进入修订状态,如图 7-20 所示。

② 按正常方式修改文档内容,在修改的位置显示修订结果。在修改位置的左侧会显示修订标记(一条竖线)。对文档的所有修改都将以修订的形式呈现,效果如图 7-21 所示。

由图 7-21 可知,打开修订功能后,所有对文档的修改都以特殊形式标出,不会像普通编辑一样直接替换原内容。这样的好处是对原文档的所有修改都以修订的形式标出,原作者可以选择是否接受修改。

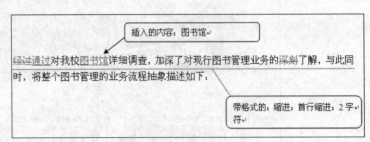

图 7-20 修订组　　　　　　　　　　　　　　　图 7-21 修订效果

③ 开启修订编辑模式后,所有对文档的修改都会以相应的格式标记出来。Word 默认的标记格式为插入内容以单划线标出;删除内容以删除线表示;修订行会在行前加外侧框线;各种标记的颜色为每个审阅者一个颜色。如果需要修改这些设置,单击"审阅"→"修订"→"修订"下三角按钮▼,从弹出的下拉菜单选择"修订选项"命令,打开"修订选项"对话框,然后在"标记"选项组中设置插入内容、删除内容以及设置格式时的标记和颜色,如图 7-22 所示。

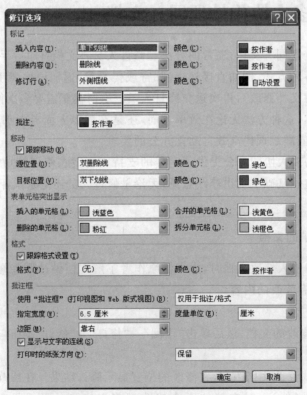

图 7-22 "修订选项"对话框

④ 对文档的内容修订结束后,一定要退出修订状态,否则在文档中输入任何内容都是对文档的修订操作。只要再次单击"修订"按钮,即可退出修订状态。单击"更改"选项组中的"上一条"按钮 或"下一条"按钮 ,可以逐一查看并编辑修订。

原作者拿到修订后的文档,即可通过审阅修订来决定是否接受审阅者对文档的修订。如果原作者需要单独查看某一类或某几类修订标记,例如插入和删除,设置格式,批注等,可以单击"审阅"→"修订"→"显示标记"按钮 ,在弹出的下拉菜单中单击需要显示的标记并将其选中,如图 7-23 所示。默认情况下,Word 将显示所有修订标记。

⑤ 用户对修订的审阅一般有两种选择:一是接受所有修订,此时单击"审阅"→"更改"→"接受"下三角按钮 ,在弹出的下拉菜单中选择"接受对文档的所有修订"命令,即可接受文档内所有审阅者的所有修订。二是拒绝所有修订:单击"审阅"→"更改"→"拒绝"下三角按钮 ,在弹出的下拉菜单中选择"拒绝对文档的所有修订"命令,即可拒绝文档内所有审阅者的所有修订,如图 7-24 所示。

图 7-23　显示标记标签

图 7-24　"更改"选项组

⑥ 接受某位审阅者的修订:此方式适合于多位审阅者的情况。单击"审阅"→"修订"→"显示标记"按钮 ,在下拉菜单中选择"审阅者"命令,在下级菜单中取消"所有审阅者"复选框,然后将需要接受其修订的审阅者选中。单击"审阅"→"更改"→"接受"下三角按钮,在弹出的下拉菜单中选择"接受所有显示的修订"命令,即可接受文档内所选审阅者的全部修订。

⑦ 拒绝某位审阅者的修订:此操作与接受某位审阅者的修订的方法类似。

⑧ 接受某条修订:这种情况较为多见,因为在实际工作中很少会全部接受或全部拒绝,一般会接受一部分比较合适的修订,不合适的则拒绝。一种方法是右击需要接受的修订内容,然后在下拉菜单中选择"接受修订"命令,即可接受当前修订;另一种方法是单击所需接受的修订内容后,单击"审阅"→"更改"→"接受"按钮 ,即可接受当前修订。

⑨ 拒绝某条修订:拒绝某条修订与接受某条修订的操作类似。

⑩ 如果用户希望能归类审阅文档的修订,单击"审阅"→"修订"→"审阅窗格"下三角按钮 ,然后根据习惯选择垂直审阅窗格或水平审阅窗格命令,在文档左侧或下方打开审阅窗格,效果如图 7-25 和图 7-26 所示。

⑪ 在审阅窗格内,修订被分为主文档修订和批注、页眉和页脚修订、文本框修订、页眉和页脚文本框修订、脚注修订以及尾注修订 6 类。用户可以直接在审阅窗格内通过右

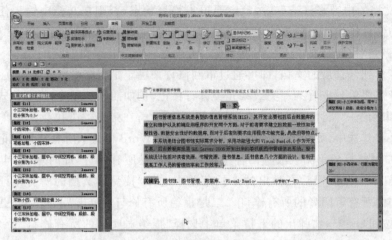

图 7-25　垂直审阅窗格

图 7-26　水平审阅窗格

击任意修订来选择接受或拒绝所选修订。

（2）限制文档仅允许修订

由于毕业论文文档将发送给学生再次修改，如果仍然按顺序依次发送，将浪费大量时间；若同时发送，则最后不便将所有修改内容统一到同一文档中。此时，可以限制用户仅能对文档添加修订，然后才可以利用审阅功能的"合并修订"功能将多位作者的修订合并到同一文档中。

限制文档仅允许修订的操作步骤如下：

① 打开所需设置限制编辑的文档。

② 单击"审阅"→"保护"→"限制编辑"按钮，打开"限制格式和编辑"任务窗格。

③ 单击"编辑限制"仅允许在文档中进行此类编辑的复选框，激活其下方的下拉列表框。然后单击列表框的下三角按钮，在弹出的下拉菜单中选择"修订"命令，限制用户仅可对此文档添加修订，如图 7-27 所示。

④ 单击"是，启动强制保护"按钮，打开"启动强制保护"对话框。在"新密码"和"确认新密码"文本框输入两次密码后单击"确定"按钮，即可为文档添加保护，如图 7-28 所示。

图 7-27　设置保护方式

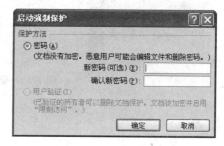

图 7-28　设置限制密码

设置完毕后，其他用户对文档的所有修改只能以修订的形式插入文档。这样既可以保证文档的完整性，又可以方便地查看所做的全部修改。

（3）利用审阅功能接受或拒绝修订

所有的修订合并至同一文档后，就可以对这些修订进行接受或拒绝处理，具体操作如下：

① 单击"审阅"→"修订"→"审阅窗格"按钮，打开"审阅窗格"窗口，如图 7-29 所示。

② 单击需要处理的修订，即可定位到文档中相应的修订位置。如果需要接受，单击"审阅"→"更改"→"接受"按钮来接受其修订；如果需要拒绝，单击"审阅"→"更改"→"拒绝"按钮来取消其修订。

③ 本实例中的所有修订都需要接受，故单击"审阅"→"更改"→"接受"下三角按钮，在弹出的下拉菜单中选择"接受"，接受对文档的所有修改。

④ 接受所有修改后，文档中仍存在批注。由于批注已经不再需要，需将其删除。单击选中"审阅窗格"窗口中的任意一条批注，然后单击"审阅"→"批注"→"删除"按钮。

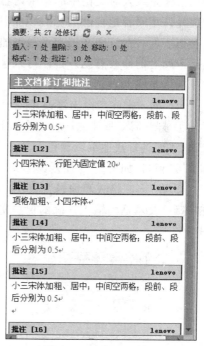

图 7-29　审阅窗口效果

⑤ 单击"审阅"→"批注"→"删除"下三角按钮，在弹出的下拉菜单中选择"删除文档中的所有批注"命令。

⑥ 至此，文档显示修改后最终的状态，如图 7-30 所示。

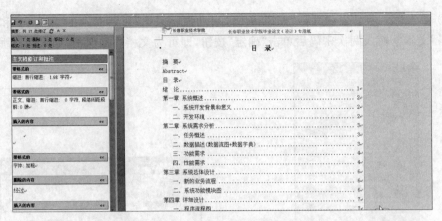

图 7-30　修改的文档效果

2. 批注

　　修订功能可以十分详细、准确地记录大部分文档的变化,也使得审阅者可以方便地对文档进行修改。但有时审阅者可能不会具体修改文档的某处内容,而是会提出大体的修改方向和修改意见。对这种情况,修订无法满足需要,要用到批注功能。

　　批注是某人对文档中的某个内容提出的意见和建议,它可以和文档一起保存。批注功能允许审阅者把自己的意见以批注的形式添加到文档中,以方便文档作者参考修改。这类似于领导在打印文档上手写添加修改意见。批注的优点是以不影响正文内容的形式提出审阅者的修改意见。批注可以是文字形式,也可以是图形或声音形式。

　　插入批注的操作步骤如下。

　　(1)插入批注来提出修改意见

　　① 打开需要批注的毕业论文,因为此前对毕业论文文档设置了保护,需要先将保护取消,才能进行其他编辑操作。单击"审阅"→"保护"→"限制编辑"按钮,打开"限制格式和编辑"窗口,如图 7-31 所示。

　　② 在"限制格式和编辑"窗口中,单击"停止保护"按钮,打开"取消保护文档"对话框。在"密码"文本框内输入正确的保护密码后,单击"确定"按钮,即可解除对文档的保护,如图 7-32 所示。

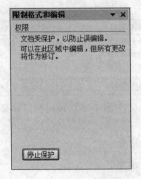

图 7-31　选择停止保护模式

图 7-32　取消保护文档

③ 此时，文档成为普通的可编辑文档。选择要设置批注的文本和内容，然后单击"审阅"→"批注"→"新建批注"按钮，选择的文本会显示批注标记，同时显示批注与文本的连线和批注框。此时，批注框中显示了"批注"文本以及批注者的缩写。在批注框中输入批注的内容，如图 7-33 所示。

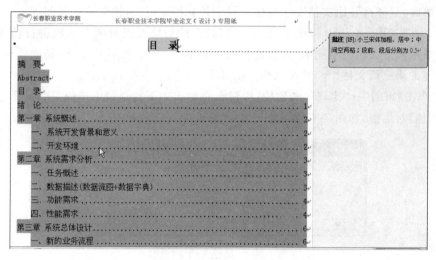

图 7-33   添加第一个批注

④ 按照同样的方法，可以在文档中添加多个批注，并且各批注的序号自动排列。在毕业论文中，需要说明的内容处皆插入批注，如图 7-34 所示。要查看文档中添加的批注，在"批注"中单击"上一条"按钮 或"下一条"按钮 。

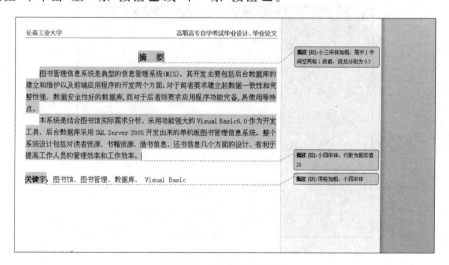

图 7-34   添加多个批注

⑤ 对于已经插入的批注，用户可以对其进行修改或删除操作。这与修订可以接受或拒绝不同，因为修订为审阅者的具体解决方案，批注仅代表审阅者的大体意见。要删除添加的批注，单击批注框内部，然后单击"审阅"→"批注"→"删除"按钮。如果要删除所有的

批注,单击"删除"下三角按钮,然后在弹出的下拉菜单中选择"删除文档中的所有批注"命令。

(2) 比较文档

有时,其他用户帮助修改文档却没有打开修订功能,原作者将无法知道文档的哪些内容做了更改,只能打开原文档逐字对比。对于长文档来说,对比浪费的时间远远大于修改的时间。其实,Word 2010 提供了自动对比功能,此功能可以对两个文档进行精确比较,并且只显示两个文档的不同部分,被比较的文档本身不变。默认情况下,精确比较结果显示在新建的第三篇文档中。具体操作方法如下。

① 单击"审阅"→"比较"→"比较"按钮 ,在弹出的下拉菜单中选择"比较"命令,打开"比较文档"对话框,如图 7-35 所示。

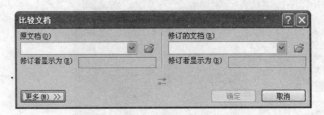

图 7-35 "比较文档"对话框

② 单击"原文档"→"浏览原始内容"按钮,通过浏览找到要用作原始文档的文档。

③ 单击"修订的文档"→"浏览修订"按钮,通过浏览找到要进行比较的其他文档。

④ 单击"更多"按钮,为要在文档中比较的内容选择设置,如图 7-36 所示。

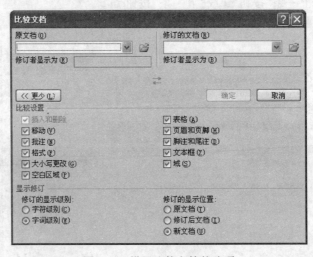

图 7-36 设置比较文档的选项

⑤ 通过"比较设置"选项组,可以设置参与比较的内容,将希望查找的修改类型前的复选框选中即可。例如,只希望查找文档中文本框的修改,可以选中"文本框复选框",而取消其他复选框。这样,对比结果中将只出现关于文本框的修改,其他的修改,如格式、页眉页脚等不出现在比较后的文档中。

⑥"显示修订"选项组主要设置修订的显示级别和比较结果的存放位置。通常情况下,使用字词级别的显示方式,而修订的显示位置一般默认选择"新文档"单选按钮,这样,修订结果会显示在自动新建的新文档中。

⑦ 单击"确定"按钮,将比较结果放入新文档。

（3）合并文档

如果用户发送同一个文档供多名审阅者审阅,并且每名审阅者都返回文档,则每个返回的文档都有不同的修改内容。如果手动一项一项对比并复制至同一文档,将是一项十分费力的工作。Word 2010 提供了合并修订功能来处理此类问题。合并修订功能可以按照一次合并两个文档的方式组合这些文档,直到将所有审阅者的修订都合并到同一个文档中为止。

① 单击"审阅"→"比较"→"比较",在弹出的下拉菜单中选择"比较"命令,打开"合并"对话框,如图 7-37 所示。

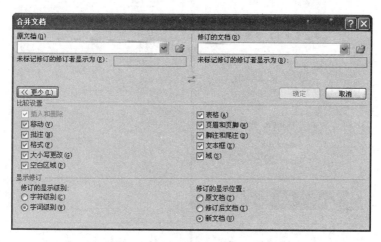

图 7-37   设置合并文档的选项

② 由图 7-37 可知,"合并文档"对话框的设置方式和"比较文档"对话框的设置方式相同。

③ 单击"确定"按钮,在新文档中合并所有修订。

④ 单击"文件"按钮,在弹出的下拉菜单中选择"保存"命令,将新文档保存。

如果有多个此类文档,以上一次合并的文档作为原文档,重复此操作,直到所有修订合并到同一个文档中。

用户在实际工作中,经常需要制作多章节或大量数据的文档,例如工作总结、调查报告、项目合同、标书等长文档。通过撰写毕业论文这一项目,介绍了长文档中的样式应用、目录生成、页眉和页脚的设置等内容,使用户掌握长文档的编辑技巧。同时,本项目介绍了文档的修订、批注、审阅和文档保护等功能及其使用方法。这些功能在实际工作中有着十分重要的作用,熟练地运用可以显示出员工的素质和能力。

项目小结

本项目完成了多页文档的排版,主要介绍了 Word 2010 中样式的创建与应用、目录的生成、页眉/页脚的插入以及对长文档的审阅。通过本项目的学习,使读者掌握长文档的排版技巧。

课后练习:制作"《办公应用Ⅰ》课程标准"

本练习制作如图 7-38 所示"《办公应用Ⅰ》课程标准"。

图 7-38　"《办公应用Ⅰ》课程标准"前 4 页效果图

(1)为"《办公应用Ⅰ》课程标准"插入如图 7-38 所示的内置封面。

（2）使用分节符划分文档，封面页和目录页无页眉和页脚，目录页、正文页奇偶页有不同的页眉。

（3）为各级标题应用样式。

（4）从正文第 1 页开始插入页码。

（5）自动生成目录。

（6）利用"页眉和页脚"视图为正文的奇、偶页添加不同的水印。

第二篇

Excel 2010 电子表格的应用

　　Excel 2010 是微软公司最新推出的一个功能强大的电子表格处理软件,是每个公司、学校、工厂甚至家庭不可缺少的工具,它可以管理账务、制作报表、对数据进行处理。本篇主要介绍 Excel 2010 的基本操作、表格的设计与创建、公式与函数的应用、数据处理操作、图表的制作与格式设置。

　　项目 8　　Excel 2010 的应用——Excel 2010 的基本操作

　　项目 9　　制作员工基本信息表——表格的设计与创建

　　项目 10　　分析学生成绩单——公式与函数的应用

　　项目 11　　分析学生指法竞赛成绩——数据处理操作

　　项目 12　　制作销售统计表——图表的制作

Excel 2010 的应用——Excel 2010 的基本操作

【项目背景】

通过一段时间的学习,张泽对 Word 2010 运用自如。现在,他想学习 Office 的另一个组件 Excel 2010。通过网络,他了解到 Excel 2010 是一个功能强大的电子表格处理软件,利用 Excel 不但可以制作出各种各样的电子表格,而且它具有强大的数据计算与处理功能,可以用公式和函数进行复杂的运算,也可以把数据用表格和图表的形式表示出来。它被广泛应用于金融、经济、财务和统计等各个领域。在工作中,有很多地方需要用 Excel 软件来处理。作为初学者,张泽首先应掌握 Excel 2010 的哪些内容呢?

【项目分析】

Excel 2010 提供了一套非常完整的工具,使用户可以很方便地对表格中的数据进行处理,制作出各种具备专业水准的报表和图表。首先,应了解 Excel 2010 的知识体系和制作流程,然后熟悉 Excel 2010 基本操作。

【项目实施】

本项目可以通过以下几个任务来完成:

任务 8.1　认识 Excel 2010 的知识体系

任务 8.2　了解电子表格的制作流程

任务 8.3　熟悉 Excel 2010 的基本操作

任务 8.1　认识 Excel 2010 的知识体系

Excel 2010 的知识体系基本上分为 5 个方面：数据输入与编辑、格式化表格、数据计算、数据处理、打印输出表格,其每个方面包含的具体内容如图 8-1 所示。

数据输入与编辑	• 输入各种内容：手动输入(文字和数字等)、自动填充输入、数据有效性 • 基本编辑技巧：修改、删除、移动、复制数据、撤销、重复、查找与替换 • 单元格、行、列：插入、删除、复制、移动、隐藏、行高(列宽)
格式化表格	• 设置数据格式：设置文本格式、设置数值、日期与时间格式、设置对齐方式、样式、根据条件设置数据格式 • 设置工作表外观：插入图片、使用艺术字、绘制图形、添加边框与底纹
数据计算	• 利用公式与函数计算数据：包括逻辑函数、文本和数据函数、日期和时间函数、数学和三角函数、财务函数、统计函数和自动化函数
数据处理	• 使用图表、排序数据、筛选数据、分类汇总数据、使用数据透视表和透视图、使用单变量求解、使用规划
打印输出表格	• 页面设置：纸张大小、纸张方向、页边距、页码、设置页眉与页脚、分页控制 • 打印输出：设置打印区域、打印预览、设置打印选项、打印输出到纸上 • 自动化：录制宏、利用Excel VBA开发电子表格程序

图 8-1　Excel 2010 的知识体系

任务 8.2　了解电子表格的制作流程

了解 Excel 知识体系结构对于制作一张电子表格相当重要。当然，对电子表格的要求不同，其制作流程会有些变化，但基本上都是按照如图 8-2 所示流程来制作。在整个流程中，可能不需要某些步骤，根据实际问题灵活选用。

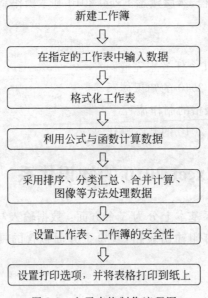

图 8-2　电子表格制作流程图

任务 8.3　熟悉 Excel 2010 的基本操作

1. 了解 Excel 2010 窗口

Excel 2010 的工作界面如图 8-3 所示，与 Excel 2007 相类似，取消了所有的标题栏下拉菜单，而全部采用选项卡的形式提供全新操作界面。新界面采用了与 Vista 相同的主题风格，使其具有玻璃质感的外观。其合理的功能布局使操作空间达到了最有效的利用，直观、形象的卡通缩略图按钮使得用户更易上手，给用户以全新的惊喜体验。

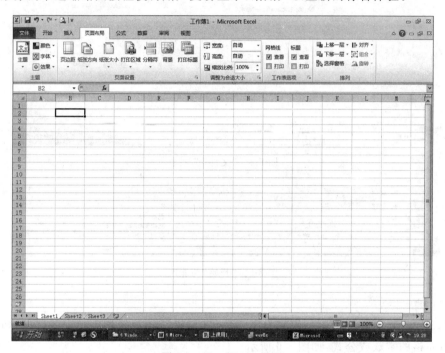

图 8-3　Excel 2010 界面

（1）标题栏

标题栏位于窗口的最上方。在 Excel 2010 中，标题栏共由 3 部分组成。

① "快速访问"工具栏：主要用于显示各种常用工具和自定义工具。

② 标题部分：显示当前编辑的工作簿名称和软件名称。

③ 窗口控制按钮：主要用于最小化、最大化/向下还原、关闭文档窗口。

（2）选项卡和功能区

选项卡位于标题栏的下方，主要有"文件"、"开始"、"插入"等 10 个部分。"文件"选项卡与其他 9 个不同，这是 Excel 2010 保留的唯一一个下拉菜单，其功能与此前版本的"文件"菜单一样，如图 8-4 所示。对于其他 9 个选项卡，每个选项卡都对应着各自的功能区。通过单击选项卡，可以在不同的功能区之间切换。例如，单击"开始"选项卡，即可进入"开始"功能区，如图 8-5 所示。

图 8-4 "文件"选项卡

图 8-5 "开始"功能区

（3）编辑栏

Excel 2010 中的编辑栏是用来显示、输入和编辑活动单元格中数据的区域。它显示当前单元格的常数或公式，如图 8-6 所示。

	A	B	C	D	E	F	G	H	I	J	K	L	M	N	O
1					大宇公司员工基本信息										
2	序号	部门	姓名	参加工作时间	工资	学历	身份证号	出生日期	性别	年龄	工龄	目前状况			
3	1	员工食堂	李 红	1959-7-8	800元	初中	220302193910020247	1939/10/02	女	71	51	退休			
4	2	人事部	张 杨	1986-7-15	1300元	本科	220102196601020446	1966/01/02	女	44	24	在岗			
5	3	财务部	周玲玲	1985-7-20	950元	中专	220111196804093326	1968/04/09	女	42	25	在岗			
6	4	市场部	许波波	1992-7-23	1300元	本科	222324197203150424	1972/03/15	女	38	18	在岗			
7	5	营业部	张锦绣	1996-7-16	1500元	硕士	220102196607161820	1966/07/10	女	44	14	在岗			
8	6	后勤部	李 楠	1965-12-7	600元	高中	222426194505085620	1945/05/08	女	65	44	退休			

图 8-6 编辑栏效果

（4）工作窗口

工作窗口是用来编辑工作簿的工作区域，包括行号、列标、单元格、工作表标签等，如图 8-7 所示。

（5）状态栏

状态栏是位于 Excel 2010 基本界面下方的信息栏，用来提供有关命令或操作进程的

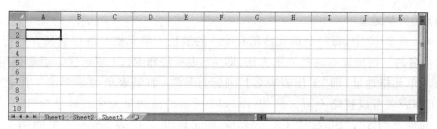

图 8-7　工作窗口

信息,表示 Excel 当前的工作状态、视图方式,显示/调用视图比例,如图 8-8 所示。

图 8-8　状态栏

(6) Excel 2010 视图

Excel 2010 提供了多种视图,让用户以不同的方式观看工作表。单击"视图"选项卡,在对应的功能区中有如图 8-9 所示的工作簿视图模式。

2. 了解工作簿、工作表与单元格概念

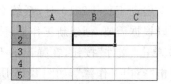

图 8-9　Excel 2010 视图

(1) 工作簿

工作簿是 Excel 用来处理和存储数据的文件,其扩展名为.xlsx,其中可以包含一个或多个工作表。刚启动 Excel 2010 时,打开一个名为 Book1 的空白工作簿。默认情况下,新建文档中包含 3 张工作表,用户可根据需要插入多张工作表。

(2) 工作表

在 Excel 2010 中,每个工作簿就像一个大的活页夹,工作表就像其中一张张的活页纸。工作表是工作簿的重要组成部分,常称为电子表格。用户可以在一个工作簿中管理各种类型的相关信息。

(3) 单元格、单元格区域、活动单元格

① 单元格:是 Excel 工作的基本单位。工作表中,被灰色网格线划分的每一个"小方格"就是一个单元格,任何数据都只能在单元格中输入。一张工作表由行和列构成,每一列的列标由 A、B、C 等字母表示;每一行的行号由 1、2、3 等数字表示。行与列的交叉处形成一个单元格。

② 单元格区域:若干个连续的单元格称为单元格区域,如图 8-10 所示。

③ 活动单元格:工作表中被选中或正在编辑的单元格称为活动单元格,它的框线为粗黑线,如图 8-11 所示。

图 8-10　单元格区域

图 8-11　活动单元格

（4）单元格地址

在 Excel 2010 中，每一个单元格都有唯一的地址。单元格是按照它所在的行和列的位置来命名的。该地址有两种表示方法，即 A1 表示法和 R1C1 表示法。通常使用 A1 表示法表示单元格地址，即"工作表表名！列标行号"。如果表示的是当前工作表中的单元格，工作表名可以省略不写。例如，图 8-12 所示的活动单元格的地址为"B3"，在名称框显示的也是"B3"；"Sheet2！C3"表示该单元格在工作表 Sheet 2 中的第 3 列第 3 行上。

（5）单元格区域地址

单元格区域地址用单元格区域左上角的单元格地址和右下角的单元格地址来标识，中间用冒号"："隔开。例如，图 8-13 所示的单元格区域地址是 A2：B3，但在名称框中显示的是该区域左上角的单元格地址 A2。

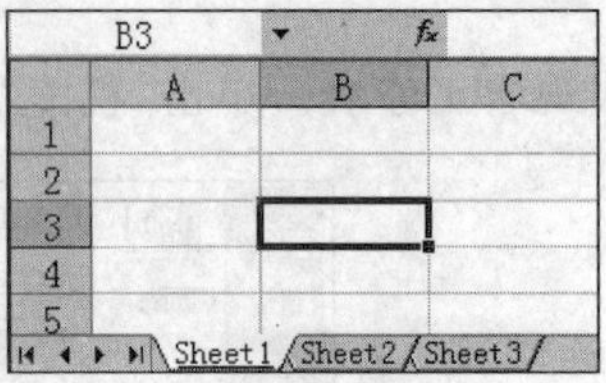

图 8-12　单元格的名称框显示 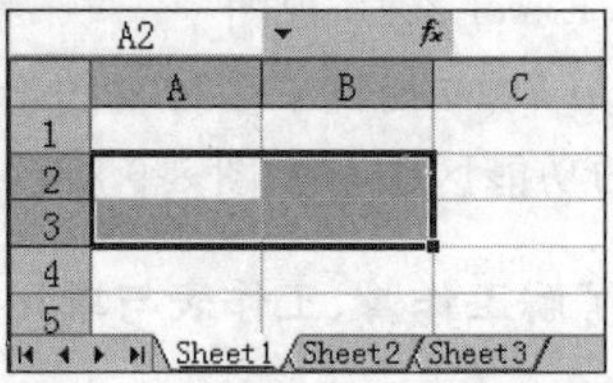　　　　　　图 8-13　单元格区域的名称框显示

技能链接——A1 和 R1C1 引用法

默认情况下，Excel 使用 A1 引用类型表示单元格，即用字母表示列，用数字表示行。Excel 还经常用到 R1C1 引用样式。在 R1C1 引用样式中，R 后面的数字为行号，C 后面的数字为列号，通过指定行、列来引用单元格。如果要切换到 R1C1 样式，单击"文件"选项卡，在弹出的下拉菜单中选择"选项"命令，然后在"Excel 选项"对话框中选择左侧窗格中的"公式"，再选中右侧窗格内的"R1C1 引用样式"复选框，如图 8-14 所示。单击"确定"按钮，即可看到工作表中的列变为数字方式，并且在单元格名称框中看到单元格的名称为 R1C1 引用类型的表式方式。

3. 工作簿的常用操作

由于操作与处理 Excel 数据都是在工作簿和工作表中进行，因此需先了解工作簿和工作表的常用操作，包括新建与保存工作簿、打开与关闭工作簿、设置默认工作表中的数量、新建工作表、移动和复制工作表、重命名工作表、删除工作表、隐藏工作表等。

（1）新建与保存工作簿

首次启动 Excel 2010 时，系统会自动创建一个空白工作簿，等待用户输入信息。用户还可以根据需要，创建新工作簿。

① 单击"文件"按钮，在弹出的下拉菜单中选择"新建"命令，在中间的"可用模板"窗格中单击"空白工作簿"，如图 8-15 所示。

② 在右侧列表框内单击"创建"按钮，即可创建一个新的空白工作簿。

图 8-14　"Excel 选项"对话框

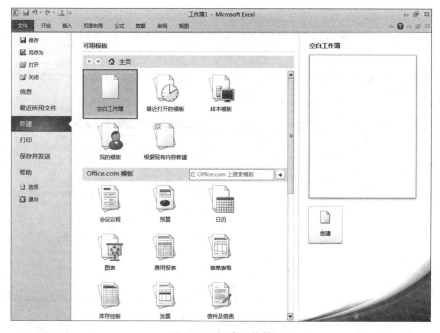

图 8-15　新建工作簿

③ 在"新建"窗口中,还可以单击"可用模板"窗格中的"样本模板",再从下方列表框中选择与需要创建的工作簿类型对应的模板,然后单击"创建"按钮,即可生成有相关文字

和格式的工作簿,此时,只需在相应的单元格中填写数据。

④ 在"新建"窗口中单击"根据现有内容新建",打开"根据现有内容新建"对话框,从中选择已有的 Excel 文件为基础新建工作簿。

⑤ 单击"快速访问"工具栏上的"保存"按钮,打开"另存为"对话框,然后在"文件名"文本框中输入保存后的工作簿名称,在"保存类型"下拉列表框中选择工作簿的保存类型,指定要保存的位置后单击"保存"按钮即可。

提示:为了让保存后的工作簿可以在 Excel 2010 以前的版本中打开,在"另存为"对话框的"保存类型"下拉列表框中选择"Excel 97-2003 工作簿"选项。

(2) 打开与关闭工作簿

① 单击"文件"选项卡,在弹出的下拉菜单中选择"打开"命令,出现"打开"对话框。定位到要打开的工作簿路径,然后选择要打开的工作簿,并单击"打开"按钮,即可在 Excel 窗口中打开选择的工作簿。

② 对于暂时不再编辑的工作簿,可以先将其关闭,以释放该工作簿所占用的内存空间,操作方法为:单击"文件"选项卡,在弹出的下拉菜单中选择"关闭"命令。

4. 管理工作表

(1) 设置新工作簿的默认工作表数量

在默认情况下,一个新工作簿中只含有 3 个工作表,其名字是 Sheet1、Sheet2 和 Sheet3,分别显示在工作表标签中。如果觉得 3 张工作表不够用,用户可以改变工作簿中默认工作表的数量。

① 单击"文件"选项卡,在弹出的下拉菜单中选择"选项"命令,打开"Excel 选项"对话框。

② 选择左侧的"常规"选项,然后在右侧的"新建工作簿时"选项组中,将"包含工作表数"中的内容设置为所需数值,如图 8-16 所示。

图 8-16　修改工作簿包含的默认工作表数量

(2) 切换工作表

使用新工作簿时,最先看到的是 Sheet1 工作表,要想切换到其他工作表,具本操作如下。

① 单击工作表标签,可以快速地在工作表之间切换。工作表以白底且带下划线显

示,表明它是当前工作表。

② 如果在工作簿中插入了许多工作表,所需标签没有显示在屏幕上,可以通过工作表标签前面的 4 个标签滚动按钮来滚动标签;也可以右击工作表标签左边的标签滚动按钮,在弹出的快捷菜单中选择要切换的工作表。

（3）插入工作表

除了预先设置工作簿默认包含的工作表数量外,还可以在工作表中随时根据需要来添加新的工作表,具体操作如下。

在工作簿中,单击"开始"→"单元格"→"插入"按钮,在弹出的下拉菜单中选择"插入工作表"命令,即可插入新的工作表;或者右击工作表标签,在弹出的快捷菜单中选择"插入"命令,在打开的"插入"对话框的"常用"选项卡中选择"工作表"选项,然后单击"确定"按钮,也可插入新的工作表,如图 8-17 所示。

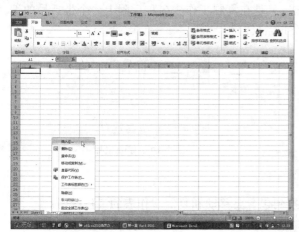

图 8-17   利用"插入"对话框插入工作表

（4）删除工作表

如果已经不再需要这张工作表,可以将其删除,具体操作如下:右击要删除的工作表标签,在弹出的快捷菜单中选择"删除"命令。

（5）重命名工作表

对于一个新工作簿,默认工作表名为 Sheet1、Sheet2 和 Sheet3,从这些工作表名称中不容易知道工作表存放的内容,使用起来很不方便,可以根据实际需要重命名工作表,使每个工作表名都能具体表达其内容和含义,具体操作如下:双击要重命名的工作表标签,输入工作表的新名称并按 Enter 键确认;或者右击要重命名的工作表标签,在弹出的快捷菜单中选择"重命名"命令,然后输入工作表的新名称。

（6）选定多张工作表

要在工作簿的多张工作表中输入相同的数据,可以将这些工作表同时选定。选定多张工作表时,在标题栏的文件名将出现"工作组"字样,当向工作组内的一张工作表中输入数据或者格式化时,工作组中的其他工作表将出现相同的数据和格式。要取消对工作表的选定,只需单击任何一个未选定的工作表标签。

① 如果选定多张相邻工作表,单击第一个工作表标签,然后按住 Shift 键,再单击最后一个工作表标签。

② 如果选定不相邻工作表,单击第一个工作表标签,然后按住 Ctrl 键,再分别单击要选定的工作表标签。

(7) 移动和复制工作表

在 Excel 中,工作表的复制和移动可以在工作簿内部进行,也可以在不同工作簿之间进行。

① 在工作簿内部移动和复制工作表

将鼠标指针指向被移动工作表标签,然后按下鼠标,沿着标签区域拖动鼠标,如图 8-18 所示,当小三角箭头到达移动的位置时,释放鼠标。

要在同一个工作簿内复制工作表,按住 Ctrl 键的同时拖动工作表标签,如图 8-19 所示。到达新位置时,先释放鼠标左键,再松开 Ctrl 键,即可复制工作表。复制一张工作表后,在新位置出现一张完全相同的工作表,只是在复制工作表名称后附上一个带括号的编号。例如,Sheet1 的复制工作表名称为 Sheet1(2)。

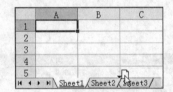
图 8-18　移动工作表

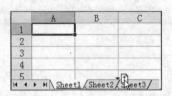
图 8-19　复制工作表

② 在工作簿之间移动和复制工作表

打开用于接收工作表的工作簿,切换到包含要移动和复制工作表的工作簿中。

右击要移动或复制的工作表标签,在弹出的快捷菜单中选择"复制或移动工作表"命令,如图 8-20 所示,打开"复制或移动工作表"对话框,如图 8-21 所示。

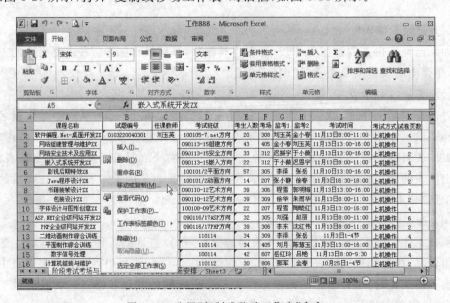
图 8-20　选择"复制或移动工作表"命令

在"工作簿"下拉列表框中选择用于接收工作表的工作簿名,即可将选定的工作表移动和复制到新的工作簿中。

在"下列选定工作表之前"列表框中,选择要移动和复制的工作表放在选定工作簿中的哪个工作表之前。复制时,要选中"建立复本"复选框,否则只能移动。

图 8-21　"复制或移动工作表"对话框

(8) 隐藏或显示工作表

隐藏工作表能够避免对重要数据和机密数据的误操作。当需要显示时,再将其恢复显示。

单击要隐藏的工作表标签,然后单击"开始"→"单元格"→"格式"按钮　,在弹出的菜单中选择"隐藏和取消隐藏"→"隐藏工作表命令",即可将该工作表隐藏;或者右击要隐藏的工作表标签,在弹出的快捷菜单中选择"隐藏"命令。

项目拓展:工作表中的数据输入与编辑

1. 工作表中的数据输入

数据输入是电子表格最基本的操作。在 Excel 2010 中可以输入文字、数值、日期与时间、公式和函数等。

技能链接——输入数据的基本方法

① 选中单元格,然后直接输入,按回车键确认,活动单元格下移。

② 双击单元格,单元格中出现光标插入点,即可输入数据,按回车键确认,活动单元格下移。

③ 选中单元格,在编辑栏中输入数据。如果要确认输入,单击编辑栏中的输入按钮"√",活动单元格不变。如果要取消本次输入,单击编辑栏中的取消按钮"×"或按 Esc 键。

(1) 输入文本

文本是 Excel 常用的一种数据类型,如表格的标题、行标题与列标题等。文本数据包括任何字母(包括中文字符)、数字和键盘符号的组合。

默认方式下,文本在单元格内靠左对齐。对于单元格中的文本,当字符的长度超过单元格宽度时,Excel 允许该文本覆盖右边相邻的空单元格完整显示。如果相邻单元格中有数据,当前单元格只显示该单元格宽度内显示的部分内容。要想查看或编辑单元格中的所有内容,可以在编辑栏完成。

在 Excel 中输入数字文本时,为了避免被误认为是数值型数据,应先输入西文单引号"'",或者将单元格格式设置为"文本"格式,再输入数字。

技巧　如果工作表中少量的文本需要换行,可用 Alt＋Enter 键手动换行;如果有大量单元格的文本需要换行,先选定要自动换行的单元格,然后单击"开始"→"对齐方式"→"自动换行"按钮▤,即可使单元格内的文字自动换行。

(2) 输入数值

Excel 是处理各种数据最有利的工具,因此在日常操作中会经常输入大量的数字内容。和输入文本一样,先选定单元格,然后输入数值,最后确认数据的输入。默认方式下,数值在单元格内靠右对齐。下面介绍几种数值的输入方法。

① 输入分数。例如,输入数值"1/5"。如果直接输入"1/5",系统将其变为"1 月 5日",因此,输入分数时,必须在数值前面加"0"和空格,以避免与日期混淆。虽然在单元格输入的是"0 1/5",但在编辑栏中显示的是"0.2"。

② 输入正、负数。输入正数时,不用输入"+",即使输入,也被系统省略。

输入负数时,要输入"-",用圆括号括起来也表示是负数。例如,输入"-567"与"(567)"都在单元格显示"-567"。

当输入一个超过 15 位的数字时,在单元格中显示为科学记数法(2.20103E+17),第 16 位往后显示的是"0",此时应将该数字设置为文本,才能使输入的数字正常显示。

(3) 输入日期和时间

通常,日期和时间属数字类,但也可将它们定义为文本。日期格式有多种,默认的格式是"年份/月份/日期"。例如日期"2006-7-15",直接输入"2006/7/15"即可。

在 Excel 中输入时间时,可以按 24 或 12 小时制输入。如果按 12 小时制输入,在时间后键入一个空格,然后输入"AM"或"PM",用来表示上午或下午。

📌 **技巧**　在输入日期时,可以使用"-"或"/"将年、月、日分隔。在单元格中输入当前日期,按 Ctrl+;键;输入当前时间,按 Ctrl+Shift+;键。

(4) 输入序列

在实际应用中,工作表中的某一行或列中的数据经常是一些有规律的序列。对于这些序列的输入,可以利用 Excel 的自动填充功能来完成,例如日期序列、等差序列或等比序列。

🗄 **技能链接——填充柄**

填充柄是位于选定区域右下角的小黑方块。当用鼠标指向填充柄时,鼠标的指针更改为黑"十"字。拖动填充柄▭可复制数据或在相邻单元格中填充一系列数据。Excel默认的填充方式是复制单元格,即填充的内容为选择单元格的内容与格式。

① 日期序列。日期序列包括指定天数、周数或月份数增长的序列。填充时,先选择填充数据的起始单元格,然后拖动填充柄至结束的单元格,再单击结束单元格右下角的"自动填充选项"按钮▤,最后在下拉菜单中选择日期的复制格式,如图 8-22 所示。

② 等差序列。在填充等差序列时,先要为等差序列指定步长值。步长是等差序列中相邻项之间的差。填充时,先在单元格中输入序列的前两个数,同时选中这两个单元格,再拖曳填充柄至结束的单元格。

📌 **技巧**　填充等差数列时,如果步长值是 1,在起始单元格中输入序列的第一个数,

图 8-22 "自动填充选项"按钮

然后按住 Ctrl 键,拖曳填充柄即可。

只要文本序列中包含阿拉伯数字,都可以实现自动填充功能;如用鼠标左键按住填充柄进行填充,系统将默认为是等差序列填充。

③ 等比序列。选择包含两个数值的单元格,将鼠标指向填充柄,然后按下鼠标右键拖曳填充柄至结束的单元格,释放鼠标后,在快捷菜单上选择"等比序列"命令,即完成等比数列填充。

④ 设置自定义序列填充。自定义序列是根据实际工作的需要设置的序列,可以更加快捷地填充固定的序列。

单击"文件"选项卡,在弹出的菜单中选择"选项"命令,打开"Excel 选项"对话框。选择左侧列表框中的"高级"选项,然后单击右侧的"常规"→"编辑自定义列表"按钮。

打开"自定义序列"对话框,在"输入序列"文本框中输入自定义的序列项,在每项末尾按回车键进行分隔。单击"添加"按钮,新定义的填充序列出现在"自定义序列"对话框中。

单击"确定"按钮,返回 Excel 工作表窗口。在单元格中输入自定义序列的第一个数据,通过拖动填充柄的方法进行填充。到达目标位置后,释放鼠标,即可完成自定义序列的填充,如图 8-23 所示。

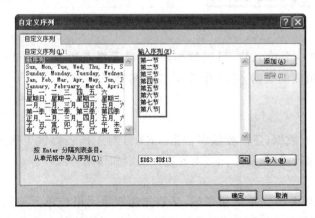

图 8-23 利用"自定义序列"输入数据

技能链接——输入数据的技巧

选中多个单元格后,输入字符,然后按 Ctrl+Enter 键,即可在选中的每个单元格中填入与上述相同的字符。

同时选中多个工作表的标签组成工作表组,在第一个工作表中(或选定的某一个)设计制作一个数据表格。这时,相当于批量输入了数据。如果有不同的数据要输入,可以在工作表标签上单击右键,选择"取消成组工作表",然后将表格内容适当改动,以提高办公效率。

(5)设置数据的有效性

在默认情况下,用户可以在单元格中输入任何数据。在实际工作中,经常需要给一些单元格或单元格区域定义有效数据范围。下面在 A1:A10 数据区域中指定输入范围为"男"或"女",具体操作如下。

① 选择 A1:A10 单元格数据区域。

② 单击"数据"→"数据工具"→"数据有效性"下三角按钮,在弹出的下拉菜单中选择"数据有效性"命令,打开"数据有效性"对话框。

③ 切换到"设置"选项卡,在"允许"下拉列表框中选择允许输入数据类型"序列",在"来源"下拉列表框中输入"男,女",如图 8-24 所示。单击"确定"按钮,返回编辑窗口。

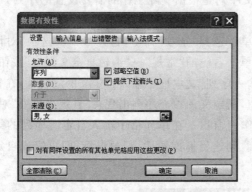
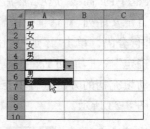

图 8-24　设置"数据有效性"

④ 单击 A1:A10 中的任何一个单元格,可以看到,在该单元格右边有个筛选按钮 ▾。单击该按钮选择单元格要填充的数据,可以看到,只能填充"男"或"女"。

2. 工作表中的数据编辑

数据输入完成后,为精确控制数据,还需要编辑数据。Excel 对工作表提供了强大的编辑功能,可以方便地插入、删除行或列,对单元格内容进行复制和移动等操作。

(1)单元格的操作

① 选取单元格。要想编辑单元格或单元格区域,必须先选取单元格或单元格区域。使用鼠标选定单元格,可借助于 Shift 或 Ctrl 键对单元格进行连续或不连续的选取;或者使用键盘选择单元格,用键盘上的光标移动键将光标移到该单元格即可。

技巧　选择单元格区域时,先选择单元格区域左上角的单元格,然后按住 Shift

键,再选择单元格区域右下角的单元格。

② 插入单元格。当需要在一张已创建的工作表中添加数据时,要采用插入操作。选择要插入位置的单元格,然后单击"开始"→"单元格"→"插入"下三角按钮,在弹出的下拉菜单中选择"插入单元格"命令,打开"插入"对话框,如图 8-25 所示,选择相应的选项即可。

技巧 上、下、左、右拖动填充柄的同时按住 Shift 键,即可快速插入新单元格。

③ 删除单元格。选择要删除的单元格,然后单击"开始"→"单元格"→"删除"下三角按钮,在弹出的下拉菜单中选择"删除"命令,打开"删除"对话框,如图 8-26 所示。选择相应的选项,该单元格将从工作表中取消,Excel 将自动调整周围单元格,填补删除后的空缺。

图 8-25 "插入"单元格对话框   图 8-26 "删除"单元格对话框

提示:清除单元格只是清除了单元格中的内容、格式或批注,空白单元格仍然保留在工作表中;而删除单元格是将单元格连同其内容一起从工作表中删除。

技能链接——清除单元格

选择要清除的单元格,然后单击"开始"→"单元格"→"清除"按钮 右侧的箭头,在弹出的下拉菜单中选择相应的命令即可。清除单元格相应的内容时,周围单元格是无变化的。

④ 命名单元格。为单元格及单元格区域命名可以为表格的操作带来很大的方便。单元格及单元格区域名称可以像地址一样进行各种引用。命名的方法很简单:选择要命名的单元格或单元格区域(连续或不连续),用鼠标单击名称框,然后在名称框中输入要命名的名称,再按回车键确认即可。

提示:同一个单元格或区域可以有多个名称。

⑤ 批注单元格。批注单元格为单元格添加一些说明或注释性的文字,可以更加明确单元格信息的意义。选定要添加批注的单元格,然后单击"审阅"→"批注"→"新建批注"按钮,打开"批注"文本框。在文本框中输入注释说明的内容后,单击批注文本框外任何工作表的区域,即完成批注。

⑥ 移动和复制单元格。

拖动移动和复制单元格。先选中要移动、复制的单元格。如果要移动,将光标移至单元格边框的下侧或右侧,出现"十"字箭头状光标时,用鼠标拖动单元格到新位置;如果要复制,按 Ctrl 键的同时,用上述方法拖动单元格到新位置。

技能链接——复制单元格的操作技巧

- 移动和复制单格也可使用剪切、复制和粘贴命令。
- 在复制操作过程时,若被复制区周围闪烁的虚线框依然存在,表明可以继续粘贴操作。按 Esc 键取消选择区的虚线框;或者单击任一非选择单元格,也可取消选择区域。
- 如果复制的是单元格区域,而粘贴区为一个单元格,Excel 会自动将复制的内容依次放入其他单元格。若粘贴区为一个区域,则它必须能包含与被复制区域有相同尺寸和形状的单元格区域。

选择性粘贴。单击"开始"→"剪贴板"→"粘贴"下三角按钮,在弹出的下拉菜单中选择"选择性粘贴"命令,打开"选择性粘贴"对话框,如图 8-27 所示。

使用"选择性粘贴"功能,可以实现某些特殊的移动和复制操作。例如,要将图 8-28 所示计算机考试成绩的行和列交换,可以使用"选择性粘贴"功能,在"选择性粘贴"对话框中选择"转置"项来完成。

图 8-27　"选择性粘贴"对话框　　　　　图 8-28　转置计算机考试成绩单

"选择性粘贴"对话框各选项的功能如下。

- 全部:粘贴单元格全部信息。
- 公式:只粘贴单元格中的公式。
- 数值:只粘贴单元格中的数值及公式结果。
- 格式:只粘贴单元格中的格式信息。
- 批注:只粘贴单元格中的批注。
- 有效性验证:只粘贴单元格中的有效信息。
- 边框除外:粘贴除边框外单元格中的所有信息。
- 列宽:只粘贴单元格中的列宽信息。
- 公式和数值格式:粘贴公式和数值格式,但不粘贴数据内容。
- 值和数字格式:粘贴数值和数字格式,但不粘贴公式。

"运算"选项组:将被复制区的内容与粘贴区中的内容经本选项指定的方式运算后,

放置在粘贴区内。

- 跳过空单元：避免复制区中的空单元格替换粘贴区中的数据单元格。
- "转置"选项组：将被复制的内容在粘贴中转置放置，即工作表中的行、列相交换。

提示："选择性粘贴"命令对"剪切"命令定义的选定区域不起作用。

（2）工作表的行与列操作

① 选择表格中的行（列）。工作表的行号（列标）相当于按钮，选取整行（整列）时可以单击行号（列标），被选中的部分呈现高亮显示。如果要选中连续多行（多列），可以使用鼠标拖曳的方法；选定不连续的行（列）时，先选定第一行（列），然后按住 Ctrl 键，再逐个单击要选择的行号（列标）。

提示：如果要连续选取多行或多列，先选中第一行或第一列，然后按住 Shift 键选中最后一行或最后一列。

② 插入行（列）。在工作表中插入行（列）的方法类似于插入单元格。先选择要插入位置的行（列）为当前行（列），然后单击"开始"→"单元格"→"插入"下三角按钮，在弹出的下拉菜单中选择"插入工作表行"或"插入工作表列"的命令，完成行（列）的插入。如果要插入多行（多列）（连续或不连续都可以），可选中插入位置处的若干行（列），再重复上述步骤，完成多行（多列）的插入。

提示：也可以右击选中单元格，在弹出的快捷菜单上单击"插入"命令，再在"插入"对话框中选取行或列。

③ 删除行（列）。直接选取要删除的行（列），然后单击"开始"→"单元格"→"删除"下三角按钮，在弹出的下拉菜单中选择"删除工作表行"或"删除工作表列"的命令；或右击鼠标，在快捷菜单上单击"删除"命令来删除行（列）。

④ 隐藏行（列）。在 Excel 中，可以通过隐藏操作将行（列）隐藏起来。选中要隐藏的行（列），然后单击"开始"→"单元格"→"格式"下三角按钮，在弹出的下拉菜单中选择"隐藏或取消隐藏"→"隐藏行"或"隐藏列"命令。如果想取消隐藏的列，先选中隐藏列的前、后两行（两列），然后单击"开始"→"单元格"→"格式"下三角按钮，在弹出的下拉菜单中选择"隐藏或取消隐藏"→"取消隐藏行"或"取消隐藏列"的命令，即显示出隐藏的行（列）。

提示：隐藏的行或列在打印时将不被打印。若在"行高、列宽"对话框设定相应的数值为"0"，也可以实现整行或整列隐藏。

⑤ 调整行高（列宽）。当单元格内的信息过多或字号过大时，将无法显示全部内容。Excel 允许调整行高（列宽）来解决这一问题。

拖动设置行高（列宽）。把光标移动到行（列）之间，当光标变成双箭头时，按下鼠标左键，然后拖动行的下边界（或列的右边界）来设置所需的行高（列宽），这时将自动显示高度（宽度）值。调整到合适的高度（宽度）后，放开鼠标左键。

提示：如果要更改多行高度（多列的宽度），先选定要更改的所有行（列），然后拖动其中一个行标题的上边界（列标题的右边界）来调整；如果要更改工作表中所有行（列）的宽度，单击"全选"按钮，然后拖动任何一行（列）的边界来调整。

用菜单精确设置行高（列宽）。选定要调整的行（列），然后单击"开始"→"单元格"→"格式"下三角按钮，在弹出的下拉菜单中选择"行高"或"列宽"命令。在"行高"或"列宽"

对话框中设定行高(列宽)的精确值,如图 8-29 和图 8-30 所示。

图 8-29　"行高"对话框

图 8-30　"列宽"对话框

自动设置行高(列宽)。选定需要设置的行(列),然后单击"开始"→"单元格"→"格式"下三角按钮,在弹出的下拉菜单中选择"自动调整行高"或"自动调整列宽",系统将自动调整到最佳行高(列宽)。

提示:将鼠标指针对准欲改变的行高(列宽)的边界,当光标变为左右双向箭头(上下双向箭头)时,快速双击该边界,能快速将行高(列宽)调整到与其中的内容相适应。

(3) 查找和替换

Excel 2010 中提供了查找和替换功能。用"查找"的方式定位工作表中的某一位置,通过"替换"方式一次性替换工作表中特定的内容,极大提高了工作效率。查找和替换的应用与 Word 中相同,这里不再赘述。

技巧　查找的快捷键为 Ctrl+F,定位找的快捷键为 Ctrl+G,替换的快捷键为Ctrl+H。

项目小结

本项目主要介绍使用 Excel 2010 创建、保存工作簿,在工作表中输入数据,工作表中行与列的插入,工作表的插入、复制、重命名、删除等基本操作。通过本项目的学习,应该掌握 Excel 2010 的基本操作,能够制作和编辑简单的电子表格。

课后练习:创建"TLVN 价格"表

本练习制作如图 8-31 所示的"TLVN 价格"表。

	A	B	C	D	E	F	G
1	TLVN价格（元）						
2	品牌	规格	一季度	二季度	三季度	四季度	平均价格
3	PEONY	1	1900	1800	1500	1200	1600.0
4	PEONY	3	2540	2500	2500	2500	2510.0
5	PEONY	5	4380	4350	4300	4200	4307.5
6	PEONY	7	9000	8900	8700	8500	8775.0
7	IRIS	1	1800	1800	1800	1700	1775.0
8	IRIS	3	2500	2300	2200	2000	2250.0
9	IRIS	5	4400	4200	4100	4000	4175.0
10	IRIS	7	8500	8500	8500	8400	8475.0
11							

图 8-31　"TLVN 价格"表

(1) 启动 Excel 2010,自动创建"工作簿 1",保存并命名为"TLVN 价格"。

(2) 按图 8-31 所示录入工作表的数据。

项目9 制作员工基本信息表——表格的设计与创建

【项目背景】

员工基本信息表是人事管理部门最经常用到的报表之一，主要包括员工的基本信息，例如姓名、部门、职务、工资、职务、职称、学历等情况的真实记录。其主要作用是方便企业管理者对员工基本信息的了解。该表格应以实用性为主，并在此基础上对表格进行适当的修饰。本项目将制作如图 9-1 所示的大宇公司员工基本信息表，需要完成三项工作：一是录入员工基本信息；二是对工作表进行修饰；三是将员工基本信息打印存档。

公司内部资料

大宇公司员工基本信息

序号	部门	姓名	参加工作时间	工资(元)	学历	身份证号	出生日期	性别	年龄	工龄	目前状况
001	员工食堂	李　红	1959-7-8	800.0	初中	220302193910020247	1939/10/02	女	73	53	退休
002	营业部	张锦绣	1996-7-16	1500.0	硕士	220102196607161820	1966/07/16	女	46	16	在岗
003	营业部	董　强	1962-12-7	1200.0	高中	220105194408082235	1944/08/08	男	68	50	退休
004	营业部	高　琳	1977-9-1	3000.0	研究生	201220196507038325	1965/07/03	女	47	35	在岗
005	营业部	胡海涛	1998-10-1	1200.0	本科	110103196803088657	1968/03/08	男	44	14	在岗
006	研发部	钱　跃	1995-9-1	1000.0	本科	110108197611028921	1976/11/02	女	36	17	在岗
007	研发部	翟艳辉	1999-9-1	1000.0	本科	110106197207036721	1972/07/03	女	40	13	在岗
008	研发部	钱　立	1993-1-6	2000.0	研究生	110109197210168932	1972/10/16	男	40	20	在岗
009	研发部	杨宝春	1971-2-1	1000.0	研究生	110202198010188952	1980/10/18	男	32	42	在岗
010	研发部	陶春光	1995-10-9	1000.0	本科	110106197207036721	1972/07/03	女	40	17	在岗
011	销售部	陈　鹏	1993-12-1	1200.0	研究生	110108198011248652	1980/11/24	男	32	19	在岗
012	销售部	黄璐京	1983-1-1	2000.0	大专	110109197611123454	1976/11/12	男	36	30	在岗
013	销售部	王卫平	1969-12-1	1200.0	本科	110108197008108452	1970/08/10	男	42	43	在岗
014	销售部	任水滨	1994-12-1	1000.0	本科	201220196407038325	1964/07/03	女	48	18	在岗
015	销售部	许东东	1986-12-1	2000.0	研究生	110106197211158924	1972/11/15	女	40	26	在岗
016	市场部	许波波	1992-7-23	1300.0	本科	222324197203150424	1972/03/15	女	40	20	在岗
017	市场部	李元元	1999-7-16	2000.0	硕士	220122197011187226	1970/11/18	女	42	13	在岗
018	市场部	林　海	1988-8-1	2000.0	本科	110106197511258643	1975/11/25	女	37	24	在岗
019	市场部	张晓寰	1984-1-1	1200.0	大专	302212197802024512	1978/02/02	男	34	29	在岗
020	市场部	王继锋	1999-3-22	1200.0	大专	110103196803088657	1968/03/08	男	44	14	在岗
021	市场部	杨丹妍	1991-2-3	1200.0	研究生	110108197008108452	1970/08/10	男	42	22	在岗
022	人事部	张　杨	1986-7-15	1300.0	本科	220102196601020446	1966/01/02	女	46	26	在岗
023	人事部	张伟民	1976-7-16	800.0	本科	220102195708140012	1957/08/14	男	55	36	在岗
024	人事部	王　川	1985-2-1	1000.0	本科	110106197207036721	1972/07/03	女	40	28	在岗
025	人事部	艾　芳	1995-6-1	2200.0	研究生	302212197808024512	1978/08/02	男	34	18	在岗
026	后勤部	李　楠	1965-12-7	600.0	高中	222426194505085620	1945/05/08	女	67	47	退休
027	后勤部	沈　克	1998-12-1	2000.0	本科	110109197212168932	1972/12/16	男	40	14	在岗
028	财务部	周玲玲	1985-7-20	950.0	中专	220111196804093326	1968/04/09	女	44	27	在岗

第 1 页

图 9-1　员工基本信息表

【项目分析】

在 Excel 中，利用数据输入技巧和方法可以完成员工基本信息的录入；利用单元格格式设置，对工作表的边框、底纹、数字格式、对齐方式等进行修饰；借助其强大的视图功能,可以很方便地查看数据。

【项目实施】

本项目可以通过以下几个任务来完成:

任务 9.1　建立工作簿并输入数据

任务 9.2　格式化工作表

任务 9.3　查看员工信息表中的数据

任务 9.1　建立工作簿并输入数据

本任务包括两项操作,即建立工作簿和输入数据。

1. 建立工作簿

(1) 启动 Excel 2010,新建一个"空白工作表",默认的文件名为"工作簿 1.xlsx"。

(2) 单击"快速访问"工具栏上的"保存"按钮,打开"另存为"对话框。在"文件名"文本框中输入工作簿名称"员工基本信息表"。在"保存类型"下拉列表框中选择"Excel 工作簿",指定要保存的位置后,如图 9-2 所示,单击"保存"按钮。

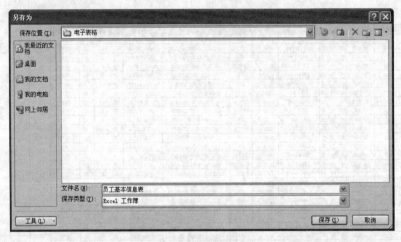

图 9-2　保存工作簿

(3) 右击窗口左下方 Sheet1 工作表名,在弹出的快捷菜单选择"重命名"命令,然后输入"员工基本信息",按下 Enter 键、确认工作表名称并返回工作表编辑区。

2. 输入数据

(1) 在 A1 单元格中输入"大宇公司员工基本信息"。

(2) 在 A2:L2 单元格区域内依次输入"员工编号"、"部门"、"姓名"、"参加工作时间"、"工资"、"学历"、"身份证号"、"出生日期"、"性别"、"年龄"、"工资"、"目前状况"等内容。

(3) 由于 A 列中为员工编号,要从"001"开始编写,需将单元格数字格式设置为文本格式。单击 A 列列标,选中 A 列的全部单元格,然后单击"开始"→"数字"→"常规"列表右侧的向下箭头,在下拉列表中选择"文本"命令。

(4) 在 A3 单元格输入"001",然后按住 A3 单元格下方的填充柄向下拖动至 A33 单元格。单击 A33 单元格边的"自动填充选项"按钮 ,在弹出的下拉菜单中选择"填充序列"单选按钮,使 A 列单元格内容由"001"至"031"。

(5) 在 B 列、C 列、D 列、E 列、F 列的单元格中,分别输入每一位员工所在的部门、姓名、参加工作时间、工资、学历。

(6) 选中 D 列全部单元格,然后单击"开始"→"数字"→"常规"列表右侧的向下箭头,在下拉列表中选择"其他数字格式"命令,打开"设置单元格格式"对话框。在该对话框中,选择"数字"→"分类"→"日期",设置"类型"为"2001-3-14",如图 9-3 所示,使所选单元格区域内的全部日期为该格式。

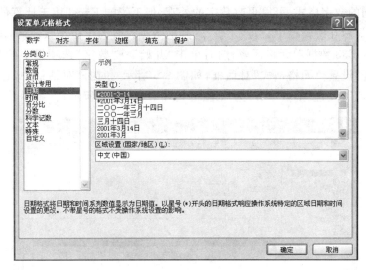

图 9-3　设置日期格式

(7) 由于 G 列中为员工身份证号,数字位数超过 12 位,会以科学记数法的形式显示数据。这时,先选中 G 列全部单元格,将单元格数字格式设置为"文本格式"后,输入身份证号。

(8) 分别选中 H 列、I 列、J 列、K 列、L 列的单元格,用上面所学的输入数据的方法分别输入每个人的出生日期、性别、年龄、工龄、目前状况。

员工基本信息全部录入完成后,如图 9-4 所示。

序号	部门	姓名	参加工作时间	工资(元)	学历	身份证号	出生日期	性别	年龄	工龄	目前状况
001	员工食堂	李红	1959-7-8	1500	初中	220302193910020247	1939/10/02	女	73	53	退休
002	营业部	张锦绣	1996-7-16	1500	硕士	220102196607161820	1966/07/16	女	46	16	在岗
003	营业部	童强	1962-12-7	1200	高中	220105194408082235	1944/08/08	男	68	50	退休
004	营业部	高琳	1977-9-1	3000	研究生	201220196507038325	1965/07/03	女	47	35	在岗
005	营业部	胡海涛	1998-10-1	1200	本科	110103196803088657	1968/03/08	男	44	14	在岗
006	研发部	钱跃	1995-9-1	1000	本科	110108197611028921	1976/11/02	女	36	17	在岗
007	研发部	翟艳辉	1999-9-1	1000	本科	110106197207036721	1972/07/03	女	40	13	在岗
008	研发部	钱立	1993-1-6	2000	研究生	110109197210168932	1972/10/16	男	40	20	在岗

大宇公司员工基本信息

图 9-4　员工信息表

任务 9.2　格式化工作表

为了使制作的表格更加美观,还需要对工作表格式化。Excel 2010 提供了强大而灵活的格式编排功能,如设置单元格的字体、对齐、颜色、数字、边框等格式,使工作表更加易于观察和理解。本任务将对表中文字的字体、对齐方式、行高、列宽及表格框线等进行设置。

1. 设置数字格式

在工作表的单元格中输入的数字通常以常规格式显示,这种格式可能无法满足用户的要求,例如财务报表中的数据常用的货币格式。

Excel 提供了多种数字格式,并且进行了分类,如常规、数字、货币、特殊和自定义等。通过应用不同的数字格式,可以更改数字的外观,但不影响 Excel 用于计算的实际单元格值,实际值将显示在编辑栏中。将"工资"一列的数据设置为 1 位小数,具体操作如下。

选择 E3:E33 数据单元格区域,然后单击"开始"→"数字"选项组中的"对话框启动器"按钮,打开"设置单元格格式"对话框,如图 9-5 所示 。在该对话框中,选择"数字"→"分类"→"数值",设置"小数位数"为"1 位",其效果如图 9-6 所示。

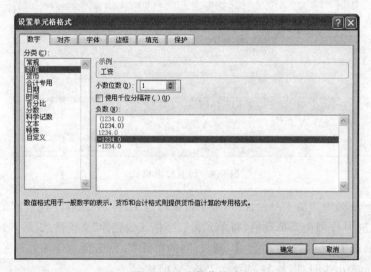

图 9-5　设置数值格式

图 9-6　将"工资"列设置 1 位小数后的效果

技能链接——几个快速设置数字格式的按钮

在"开始"选项卡中,"数字"选项组中提供了几个快速设置数字格式的按钮,如图 9-7 所示。

(1) 单击"会计数字格式"按钮,可以在原数字前添加货币符号,并且增加 2 位小数。

(2) 单击"百分比样式"按钮,将原数字乘以 100,再在数字后加上百分号。

图 9-7　设置数字格式的按钮

(3) 单击"千位分隔符"按钮,在数字中加入千位符。

(4) 单击"增加小数位数"按钮,使数字的小数位数增加 1 位。

(5) 单击"减少小数位数"按钮,使数字的小数位数减少 1 位。

2. 设置字体

(1) 选择 A1 单元格,然后单击"开始"→"字体"选项组中"对话框启动器"按钮,打开"设置单元格格式"对话框,设置字体为"宋体"、字形为"加粗",字号为"14",如图 9-8 所示,最后单击"确定"按钮。

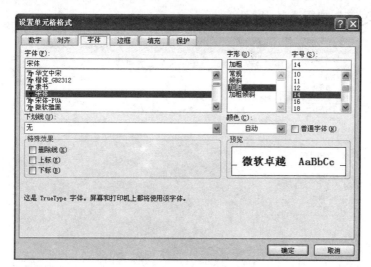

图 9-8　设置字体格式

(2) 选择 A2：L33 单元格区域,设置字体为"宋体、加粗、10 磅"。

3. 设置对齐方式

(1) 选择 A1：L1 单元格区域,然后单击"开始"→"对齐方式"→"合并后居中"按钮,将所选单元格合并为一个单元格且设置为居中对齐,如图 9-9 所示。

提示：如果合并的单元格中存在数据,会打开 Microsoft Excel 提示对话框。单击"确定"按钮后,只有左上角单元格中的数据保留在合并后的单元格中,其他单元格中的数据将被删除。

序号	部门	姓名	参加工作时间	工资（元）	学历	身份证号	出生日期	性别	年龄	工龄	目前状况
					大宇公司员工基本信息						
001	员工食堂	李红	1959-7-8	1500.0	初中	220302193910020247	1939/10/02	女	73	53	退休
002	营业部	张锦绣	1996-7-16	1500.0	硕士	220102196607161820	1966/07/16	女	46	16	在岗
003	营业部	童强	1962-12-7	1200.0	高中	220105194408082235	1944/08/08	男	68	50	退休
004	营业部	高琳	1977-9-1	3000.0	研究生	201220196507038325	1965/07/03	女	47	35	在岗
005	营业部	胡海涛	1998-10-1	1200.0	本科	110103196803088657	1968/03/08	男	44	14	在岗
006	研发部	钱跃	1995-9-1	1000.0	本科	110108197611028921	1976/11/02	女	36	17	在岗
007	研发部	翟艳辉	1999-9-1	1000.0	本科	110106197207036721	1972/07/03	女	40	13	在岗
008	研发部	钱立	1993-1-6	2000.0	研究生	110109197210168932	1972/10/16	男	40	20	在岗

图 9-9　总标题合并居中后的效果

"跨列居中"与"合并及居中"虽然显示的效果相同,但实质是不同的。实行"跨列居中"的单元格区域中的单元格并没有合并,各自的单元格地址不变;而执行了"合并及居中"后,各单元格合并成一个单元格,其地址是左上角单元格的地址。

(2)选择 A2:L33 单元格区域,然后单击"开始"→"对齐方式"→"居中"按钮,使表格中的数据居中对齐。

(3)选择 C2:C33 单元格区域,然后单击"开始"→"对齐方式"选项组右下角的"对话框启动器"按钮,打开"设置单元格格式"对话框。切换到"对齐"选项卡,设置"水平对齐"方式为"分散对齐",如图 9-10 所示。

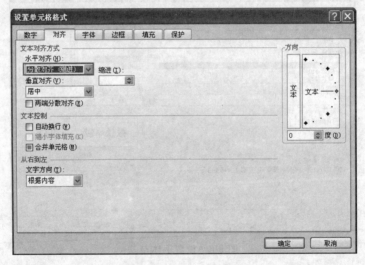

图 9-10　"对齐"选项卡

4. 设置行高和列宽

(1)选择第 1 行,然后单击"开始"→"单元格"→"格式"按钮,在弹出的下拉菜单中选择"行高"命令。在"行高"对话框中,输入行高为 25,如图 9-11 所示。

(2)选择第 2 行,设置行高为 22。

(3)选择第 3 行至 33 行,设置行高为 17。

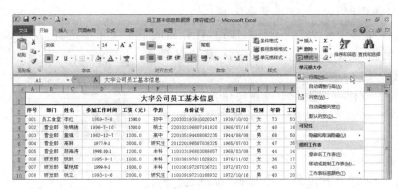

图 9-11　设置第 1 行的行高

技能链接——拖曳鼠标设置行高

选择一行或多行,然后将鼠标指针移动到目标行的下边框线上。当鼠标指针呈双向箭头显示时,拖曳鼠标,在适当的位置释放左键,即完成行高的设置。

(4)选择 A 列至 H 列,然后单击"开始"→"单元格"→"格式"按钮,在弹出的下拉菜单中选择"自动调整列宽"命令,被选定的列宽将根据列中的数据自动调整为最适合的宽度。

(5)选择 I 列至 K 列,然后单击"开始"→"单元格"→"格式"按钮,在弹出的下拉菜单中选择"列宽"命令。在"列宽"对话框中,输入列宽为 5,如图 9-12 所示 。

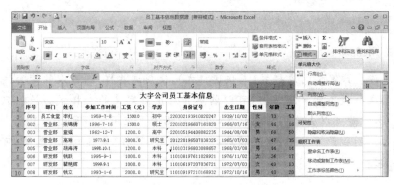

图 9-12　设置列宽

(6)选中 L 列,设置最后一列的列宽为 9。

技能链接——拖曳鼠标设置列宽

选择一列或多列,然后将鼠标指针移到目标列的右边框线上,待鼠标指针呈双向箭头显示时,拖曳鼠标,在适当的位置释放左键,即完成列宽的设置。

5. 设置工作表的边框和底纹

工作表的边框、底纹通常是后设置的。尤其是数据表边框,若提早设置,一旦数据增加或减少,就有可能要重新设置边框。具体操作如下所述。

（1）选择员工信息表中的 A2：L33 单元格区域。

（2）单击"开始"→"字体"→"边框"下三角按钮，在弹出的下拉菜单中选择"绘制边框"→"线条颜色"→"黑色，文字 1，淡色 15％"命令，将边框颜色设为"黑灰色"，如图 9-13 所示。

（3）单击"开始"→"字体"→"边框"下三角按钮，在弹出的下拉菜单中选择"边框"→"所有框线"命令，为所选择的单元格添加框线。

（4）选中 A2：L2 数据区域，然后单击"开始"→"字体"→"填充颜色"下三角按钮，在弹出的下拉菜单中选择"标准色"→"浅蓝"命令，将标题行单元格底色设置为"浅蓝色"，效果如图 9-14 所示。

图 9-13　设置边框颜色

	A	B	C	D	E	F	G	H	I	J	K	L
1	大宇公司员工基本信息											
2	序号	部门	姓　名	参加工作时间	工资（元）	学历	身份证号	出生日期	性别	年龄	工龄	目前状况
3	001	员工食堂	李　红	1959-7-8	1500.0	初中	220302193910020247	1939/10/02	女	73	53	退休
4	002	营业部	张锦扬	1996-7-16	1500.0	硕士	220102196607161820	1966/07/16	女	46	16	在岗
5	003	营业部	童　强	1962-12-7	1200.0	高中	220105194408082235	1944/08/08	男	68	50	退休
6	004	营业部	高　琳	1977-9-1	3000.0	研究生	201220196507038325	1965/07/03	女	47	35	在岗
7	005	营业部	胡海涛	1998-10-1	1200.0	本科	110103196803088657	1968/03/08	男	44	14	在岗
8	006	研发部	钱　跃	1995-9-1	1000.0	本科	110108197611028921	1976/11/02	女	36	17	在岗
9	007	研发部	翟艳辉	1999-9-1	1000.0	本科	110106197207036721	1972/07/03	女	40	13	在岗
10	008	研发部	钱　立	1993-1-6	2000.0	研究生	110109197210168932	1972/10/16	男	40	20	在岗
11	009	研发部	杨宝春	1971-2-1	1000.0	研究生	110202198010188952	1980/10/18	男	32	42	在岗
12	010	研发部	陶春光	1995-10-9	1000.0	本科	110106197207036721	1972/07/03	女	40	17	在岗

员工基本信息╱Sheet2╱

图 9-14　为标题行设置底纹的效果

技能链接——套用表格式

Excel 2010 提供了许多预定义的表样式（或快速样式），使用这些样式，可以快速套用表格式。如果预定义的表样式不能满足需要，可以创建并应用自定义的表样式。虽然只能删除自定义的表样式，但是可以去除任何表样式，以便数据不再应用它。通过为表元素（如标题行和汇总行、第一列和最后一列，以及镶边行和镶边列）选择"快速样式"选项，可以进一步调整表的格式。

6. 设置条件格式

使用条件格式，可以帮助用户直观查看和分析数据，发现关键问题，以及识别模式和趋势。根据条件使用数据条、色阶和图标集，可以突出显示相关单元格或单元格区域，强调异常值，以及实现数据可视化效果。将员工信息表中，年龄为 60 的数据设置为加粗显示，具体操作如下所述。

（1）选中 J3：J33 单元格区域，然后单击"开始"→"样式"→"条件格式"按钮，在弹出的下拉菜单中选择"新建规则"命令，打开"新建格式规则"对话框。

（2）选择"新建格式规则"列表框中的"只为包含以下内容的单元格设置格式"命令，在"编辑规则说明"选项组中的第一个文本框里选择"单元格数值"，第二个文本框里选择"大于或等于"，在第三个文本框输入"60"，效果如图 9-15 所示。

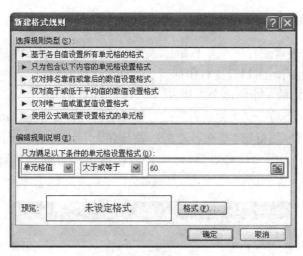

图 9-15　设置规则

（3）在"新建格式规则"对话框中，单击"格式"按钮，打开"设置单元格式"对话框。

（4）在"设置单元格式"对话框中，在"字体"→"字形"选项卡中选择"加粗"。

（5）单击两次"确定"按钮，返回工作表编辑区，为所选单元格区域添加条件格式，即大于或等于 60 岁以上的年龄设置为加粗的字体，效果如图 9-16 所示。

	A	B	C	D	E	F	G	H	I	J	K	L
1					大宇公司员工基本信息							
2	序号	部门	姓名	参加工作时间	工资（元）	学历	身份证号	出生日期	性别	年龄	工龄	目前状况
3	001	员工食堂	李红	1959-7-8	1500.0	初中	220302193910020247	1939/10/02	女	**73**	53	退休
4	002	营业部	张锦绣	1996-7-16	1500.0	硕士	220102196607161820	1966/07/16	女	46	16	在岗
5	003	营业部	童强	1962-12-7	1200.0	高中	220105194408082235	1944/08/08	男	**68**	50	退休
6	004	营业部	高琳	1977-9-1	3000.0	研究生	201220196507038325	1965/07/03	女	47	35	在岗
7	005	营业部	胡海涛	1998-10-1	1200.0	本科	110103196803088657	1968/03/08	男	44	14	在岗
8	006	研发部	钱跃	1995-9-1	1000.0	本科	110108197611028921	1976/11/02	女	36	17	在岗
9	007	研发部	瞿艳辉	1999-9-1	1000.0	本科	110106197207036721	1972/07/03	女	40	13	在岗
10	008	研发部	钱立	1993-1-6	2000.0	研究生	110109197210168932	1972/10/16	男	40	20	在岗

员工基本信息　Sheet2

图 9-16　设置条件格式的效果

技巧　单击"开始"→"样式"→"条件格式"按钮，在弹出的下拉菜单中选择"管理规则"命令，打开"条件格式规则管理器"对话框。在该对话框中，可以清除所设的条件格式。

提示：常见的条件格式规则有以下几种。

（1）基于各自值设置所有单元格的格式（包括双色刻度、三色刻度、数据条和图标）。

（2）只为包含以下内容的单元格设置格式。

（3）仅对排名靠前或靠后的数值设置格式。

（4）仅对高于或低于平均值的数值设置格式。

（5）仅对唯一值或重复值设置格式。

（6）使用公式确定要设置格式的单元格。

7. 设置打印标题行

如果一张工作表需要打印在若干页上，又希望在每一页上都有相同的行或列标题，使工作表的内容清楚易读，可以设置打印标题。具体操作如下所述。

(1) 选择要打印的一个或多个工作表。

(2) 单击"页面布局"→"页面设置"→"打印标题"按钮，打开"页面设置"对话框。

(3) 单击"顶端标题行"文本框右边的折叠按钮，然后单击所需设置为标题的行"＄1：＄2"，如图 9-17 所示。确定后，此工作表内的工作页面都将自动在上方添加标题行。

图 9-17　设置打印标题

技能链接——插入分页符

当打印工作表数据超过一页时，可以控制分页符出现的位置，以便在最适当的地方中断数据，从而构成一个组织有序的、易于阅读的文档。具体操作如下：

在工作表中选定欲分页的单元格，然后单击"页面布局"→"页面设置"→"分隔符"按钮，在弹出的下拉菜单中选择"插入分隔符"命令，即可插入水平/垂直分页符。

8. 插入页眉和页脚

为了方便给文档添加说明性文字和页码，需要为文档添加页眉和页脚。页眉、页脚分左、中、右三部分，用于确定页眉、页脚的具体位置。具体操作如下所述。

(1) 单击"插入"→"文本"→"页眉和页脚"按钮，转换为"页面视图"模式，并打开"页眉页脚工具"→"设计"选项卡，在表格页眉右侧输入文字，如图 9-18 所示。

(2) 若在页脚处需要插入页码，单击"页眉和页脚工具"→"设计"→"转至页脚"按钮，将光标移到页脚处。

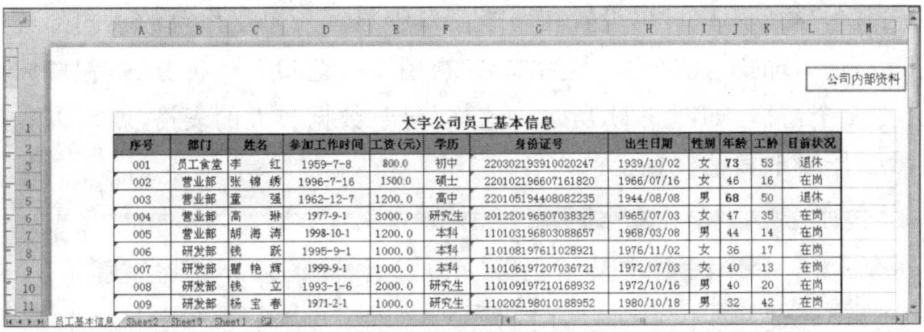

图 9-18　页眉文字效果

（3）单击"页眉和页脚工具"→"设计"→"页眉和页脚"→"页脚"按钮，在弹出的下拉
菜单中选择"第 1 页"命令，然后在右侧页脚插入相应格式的页码，效果如图 9-19 所示。

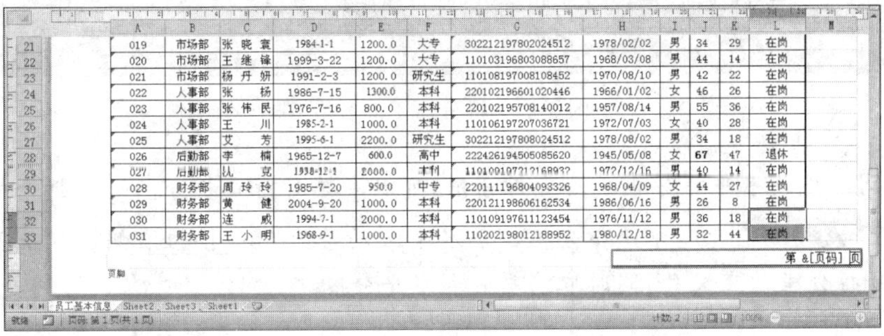

图 9-19　页脚文字效果

任务 9.3　查看员工信息表中的数据

当工作表内容无法在窗口全部显示时，虽然可以用滚动条实现滚动显示，但往往看不
到标题和表头，无法明确表中各部分所代表的含义。通过拆分、冻结工作表，可以很好地
查看表中数据。具体操作如下所述。

（1）冻结工作表。单击 C3 单元格，然后单击"视图"→"窗口"→"冻结窗格"按钮，在
弹出的下拉菜单中选择"冻结拆分窗格"命令。此时，标题行的下边框将显示一个黑色的
线条，再滚动垂直滚动条浏览表格下方的数据时，标题行将被固定，不被移动，始终显示在
数据上方，如图 9-20 所示。这样，用户即可自由地查看任意单元格，而不必担心无法看到
标题行或名称列。

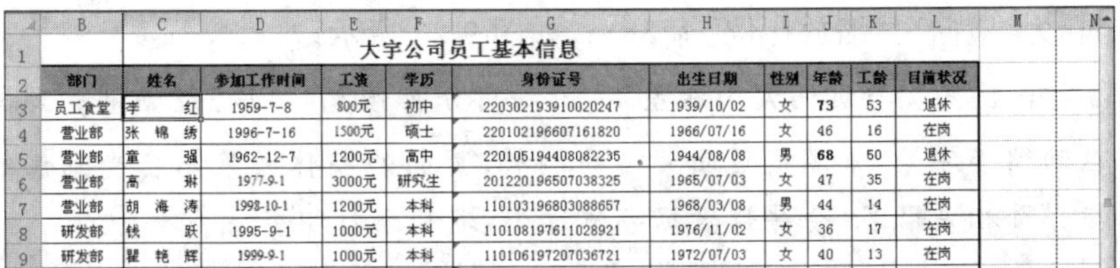

图 9-20　冻结工作表

(2) 拆分工作表。用户可以设置在多个窗口中显示一个工作簿的不同部分。单击要从其上方和左侧拆分的单元格 C3，然后单击“视图”→“窗口”→“拆分”按钮拆分，即可将工作表拆分为 4 个窗格，如图 9-21 所示。这样，对于数据较大的表格，就可以一边编辑数据，一边查看工作表中其他位置上的内容。

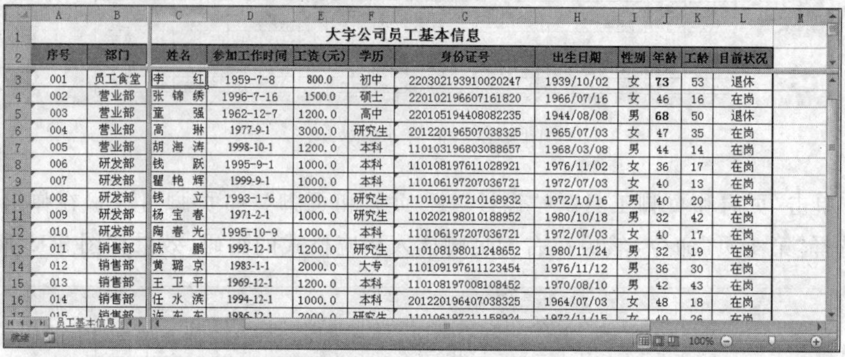

大宇公司员工基本信息

序号	部门	姓名	参加工作时间	工资(元)	学历	身份证号	出生日期	性别	年龄	工龄	目前状况
001	员工食堂	李　红	1959-7-8	800.0	初中	220302193910020247	1939/10/02	女	73	53	退休
002	营业部	张锦绣	1996-7-16	1500.0	硕士	220102196607161820	1966/07/16	女	46	16	在岗
003	营业部	童　强	1962-12-7	1200.0	高中	220105194408082235	1944/08/08	男	68	50	退休
004	营业部	高　琳	1977-9-1	3000.0	研究生	201220196507038325	1965/07/03	女	47	35	在岗
005	营业部	胡海涛	1998-10-1	1200.0	本科	110103196803088657	1968/03/08	男	44	14	在岗
006	研发部	钱　跃	1995-9-1	1000.0	本科	110108197611028921	1976/11/02	女	36	17	在岗
007	研发部	瞿艳辉	1999-9-1	1000.0	本科	110106197207036721	1972/07/03	女	40	13	在岗
008	研发部	钱　立	1993-1-6	2000.0	研究生	110109197210168932	1972/10/16	男	40	20	在岗
009	研发部	杨宝春	1971-2-1	1000.0	研究生	110202198010188952	1980/10/18	男	32	42	在岗
010	研发部	陶春光	1995-10-9	1000.0	本科	110106197207036721	1972/07/03	女	40	17	在岗
011	销售部	陈　鹏	1993-12-1	1200.0	研究生	110108198011248652	1980/11/24	男	32	19	在岗
012	销售部	黄璐京	1983-1-1	2000.0	大专	110109197611123454	1976/11/12	男	36	30	在岗
013	销售部	王卫平	1969-12-1	1200.0	本科	110108197008108452	1970/08/10	男	42	43	在岗
014	销售部	任水滨	1994-12-1	1000.0	本科	201220196407038325	1964/07/03	女	48	18	在岗

图 9-21　拆分为 4 个窗格

技巧　拖动水平拆分框或垂直拆分框，可以直接对窗口拆分。垂直拆分框位于垂直滚动条上“▲”按钮上方，水平拆分框位于水平滚动条上“▶”按钮右侧。双击垂直拆分框和水平分拆分框的交叉处，同时取消垂直和水平分隔。

项目拓展：打印与安全管理

在确定了页面设置和打印区域后，在打印前可以在打印预览窗口中观察工作表。通过预览功能，用户可以看到逼真的效果，包括页眉、页脚和打印标题等。预览工作表有助于发现表中格式不一致和不规则分页之类的错误，并能及时发现一些平常难以发现的问题，以便在打印前更正，避免不必要的浪费。在很多情况下，这有助于检查页面设置的效果。对工作表进行打印预览和必要的调整后，如无错误，就可以打印了。

1. 打印设置

(1) 打开“员工基本情况信息表”，然后单击“快速启动”工具栏中的“打印预览和打印”按钮，预览结果如图 9-22 所示。整个员工信息表不能在一页中完全显示出来，而是分布在两页中。这显然是纸张设置不当所致，需要对页面重新设置。

(2) 在此视图中单击“页面设置”按钮，打开“页面设置”对话框，然后在“页面”选项卡下设置“方向”为“横向”，“缩放比例”为 88%，如图 9-23 所示。

技巧　若数据表与页面大小相差不多，利用分页预览视图将数据调整到一个页面后，系统会自动缩小字号，来满足页面大小的调整，页面的整体效果不会受到影响。若数据表很大，与一页相差很多，会导致数据字体过小，不利于打印查看。

(3) 单击“页面布局”→“页面设置”→“页边距”按钮，在弹出的下拉菜单中选择“自定义页边距”命令，打开“页面设置”对话框，设置“页边距”选项卡中的各个边。选中“水平”

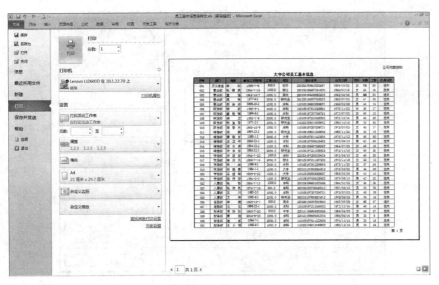

图 9-22　打印预览窗口

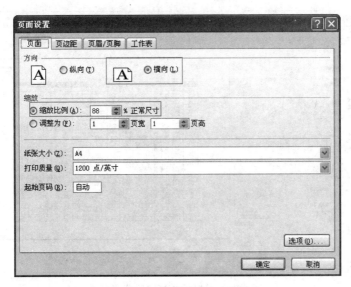

图 9-23　"页面设置"对话框

和"垂直"复选框，使表格在页面中水平或垂直居中放置，使打印时表格更加美观、协调，如图 9-24 所示。

（4）单击"页面设置"对话框中的"确定"按钮，回到打印预览窗口，如图 9-25 所示。

（5）在打印预览窗口中，设置打印"份数"，然后单击"打印"按钮，即可进行打印。

提示：默认情况下，Excel 自动将只含有文字的矩形区域设为打印区域。当希望只打印工作表的部分区域内容，或者强行在一页纸上打印指定范围的内容时，需要设置打印区域，以便更准确地控制打印页上所显示的内容。可以通过"页面设置"对话框的"工作表"选项卡设置打印区域。

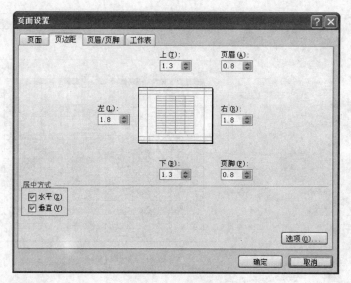

图 9-24　设置页边距

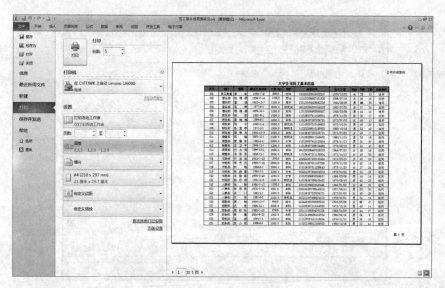

图 9-25　设置后的打印预览窗口

2. 为工作表、工作簿添加保护

为了防止别人浏览、修改或删除用户的工作簿,可以对工作簿进行加密,方法是在保存时给文件加上读写权限。为工作簿设定读写权限口令后,当再次打开文件时,Excel 会要求输入口令。没有正确的口令,Excel 会拒绝执行打开或修改文件的操作。

(1)保护工作簿

现在为"员工基本信表"文件添加密码,具体操作如下。

① 单击"文件"选项卡,在弹出的下拉菜单中选择"信息"→"保护工作簿"命令,在下

拉菜单中选择"用密码进行加密",打开"加密文档"对话框。

②　在"密码"文本框中输入想要设置的密码,如图 9-26 所示。

③　单击"确定"后,再输入一遍密码,以获得确认,如图 9-27 所示。这是为了避免用户因按键错误而设置一个错误密码,导致无法打开工作簿。

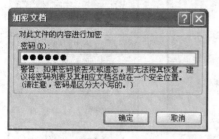

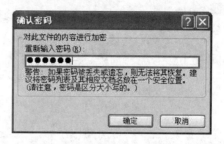

图 9-26　设置工作簿密码　　　　　　　　图 9-27　确认密码

④　单击"确定"按钮,为工作簿添加密码。通过为工作簿加密,极大地增强了文档的安全性。

提示:如果要取消密码,只需要在刚才设置密码的文本框中删除输入的密码即可。设置密码后,如果密码遗忘,将无法打开该文件。密码区分大小写。

(2) 保护工作表

Excel 2010 提供了多层安全和防护措施。如果不需要对整个工作簿进行保护,可以为特定工作表和工作簿元素设定保护,使用密码或不使用密码均可。保护工作表和工作簿元素,可以防止用户意外或恶意更改、移动或删除重要数据。

保护工作表时,默认情况下,该工作表中的所有单元格都会被锁定,用户不能对锁定的单元格做任何修改,但是可以在保护工作表时指定允许用户更改的元素。

用户可以锁定工作表的窗口和结构,以禁止用户添加、删除或显示隐藏工作表,同时禁止更改工作表窗口的大小和位置。保护工作表元素的操作步骤如下。

①　选择"员工基本信息表"的 D3:G33 单元格区域。

②　单击"开始"→"单元格"→"格式"按钮,在弹出的下拉菜单中选择"设置单元格格式"命令,打开"设置单元格格式"对话框。

③　在"设置单元格格式"对话框中,单击"保护"选项卡,并选中"锁定"复选框,锁定所选单元格区域,如图 9-28 所示。

④　单击"确定"按钮,确认修改操作,并返回工作表编辑区。

⑤　单击"开始"→"单元格"→"格式"按钮,在弹出的下拉菜单中选择"保护工作表"命令,打开"保护工作表"对话框。

⑥　在"允许此工作表的所有用户进行"列表框中,单击选中需要设置的复选框。在"取消工作表保护时使用的密码"文本框输入密码,如图 9-29 所示。

⑦　单击"确定"按钮后,再输入一遍相同的密码,以获得确认。这样,D3:G33 区域内的数据,用户将无法更改。

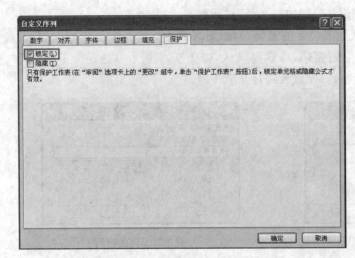

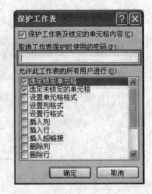

图 9-28 所选单元格或区域的锁定　　　　　　图 9-29 设定保护的工作表元素

⑧ 选择 D3:G33 数据区域的任何一个单元格,然后输入任一数据,将弹出如图 9-30 所示的对话框,提示用户需要解除保护才能更改单元格的内容。

图 9-30 提示对话框

提示:*不应将工作簿和工作表元素保护与工作簿级别的密码安全相混淆。元素保护无法保护工作簿不受恶意用户的破坏。*

项目小结

本项目主要学习了工作簿和工作表的基本操作、数据输入操作方法和应用技巧、工作表格式化、打印和保护工作表等内容。读者需要在实际操作中不断总结经验,不断体会 Excel 使用技巧,提高办公效率。

课后练习:制作消费调查表

制作如图 9-31 所示的消费调查表。

(1) 启动 Excel 2010,打开文件"项目 9/消费调查表数据源.xlsx"。

(2) 设置工作表行、列。

① 在标题下插入一行,并将标题中的"(以京沪两地综合评价指数为 100)"移至新插入的行。设置字体为"楷体",字号为 12,跨列居中。

② 将"食品"和"服装"两列移到"耐用消费品"一列之后。

	A	B	C	D	E	F	G	H	I
1									
2			**部分城市消费水平抽样调查**						
3			(以京沪两地综合评价指数为100)						
4		地区	城市	日常生活用品	耐用消费品	食品	服装	应急支出	
5		东北	沈阳	91.00	93.30	89.50	97.70	\	
6		东北	哈尔滨	92.10	95.70	90.20	98.30	99.00	
7		东北	长春	91.40	93.30	85.20	96.70	\	
8		华北	天津	89.30	90.10	84.30	93.30	97.00	
9		华北	唐山	89.20	87.30	82.70	92.30	80.00	
10		华北	郑州	90.90	90.07	84.40	93.00	71.00	
11		华北	石家庄	89.10	89.70	82.90	92.70	\	
12		华东	济南	93.60	90.10	85.00	93.30	85.00	
13		华东	南京	95.50	93.55	87.35	97.00	85.00	
14		西北	西安	88.80	89.90	85.50	89.76	80.00	
15		西北	兰州	88.60	85.00	83.00	87.70	\	
16									

图 9-31　消费调查表

（3）设置单元格格式。

① 标题格式：字体为"隶书"，字号为 18，粗体，跨列居中；底纹为浅黄色；字体颜色为红色。

② 表格中，数据单元格区域设置为数值格式，保留 2 位小数，右对齐；其他各单元格内容居中。

（4）设置表格的边框线：按样文为表格设置相应的边框格式。

（5）添加批注：为"唐山"单元格添加批注"非省会城市"。

（6）重命名工作表：将 Sheet1 工作表重命名为"消费调查"。

（7）复制工作表：将"消费调查"工作表复制到 Sheet2 表中。

（8）设置打印标题：在 Sheet2 表格的"石家庄"一行之前插入分页符；设置标题及表头行为打印标题。

分析学生成绩单——公式与函数的应用

【项目背景】

在使用 Excel 2010 制作电子表格时，有些数据需要计算才能得到。利用 Excel 2010 的公式和函数功能，即使在表格数据量大、运算复杂的情况下，照样可以非常方便地得到计算结果，使用户的工作变得简单、高效。

用户在掌握表格的创建和设计方法后，应掌握如何使用公式和函数功能，实现表格数据的计算。本项目将以使用 Excel 2010 制作如图 10-1 所示的学生成绩单为例，介绍 Excel 2010 公式和函数的使用。

	序号	学生姓名	学号	大学英语	计算机专业英语	C程序设计基础	单片机与接口技术	企业实践2	网络组建与互联	总分	平均分	名次
				2009-2010第一学期计算机网络技术三年制成绩表								
	1	任虹	8011001	98	91	86	87	89	92	543	91	1
	2	冯晓旭	8011002	91	81	88	82	95	85	522	87	6
	3	景玉红	8011003	93	88	88	79	91	87	526	88	4
	4	黄旭	8011004	91	89	87	91	95	88	541	90	2
	5	宗艳雷	8011005	92	91	87	87	95	89	541	90	2
	6	李明刚	8011006	93	84	81	80	88	76	502	84	9
	7	佟继祥	8011007	58	60	67	60	67	62	374	62	33
	8	孙建伟	8011008	63	60	67	60	54	60	364	61	38
	9	姜洪朝	8011009	60	63	63	60	75	59	380	63	31
	10	陈安平	8011010	63	63	64	60	66	60	376	63	32
	11	孟宪玉	8011011	69	84	71	61	86	66	437	73	16
	12	宝音巴特	8011012	57	62	66	60	64	60	369	62	35
	13	于欣瑞	8011016	67	61	66	60	65	60	373	62	34
	14	王磊	8011016	59	41	66	60	72	60	358	60	41
	15	于飞	8011017	67	60	66	60	72	60	385	64	28
	16	李立彬	8011018	61	51	66	60	69	60	367	61	36
	17	宋亮	8011019	65	43	64	60	67	60	359	60	40
	18	张少强	8011020	86	68	78	75	91	75	473	79	11
	19	王强	8011021	82	74	81	60	96	78	471	79	12
	20	陈威	8011022	76	69	68	60	76	68	417	70	21
	21	李鹏	8011023	71	69	68	76	73	61	418	70	19
	22	杨晓坤	8011024	56	56	60	60	63	60	366	61	37
	23	车子龙	8011026	64	68	60	60	72	60	384	64	29

		74	69	72	68	80	68
各科平均分		74	69	72	68	80	68
各科优秀率		32%	24%	29%	22%	49%	20%
各科及格率		90%	90%	100%	100%	98%	95%
各科第一名成绩		98	91	88	91	97	92
各科第二名成绩		93	91	88	91	97	89
各科倒数第一名成绩		56	41	60	60	54	58
各科倒数第二名成绩		57	43	60	60	63	59
各分数段人数	0-59	4	4	0	0	1	2
	60-69	14	18	24	28	9	24
	70-79	10	9	5	4	11	7
	80-89	7	8	12	7	10	7
	90-100	5	1	0	2	10	0

图 10-1　学生成绩单

【项目分析】

在 Excel 2010 工作表中,除了可以直接输入数据外,很多情况下,一些数据是需要通过计算得出的,这就需要掌握公式与函数的使用。本项目是关于学生成绩单的,主要是利用 Excel 2010 的公式与函数功能,对学生的考试成绩进行分析,算出与之相关的一些数值,如每一个同学的总分、班级名次、各科分数的平均分。各科的优秀率及及格率等等。

【项目实施】

本项目可以通过以下几个任务来完成:

任务 10.1　使用公式

任务 10.2　填充公式

任务 10.3　使用函数

任务 10.1　使用公式

公式是对单元格中的数据进行分析的等式,它可以对数据进行加、减、乘、除或比较等运算。公式可以引用同一工作表中的其他单元格、同一工作簿中不同工作表的单元格,或者其他工作簿的工作表中的单元格。

Excel 2010 中的公式遵循一个特定的语法,即前面是等号(=),后边是参与计算的元素(运算数)和运算符。每个运算数可以是不改变数值(常量)、单元格或区域的引用、标志、名称或函数。例如,公式“=SUM(E1:H1)*A1+26”以等号(=)开始,“SUM(E1:H1)”是函数,“A1”是对单元格 A1 的引用(使用其中存储的数据),“26”是数字型常量,“*”和“+”是算术运算符。

公式的运算按照运算符进行。Excel 包含四类运算符:算术运算符、比较运算符、文本运算符和引用运算符。

(1) 算术运算符:+(加号)、-(减号或负号)、*(乘号)、/(除号)、^(乘方),适合各种数学运算,运算结果为数值。

(2) 比较运算符:如=(等号)、>=(大于等于)、<=(小于等于)、>(大于)、<(小于)、<>(不等于),主要用来实现两个值的比较,运算结果为逻辑值 True 或 False。例如,在单元格输入“=5<7”,结果为“True”。

(3) 文本运算符:& 用来连接一个或多个文本数据,以产生组合的文本。例如,在单元格中输入“="职业"&"学院"”(注意,文本输入时须加英文引号)后按回车键,将产生“职业学院”的结果。

(4) 引用运算符:单元格引用运算符为“:”(冒号);联合运算符为“,”(逗号),将多个引用合并为一个引用;交叉运算符为空格,产生同属于两个引用的单元格区域。

使用引用运算符,可以对单元格区域进行合并计算。

技能链接——使用公式和函数时应遵守以下约定

　① 首先选择存放计算结果的单元格,必须以"＝"开头,然后输入公式或函数。

　② 常量、单元格引用、函数名、运算符等必须是英文符号。

　③ 参与运算数据的类型必须与运算符相匹配。

　④ 使用函数时,函数参数的数量和类型必须和要求的一致。

　⑤ 括号必须成对出现,并且配对正确。

　(1) 打开素材中的"项目 10/学生成绩计算/学生成绩单. xlsx",表格内容如图 10-2 所示。

	A	B	C	D	E	F	G	H	I	J	K	L	M
1				2009-2010第一学期计算机网络技术三年制成绩表									
2	序号	学生姓名	学号	大学英语	计算机专业英语	C程序设计基础	单片机与接口技术	企业实践2	网络组建与互联	总分	平均分	名次	
3	1	任虹	8011001	98	91	86	87	89	92				
4	2	冯晓旭	8011002	91	81	88	82	95	85				
5	3	景玉红	8011003	93	88	88	79	91	87				
6	4	黄旭	8011004	91	89	87	91	95	88				
7	5	宗艳雷	8011005	92	91	87	87	95	89				
8	6	李明刚	8011006	93	84	81	80	88	76				
9	7	倪继祥	8011007	58	60	67	60	67	62				
10	8	孙建伟	8011008	63	60	67	60	54	60				
11	9	姜洪朝	8011009	60	63	63	60	75	59				
12	10	陈安宁	8011010	63	63	64	60	66	60				
13	11	孟宪平	8011011	69	84	71	61	86	66				
14	12	宝音巴特	8011012	57	62	66	60	64	60				
15	13	于欣瑞	8011014	67	61	60	60	65	60				
16	14	王磊	8011016	59	41	66	60	72	60				
17	15	于飞	8011017	67	60	66	60	72	60				
18	16	李立彬	8011018	61	51	66	60	74	60				
19	17	宋亮	8011019	65	43	64	60	67	60				
20	18	张少强	8011020	86	68	78	75	91	75				
21	19	王强	8011021	82	74	81	60	96	78				
22	20	陈威	8011022	76	69	68	60	76	68				
23	21	李鹏	8011023	71	66	68	76	73	61				

图 10-2　学生成绩表原始数据

　(2) 选择 J3 单元格,然后输入公式"＝D3＋E3＋F3＋G3＋H3＋I3",如图 10-3 所示。按下 Enter 键或单击编辑工具栏上的"输入"按钮 ✔,将计算出总分,在编辑栏中显示当前单元格的公式。输入公式时,可以使用鼠标直接选中参与计算的单元格,从而提高办公效率。

AVERAGE		× ✔ fx	=D3+E3+F3+G3+H3+I3									
	A	B	C	D	E	F	G	H	I	J	K	L	M
1				2009-2010第一学期计算机网络技术三年制成绩表									
2	序号	学生姓名	学号	大学英语	计算机专业英语	C程序设计基础	单片机与接口技术	企业实践2	网络组建与互联	总分	平均分	名次	
3	1	任虹	8011001	98	91	86	87	89	92	=D3+E3+F3+G3+H3+I3			
4	2	冯晓旭	8011002	91	81	88	82	95	85				
5	3	景玉红	8011003	93	88	88	79	91	87				
6	4	黄旭	8011004	91	89	87	91	95	88				
7	5	宗艳雷	8011005	92	91	87	87	95	89				
8	6	李明刚	8011006	93	84	81	80	88	76				
9	7	倪继祥	8011007	58	60	67	60	67	62				
10	8	孙建伟	8011008	63	60	67	60	54	60				

图 10-3　输入公式计算总分

 技能链接——编辑、修改公式

　如果输入的公式需要调整或者有错误,可以进行修改。单击选中公式所在的单元格,在编辑栏中对公式进行修改,修改的方法和修改正文的方法一样。按下 Enter 键,即可完成对公式的修改。如果不希望在编辑栏中修改,也可以双击包含公式的单元格,将公式以字符串的形式打开,然后进行相应的编辑、修改。

编辑公式时,公式将以彩色方式标识,其颜色与所引用的单元格的标识颜色一致,以便于跟踪公式,帮助用户查询、分析公式。

任务 10.2 填充公式

如果单元格内的公式类似,则无须逐个输入公式,可利用单元格相对地址的性质,将第 1 个公式填充到其他单元格。拖曳填充柄,到目的单元格后释放鼠标左键,活动单元格的公式就填充到所覆盖的单元格或单元格区域中。

选择 J3 单元格,拖曳填充柄至 J43 单元格处释放鼠标左键,即完成了公式的复制,计算出 J3:J43 单元格区域的"总分",如图 10-4 所示。

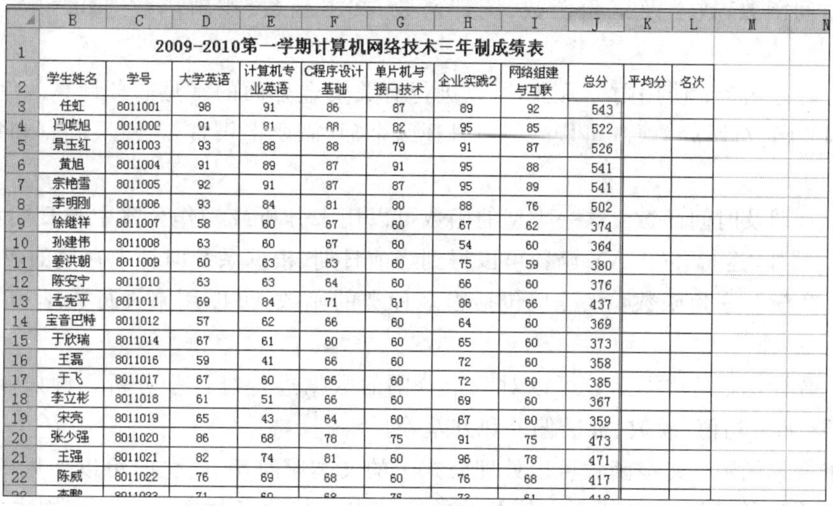

学生姓名	学号	大学英语	计算机专业英语	C程序设计基础	单片机与接口技术	企业实践2	网络组建与互联	总分	平均分	名次
任虹	8011001	98	91	86	87	89	92	543		
冯嵘旭	0011002	91	81	88	82	95	85	522		
景玉红	8011003	93	88	88	79	91	87	526		
黄旭	8011004	91	89	87	91	95	88	541		
宗艳雪	8011005	92	91	87	87	95	89	541		
李明刚	8011006	93	84	81	80	88	76	502		
徐继祥	8011007	58	60	67	60	67	62	374		
孙建伟	8011008	63	60	67	60	54	60	364		
姜洪朝	8011009	60	63	63	60	75	59	380		
陈安宁	8011010	63	63	64	60	66	60	376		
孟宪平	8011011	69	84	71	61	86	66	437		
宝音巴特	8011012	57	62	66	60	64	60	369		
于欣瑞	8011014	67	61	60	60	65	60	373		
王磊	8011016	59	41	66	60	72	60	358		
于飞	8011017	67	60	66	60	72	60	385		
李立彬	8011018	61	51	66	60	69	60	367		
宋亮	8011019	65	43	64	60	67	60	359		
张少强	8011020	86	68	78	75	91	75	473		
王强	8011021	82	74	81	60	96	78	471		
陈威	8011022	76	69	68	60	76	68	417		
李鹏	8011023	71	69	68	60	82	68	418		

图 10-4 利用填充柄复制公式计算总分

提示:复制或填充公式时,如果要求行号和列号都随着目标位置变化,使用相对地址;如果要求行号和列号都不随着目标位置变化,则使用绝对地址;如果只要求行号和列号中的一个随着目标位置变化,另一个不随着目标位置变化,使用混合地址。

技能链接——相对地址引用、绝对地址引用和混合地址引用

在公式和函数中,经常要引用某一单元格或单元格区域中的数据。引用的作用在于标识工作表上的单元格或单元格区域,并指明公式中所用数据的位置。单元格的引用有相对引用、绝对引用和混合引用几种。

(1)相对引用是指公式或函数中所引用的单元格地址会随着结果单元格的改变而改变。在相对引用中,用字母表示单元格的列号,用数字表示单元格的行号,例如 A1、B2 等。

(2)绝对引用是指公式或函数中所引用的单元格地址不会随着结果单元格的改变而改变。无论公式复制哪里,都将引用同一单元格,绝对引用要在行号和列标前加一个"$"符号。例如,用 A1 表示绝对引用。当复制含有该引用的单元格时,A1 是不会

改变的。

（3）混合引用是相对地址与绝对地址的混合使用。例如，"A＄1"中，"A（列号）"是相对引用，"＄1（行号）"是绝对引用。公式的相对引用部分随公式的复制而变化，绝对引用部分不随公式的复制而变化。

任务 10.3　使用函数

函数是按照特定的语法进行计算的一种表达式。使用函数进行计算，在简化公式的同时提高了工作效率。对于一些常用的公式或不宜编辑的公式，Excel 以函数的形式提供。在使用时，只要进行简单的参数设置，即可完成一系列复杂的运算，节省了用户复杂的公式编辑时间，也大大降低了普通用户使用的门槛。Excel 内置的函数包括财务函数、日期及时间函数、数学及三角函数、统计函数、文本函数、逻辑函数、信息函数、工程函数等。

（1）财务函数：使用财务函数，可以进行有关资金方面的常见商务计算。例如，可以使用 PMT 函数计算一项汽车贷款的每月还款金额（需要提供贷款数量、利息和贷款周期等参数）。

（2）日期及时间函数：这一类型的函数可以用来分析或操作公式中与日期和时间有关的值。例如，运行 TODAY 函数可以得到当前日期（根据系统时钟中存储的数据）。

（3）数学及三角函数：该类型包括很多种类的函数，可以用来进行数学和三角方面的计算。

（4）统计函数：这类函数可以对一定范围的数据进行统计学分析。例如，可以计算统计数据，如平均值、模数、标准偏差和方差等。

（5）文本函数：文本函数可以处理公式中的文本字符串。例如，可以使用 MID 函数抽出在某个字符位置上以某个字符开始的字符串。其他函数还可以改变文本的大小写（例如，改成大写格式）。

（6）逻辑函数：这个类型只有 6 个函数，可以测试某个条件（得出逻辑 True 或 False）。IF 函数十分有用，使用它可以进行简单判断。

（7）信息函数：这类函数可以帮助用户确定单元格中数据的类型。例如，如果单元格引用中包含文本，使用 ISTEXT 函数可以得出 True；还可以使用 ISBLANK 函数确定单元格是否为空；使用 CELL 函数可以得到某个具体的单元格中大量存在的有用信息。

（8）工程函数：这类函数被证明在工程应用程序中十分有用。可以用这类函数处理复杂的数字，并且在不同的记数体系和测量体系中转换。

函数使用称为参数的特定数值，按照称为语法的特定顺序进行计算。例如，SUM 函数对单元格或单元格区域执行相加运算，PTM 函数在给定的利率、贷款期限和本金数额的基础上计算偿还额。

参数可以是数字、文本、逻辑值、数组、错误值或者单元格引用。给定的参数必须能够产生有效的值。参数也可以是常量、公式或其他函数。

函数的语法以函数名称开始，后面分别是左圆括号、以逗号隔开的各个参数和右圆括号。如果函数以公式的形式出现,则在函数名称前面键入等号(=)。

本任务使用函数计算学生的总分、平均分、名次、最高分、最低分、各科平均分、优秀率、及格率等。

1. 计算学生成绩单中的总分、平均分

(1) 求总分

在任务 10.2 中,总分是用公式计算的,感觉有些麻烦,本任务中用函数来完成。求总分主要用 SUM 函数,其语法格式为 SUM(number1,number2,…)。此处,"number1,number2,…"为参与计算的单元格区域。因为 Excel 函数较多,熟练掌握难度很大,使用函数向导来输入函数。

① 选择要插入函数的单元格 J3,然后单击编辑栏上的"插入函数"按钮 f_x,打开如图 10-5 所示的"插入函数"对话框。

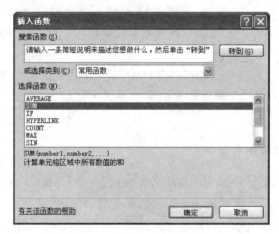

图 10-5 "插入函数"对话框

② 在"或选择类别"下拉列表框中选择要插入的函数类型"常用函数",然后从"选择函数"列表框中选择要使用的函数 SUM,最后单击"确定"按钮,打开如图 10-6 所示的"函数参数"对话框。

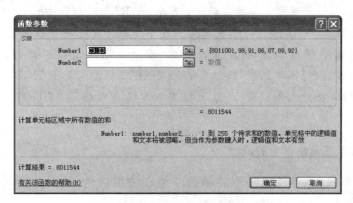

图 10-6 "函数参数"对话框

③ 在"函数参数"对话框中,单击文本框右侧的折叠按钮,该对话框将缩小,如图 10-7 所示。在工作表中选择 D3:I3 单元格区域作为函数参数。再次单击展开按钮，对话框恢复原来的大小。单击"确定"按钮,计算出第一个学生的总分。

图 10-7　"函数参数"对话框(缩小)

④ 选择 J3 单元格,并拖曳填充柄至 J43 的单元格处释放鼠标左键,利用填充柄完成公式的复制,计算出 J4:J43 单元格的总分。

提示：如果用户对某些常用函数及其语法比较熟悉,可以直接在单元格输入函数。以下操作均直接输入函数。

(2) 求平均分

求平均分用 AVERAGE 函数,其语法格式为 AVERAGE(number1,number2,…)。此处,"number1,number2,…"为参与计算的单元格区域。例如,AVERAGE(F2:F50)是求 F2:F50 区域内数字的平均值。

在 K3 单元格中输入"＝AVERAGE(D3:I3)",并拖曳该单元格右下角的填充柄至 K43 的单元格释放鼠标左键,利用填充柄完成公式的复制,计算出 K4:K43 单元格的平均分。

2. 计算学生成绩单中名次

计算学生名次要用 RANK 函数,其语法格式为：RANK(Number,Ref,Order)。其中,Number 为参与计算的数字或含有数字的单元格,Ref 是对参与计算的数字单元格区域的绝对引用,Order 是用来说明排序方式的数字(如果 Order 为零或省略,则以降序方式给出结果,反之按升序方式)。

在 L3 单元格中输入"＝RANK(J3,＄J＄3:＄J＄43,0)",并拖曳该单元格右下角的填充柄至 L43 的单元格释放鼠标左键,利用填充柄完成公式的复制,计算出 L4:L43 单元格的名次。

提示：在计算的过程中需要注意两点：首先,当 RANK 函数中的 Number 不是一个数时,其返回值为"＃VALUE!",影响美观。另外,Excel 有时将空白单元格当成是数值 0 处理,造成所有成绩空缺者都是最后一名,看上去很不舒服。此时,可将公式"＝RANK(J3,＄J＄3:＄J＄43,0)"改为"＝IF(ISNUMBER(J3),RANK(J3,＄J＄3:＄J＄43,0),"")",其含义是先判断 J3 单元格里面有没有数值,如果有则计算名次,没有则空白。

3. 突出显示不及格学生的成绩

使用条件格式,将各科成绩不及格的学生成绩用红色、加粗并倾斜显示,效果如图 10-8 所示。

	A	B	C	D	E	F	G	H	I	J	K	L
1	2009-2010第一学期计算机网络技术三年制成绩表											
2	序号	学生姓名	学号	大学英语	计算机专业英语	C程序设计基础	单片机与接口技术	企业实践2	网络组建与互联	总分	平均分	名次
3	1	任虹	8011001	98	91	86	87	89	92	543	91	1
4	2	冯晓旭	8011002	91	81	88	82	95	85	522	87	6
5	3	景玉红	8011003	93	88	88	79	91	87	526	88	4
6	4	黄旭	8011004	91	89	87	91	95	88	541	90	2
7	5	宗艳雪	8011005	92	91	87	87	95	89	541	90	2
8	6	李明刚	8011006	93	84	81	80	88	76	502	84	9
9	7	徐继祥	8011007	*58*	60	67	60	67	62	374	62	33
10	8	孙建伟	8011008	63	60	67	60	*54*	60	364	61	38
11	9	姜洪朝	8011009	60	63	63	60	75	*59*	380	63	31
12	10	陈安宁	8011010	63	63	64	60	66	60	376	63	32
13	11	孟宪平	8011011	69	84	71	61	86	66	437	73	16
14	12	宝音巴特	8011012	*57*	62	66	60	64	60	369	62	35
15	13	于欣瑞	8011014	67	61	60	60	65	60	373	62	34
16	14	王磊	8011016	*59*	*41*	66	60	72	60	358	60	41
17	15	于飞	8011017	67	60	66	60	72	60	385	64	28

图 10-8　不及格学生成绩突出显示效果

4. 制作统计成绩表格

在该工作表中，从 A45 单元格开始制作如图 10-9 所示的成绩统计表格。

	A	B	C	D	E	F	G	H	I	J	K	L
42	40	张信圆	8011045	77	69	65	61	77	60	409	68	23
43	41	张超	8011046	66	*45*	66	60	64	60	361	60	39
44												
45	各科平平均分											
46	各科优秀率											
47	各科及格率											
48	各科第一名成绩											
49	各科第二名成绩											
50	各科倒数第一名成绩											
51	各科倒数第二名成绩											
52	各分数段人数	0-59										
53		60-69										
54		70-79										
55		80-89										
56		90-100										
57												

图 10-9　成绩统计表格

5. 计算学生成绩单中的各科平均分、优秀率、及格率

(1) 计算各科平均分

在 D45 单元格中输入“＝AVERAGE(D3:D43)”，并拖曳该单元格右下角的填充柄至 I45 单元格，释放鼠标左键，计算出各科平均分。

(2) 计算优秀率

设置 D46 单元格式为数字百分数格式，小数位数为 0。在 D46 单元格中输入“＝COUNTIF(D3:D43,"＞＝80")/COUNTA(D3:D43)”，并拖曳该单元格右下角的填充柄至 I46 单元格，释放鼠标左键，计算出各科的优秀率。

提示：优秀率即一个班级中某一科成绩大于等于 80 分的人数比例，用成绩大于等于 80 分的人数除以考试总人数求得。

(3) 计算及格率

设置 D47 单元格式为数字百分数格式，小数位数为 0。在 D47 单元格中输入

"=COUNTIF(D3:D43,">=60")/COUNTA(D3:D43)",并拖曳该单元格右下角的填充柄至 I47 单元格,释放鼠标左键,计算出各科的及格率。

提示:及格率即一个班级中某一科成绩大于等于 60 分的人数比例,用成绩大于等于 60 分的人数除以考试总人数。

6. 计算各科成绩前两名、后两名的分数

(1) 计算各科最高分和最低分

求最高分、最低分用 MAX 和 MIN 函数,语法格式分别为 MAX(Ref)和 MIN(Ref)。

在 D48 单元格中输入"=MAX(D3:D43)",并拖曳该单元格右下角的填充柄至 I48 单元格,释放鼠标左键,计算每科第一名的成绩。

在 D50 单元格中输入"=MIN(D3:D43)",并拖曳该单元格右下角的填充柄至 I50 单元格,释放鼠标左键,计算每科最后一名的成绩。

(2) 计算各科第二名和倒数第二名的分数

用 LARGE 和 SMALL 函数可以求其他名次的学生。其语法格式为 LARGE(array,k),含义是返回数组中的第 k 个最大值;SMALL(array,k)的含义是返回数组中的第 k 个最小值。

在 D49 单元格中输入"=LARGE(D3:D43,2)",并拖曳该单元格右下角的填充柄至 I49 单元格,释放鼠标左键,计算每科第二名的成绩。

在 D51 单元格中输入"=SMALL(D3:D43,2)"并拖曳该单元格右下角的填充柄至 I51 单元格,释放鼠标左键,计算每科第二名的成绩。

7. 统计各科成绩的各分数段的人数。

在 D52 单元格中输入"=COUNTIF(D3:D43,"<60")",并拖曳该单元格右下角的填充柄至 I52 单元格,释放鼠标左键,计算每科"0～59"分数段的人数。

在 D53 单元格中输入"=COUNTIF(D3:D43,">=60")−COUNTIF(D3:D43,">=70")",并拖曳该单元格右下角的填充柄至 I53 单元格,释放鼠标左键,计算每科 60～69 分数段的人数。同理,计算其他分数段的人数,最后的统计结果如图 10-10 所示。

	A	B	C	D	E	F	G	H	I	J	K
41	39	刘俊芝	8011044	76	62	68	66	77	60	409	68
42	40	张信国	8011045	77	69	65	61	77	60	409	68
43	41	张超	8011046	66	45	66	60	64	60	361	60
44											
45		各科平均分		74	69	72	68	80	68		
46		各科优秀率		32%	24%	29%	22%	49%	20%		
47		各科及格率		90%	90%	100%	100%	98%	95%		
48		各科第一名成绩		98	91	88	91	97	92		
49		各科第二名成绩		93	91	88	91	97	89		
50		各科倒数第一名成绩		56	41	60	60	54	58		
51		各科倒数第二名成绩		57	43	60	60	63	59		
52	各分数段人数	0-59		4	4	0	0	1	2		
53		60-69		14	18	24	28	9	24		
54		70-79		10	9	5	4	11	7		
55		80-89		7	8	12	9	10	7		
56		90-100		5	1	0	2	10	0		
57											

图 10-10　成绩统计结果

8. 设置数据有效性

设置工作表中"各科成绩"的有效性条件为"整数且取值范围为 0～100"。

选中 D3：L3 数据区域，然后单击"数据"→"数据工具"→"数据有效性"按钮，在弹出的下拉菜单中选择"数据有效性"命令，在打开的"数据有效性"对话框中按图 10-11 所示进行设置。设置数据有效性后，当输入数据超出取值范围时，会弹出如图 10-12 所示的提示。

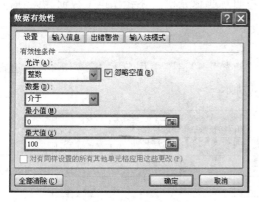

图 10-11　输入限制条件

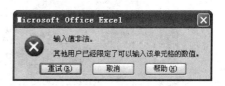

图 10-12　输入非法值后弹出的对话框

9. 显示警告信息

在上面的例子中，在设置完成"各科成绩"的"数据有效性"对话框中的"输入信息"选项卡后，可继续设置"出错警告"选项卡，具体操作如下：单击"出错警告"选项卡，选中"输入无效数据时显示出错警告"复选框，按图 10-13 所示进行设置。这样，输入无效的信息时，将出现"输入错误警告"对话框，如图 10-14 所示。

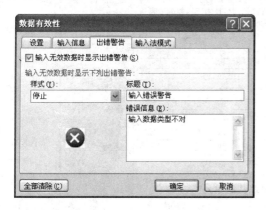

图 10-13　输入要显示的错误信息

图 10-14　"输入错误警告"对话框

10. 更改工作表标签颜色

最后设置工作表标签。右键单击 Sheet1 工作表标签,在弹出的下拉菜单中选择"工作表标签颜色"右三角按钮,在弹出的下拉菜单中设置自己喜爱的颜色。

11. 使用公式审核

使用"公式审核"组中提供的工具,可以检查工作表公式与单元格之间的相互关系,并指定错误。在使用审核工具时,追踪箭头将指明哪些单元格为公式提供了数据,哪些单元格包含相关的公式。

(1) 追踪引用单元格

选中 J6 单元格,然后单击"公式"→"公式审核"→"追踪引用单元格"按钮 ,用追踪线连接活动单元格与有关单元格,如图 10-15 所示。

	A	B	C	D	E	F	G	H	I	J	K	L
1	2009-2010第一学期计算机网络技术三年制成绩表											
2	序号	学生姓名	学号	大学英语	计算机专业英语	C程序设计基础	单片机与接口技术	企业实践2	网络组建与互联	总分	平均分	名次
3	1	任虹	8011001	98	91	86	87	89	92	543	91	1
4	2	冯晓旭	8011002	91	81	88	82	95	85	522	87	6
5	3	景玉红	8011003	93	88	88	79	91	87	526	88	4
6	4	黄旭	8011004	91	89	87	91	95	8	541	90	2
7	5	宗艳雪	8011005	92	91	87	87	95	89	541	90	2
8	6	李明刚	8011006	93	84	81	80	88	76	502	84	9
9	7	徐继祥	8011007	58	60	67	60	67	62	374	62	33
10	8	孙建伟	8011008	63	60	67	60	54	60	364	61	38

图 10-15 追踪引用单元格

(2) 追踪从属单元格

选中 J6 单元格,然后单击"公式"→"公式审核"→"追踪从属单元格"按钮 ,因为该单元格被公式引用,所以出现指向该公式单元格的连接箭头,如图 10-16 所示。

	A	B	C	D	E	F	G	H	I	J	K	L
1	2009-2010第一学期计算机网络技术三年制成绩表											
2	序号	学生姓名	学号	大学英语	计算机专业英语	C程序设计基础	单片机与接口技术	企业实践2	网络组建与互联	总分	平均分	名次
3	1	任虹	8011001	98	91	86	87	89	92	543	91	1
4	2	冯晓旭	8011002	91	81	88	82	95	85	522	87	6
5	3	景玉红	8011003	93	88	88	79	91	87	526	88	4
6	4	黄旭	8011004	91	89	87	91	95	8	541	90	2
7	5	宗艳雪	8011005	92	91	87	87	95	89		90	2
8	6	李明刚	8011006	93	84	81	80	88	76		84	9
9	7	徐继祥	8011007	58	60	67	60	67	62		62	33
10	8	孙建伟	8011008	63	60	67	60	54	60		61	38
11	9	姜洪朝	8011009	60	63	63	60	75	59			31
12	10	陈安宁	8011010	63	63	64	60	66	60			32
13	11	孟宪平	8011011	69	84	71	61	86	66	4		16
14	12	宝音巴特	8011012	57	62	66	60	64	60	36		35
15	13	于欣瑞	8011014	67	60	60	60	65	60	37		34

图 10-16 追踪从属单元格

(3) 错误检查

如果工作表中含有错误值,为了追踪出错误的单元格,可以用"错误检查"来查出错误的原因并解决。选中认为出错的单元格 J7,然后单击"公式"→"公式审核"→"错误检查"

按钮 ,打开"错误检查"对话框,如图 10-17 所示,其中将显示单元格公式或函数的错误提示。单击"关于此错误的帮助"按钮,了解此错误的帮助信息;单击"显示计算步骤"按钮,显示此公式的详细计算步骤;单击"上一个"按钮或"下一个"按钮,可以快速查找工作表中其他错误的公式。

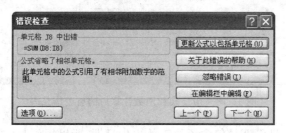

图 10-17　"错误检查"对话框

技能链接——公式产生错误的原因及解决方法

当某单元格的公式无法正确计算时,Excel 将在此单元格中显示一个错误值。公式产生错误的原因一般包括以下几种情况。

(1) ＃＃＃＃:公式算出的结果长度超过了单元格的宽度。解决的方法是适当增加列宽。

(2) DIV/0!:除数为 0。在公式中,除数使用了指向空白单元格或者包含零值的单元格引用。解决的方法是修改单元格的引用,或者在用作除数的单元格中输入不为零的值。

(3) ＃/A:在函数和公式中没有可用的数值可以引用。解决的方法是检查公式中引用的单元格的数据,并正确输入。

(4) ＃NAME:删除了公式中使用的名称,或者使用了不存在的名称以及拼写错误。解决的方法是确认使用的名称确实存在。

(5) NULL:使用了不正确的区域运算或者不正确的单元格引用。解决的方法是如果引用两个不相交的区域,请使用联合运算符(逗号)。

(6) NUM:在需要数字参数的函数中使用了不能接受的参数,或者是公式产生的数字太大或太小,Excel 不能表示。解决的方法是检查数字是否超出限定区域,函数内的参数是否正确。

(7) ＃REF:引用了无效单元格,如该单元被删除时,出现这种错误。解决的方法是检查引用的单元格是否被删除。

(8) ＃VALU:需要数字或逻辑值时输入了文本,Excel 不能将文本转换为正确的数据类型。解决的方法是确认公式、函数所需的运算符或参数正确,并且公式引用的单元格中包含有效数值。

项目拓展：员工信息表中嵌套函数

在项目 9 中,员工信息表中的出生日期、性别、年龄、工龄、目前状况是直接录入的。学习了函数和公式后,可以用函数和公式计算出员工的这些基本信息,结果如图 10-18 所示。

大宇公司员工基本信息

序号	部门	姓名	参加工作时间	工资	学历	身份证号	出生日期	性别	年龄	工龄	目前状况
001	员工食堂	李红	1959-7-8	800元	初中	220302193910020247	1939/10/02	女	**71**	51	退休
002	营业部	张锦绣	1996-7-16	1500元	硕士	220102196607161820	1966/07/16	女	44	14	在岗
003	营业部	童强	1962-12-7	1200元	高中	220105194408082235	1944/08/08	男	**66**	47	退休
004	营业部	高琳	1977-9-1	3000元	研究生	201220196507038325	1965/07/03	女	45	33	在岗
005	营业部	胡海涛	1998-10-1	1200元	本科	110103196803088657	1968/03/08	男	42	12	在岗
006	研发部	钱跃	1995-9-1	1000元	本科	110108197611028921	1976/11/02	女	34	15	在岗
007	研发部	瞿艳辉	1999-9-1	1000元	本科	110106197207036721	1972/07/03	女	38	11	在岗
008	研发部	钱立	1993-1-6	2000元	研究生	110109197210168932	1972/10/16	男	38	17	在岗
009	研发部	杨宝春	1971-2-1	1000元	研究生	110202198010188952	1980/10/18	男	30	39	在岗
010	研发部	陶春光	1995-10-9	1000元	本科	110106197207036721	1972/07/03	女	38	15	在岗

员工基本信息 Sheet2 Sheet3

图 10-18　用公式和函数计算后的员工信息表

(1) 由于员工作身份证号包含了员工的出生日期，所以用函数 MID 将出生日期提取出来。选中 H3 单元格，然后输入“＝MID(G3,7,4)&"/"&MID(G3,11,2)&"/"&MID(G3,13,2)”，计算出第一个人的“出生日期”；拖曳该单元格右下角的填充柄至 H33 单元格释放鼠标左键，计算出每个人的出生日期。

技能链接——MID 函数

MID 函数用于从数据中间提取字符，它的格式是：Mid(text,start_num,num_chars)。

其中，text 是包含要提取字符的文本字符串或单元格地址。

start_num 是文本中要提取的第一个字符的位置。文本中第一个字符的 start_num 为 1，以此类推。

num_chars 指定希望 MID 从文本中提取字符的个数。

“&”是文本连接符，作用是将提取的“年”、“月”、“日”信息合并到一起，“/”是在提取出的“年”、“月”、“日”之间添加一个上斜杠标记。

(2) 选中 I3 单元格，然后输入“＝IF(MID(G3,17,1)/2＝INT(MID(G3,17,1)/2),"女","男")”，确认后，立即计算出第一个人的“性别”；拖曳该单元格右下角的填充柄至 I33 单元格释放鼠标左键，计算出每个人的性别。

提示：每个人的性别可以利用身份证号码来判断。18 位身份证号的第 17 位数字表征性别，15 位身份证号的第 15 位表征性别，奇数为男性，偶数为女性。

在 Excel 中，可以用这样的方法判断奇偶数：先用这个数除以 2，看它等不等于这个数除以 2 后再取整。若相等，则为偶数，否则为奇数。

(3) 选中 J3 单元格，然后输入“＝YEAR(TODAY())－MID(G3,7,4)”，确认后，立即算出第一个人的年龄；拖曳该单元格右下角的填充柄至 J33 单元格释放鼠标左键，计算出每个人的年龄。

(4) 选中 K3 单元格，然后输入“＝((TODAY())－D3)/365”，确认后，立即算出第一个人的工龄；拖曳该单元格右下角的填充柄至 K33 单元格释放鼠标左键，计算出每个人的工龄。

(5) 选中 L3 单元格，然后输入“＝IF(OR(AND(I3＝"女",J3>55),AND(I3＝"男",

J3＞60)),"退休","在岗")",确认后。立即算出第一个人的目前状况。拖曳该单元格右下角的填充柄至 L33 单元格释放鼠标左键,计算出每个人的目前状况。

(6)至此,员工信息表中的出生日期、性别、年龄、工龄、目前状况利用公式和函数计算完成,保存、退出。

 技能链接——嵌套函数

在某些情况下,需要将某函数作为另一个函数的参数使用,称之为嵌套函数。Excel 2010 允许使用嵌套函数,且最多可嵌套 7 层。

项目小结

本项目完成了"学生成绩单"的分析,介绍了 Excel 2010 中公式和函数的使用方法和技巧,以及应用嵌套函数的相关知识,帮助用户实现了复杂数据的轻松处理,以提高电子表格的利用效率。

课后练习：数据计算

1. 利用公式和函数计算在职员工培训成绩的相关项目(见图 10-19)。

在职员工培训成绩表

员工编号	姓名	Excel应用	电子商务	市场营销	商务英语	总分	平均分	等级	备注
1101	赵艳同	74	98	90	80	342	85.50	优	
1102	阴玉智	76	89	71	64	300	75.00	良	
1103	赵成一	85	80	71	85	321	80.25	优	
1104	王有商	79	74	83	77	313	78.25	良	
1105	贾晨龙	85	92	68	73	318	79.50	良	
1106	五腾飞	77	70	87	65	299	74.75	良	
1107	邵明玉	77	85	78	85	325	81.25	优	
1108	张壮	79	65	68	67	279	69.75	及格	
1109	魏鹏伟	71	68	76	77	292	73.00	良	
1110	王小远	87	71	76	67	301	75.25	良	
1111	王力群	59	48	59	73	239	59.75	不及格	补考
1112	刘力昌	55	56	58	60	229	57.25	不及格	补考
1113	金玉龙	58	51	77	37	223	55.75	不及格	补考
1114	曲威娜	71	73	66	64	274	68.50	及格	
1115	李海波	76	89	78	50	293	73.25	良	
1116	李良传	80	92	61	60	293	73.25	良	
1117	李帅伟	64	90	73	60	287	71.75	良	
1118	张雯	73	74	64	80	291	72.75	良	
总人数	优	及格	不及格						
18	3	2	3						

图 10-19　在职员工培训成绩表

(1)启动 Excel 2010,打开"项目 10/在职员工培训成绩/员工培训成绩单.xlsx"文件。

(2)选择 H4 单元格,插入求和函数 SUM,计算"总分"。利用填充柄完成公式的复制,并计算出 H5:H21 单元格区域的"总分"。

(3)选择 I4 单元格,插入求平均值函数 AVDRAGE,计算"平均分"。利用填充柄完成公式的复制,并计算出 I5:I21 单元格区域的"平均分"。

(4) 选择 J4 单元格,编辑 IF 函数,条件是"平均分≥＝80"为"优秀","平均分＞＝70"为"良","平均分≥＝60"为"及格",反之为"不及格",自动判断每个人的"等级"。利用填充柄完成公式的复制,并判断出 I5:I21 单元格区域的"等级"。

(5) 选择 H4 单元格,编辑 IF 函数,条件是"总分<240"为"补考",反之不用填写,自动判断每个人的"备注"状态。利用填充柄完成公式的复制,并判断出 H5:H21 单元格区域的"备注"数据。

(6) 选择 A24 单元格,插入 COUNT 函数,计算"总人数"。

(7) 选择 B24 单元格,插入 COUNTIF 函数,计算等级为"优"的人数。

(8) 选择 C24 单元格,插入 COUNTIF 函数,计算等级为"良"的人数。

(9) 选择 D24 单元格,插入 COUNTIF 函数,计算等级为"及格"的人数。

(10) 选择 E24 单元格,插入 COUNTIF 函数,计算等级为"不及格"的人数。

(11) 保存、退出。

2. 制作"学期学生操作量化考勤记录表"(见图 10-20)。

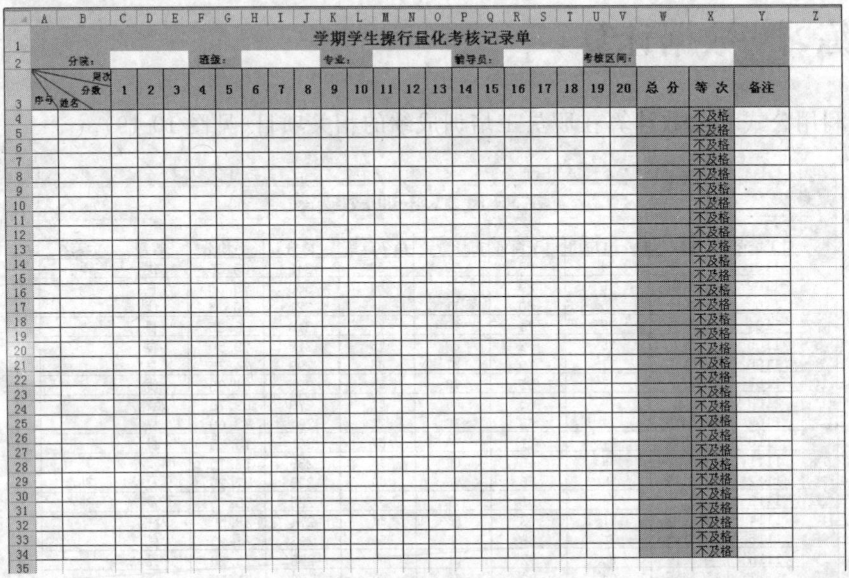

图 10-20　量化考勤记录表

(1) 启动 Excel 2010,新建"学期学生量化考勤表.xlsx"。

(2) 按图 10-20 所示制作表格。

(3) 单击 W4 单元格,插入 SUM 函数,计算第一个学生 1~20 周的总分。利用填充柄完成公式的复制,计算最后一个学生的总分。

(4) 单击 X4 单元格,插入 IF 函数,计算第一个学生的等级。利用填充柄完成公式的复制,计算最后一个学生的等级。

提示:总分大于等于 85 为优秀,总分大于等于 75 而小于 85 为良好,总分大于等于 60 而小于 75 为及格,小于 60 为不及格。

（5）将表格中填充浅蓝色底纹的单元格全部锁定,其余单元格不锁定。保护工作表,使浅蓝色底纹的单元格不可编辑,其余单元格可编辑,密码为"123"。

3. 生成学生学业成绩报告表。

4. 用公式及函数计算学生学业成绩报告表中的总评成绩、学分、绩点,结果如图 10-21 所示。

学 生 学 业 成 绩 报 告 表
2011—2012学年下学期

班级编号		110101		课程名称		程序设计	
专　　业		计算机应用技术		班 主 任		王平	
考核类别		考试(√)考查( )		任课教师		李静	
学生编号	姓　名	平时成绩	期末成绩	总评成绩	学　分	绩　点	备　注
11010101	张学仁	97	93	94.6	4	4.5	
11010102	张建新	80	69	73.4	4	2.3	
11010103	迟禄滨	85	67	74.2	4	2.4	
11010104	季关德	88	73	79.0	4	2.9	
11010105	沈俊武	53	64	59.6		0.0	
11010106	李阳仁	91	76	82.0	4	3.2	
11010107	阮子宏	86	80	82.4	4	3.2	
11010108	阮力祥	93	78	84.0	4	3.4	
11010109	邓火生	94	88	90.4	4	4.0	
11010110	邓居秋	87	82	84.0	4	3.4	
11010111	肖三官	68	84	77.6	4	2.8	
11010112	闫发	44	78	64.4	4	1.4	
11010113	闫成兴	60	79	71.4	4	2.1	
11010114	李国华	67	91	81.4	4	3.1	
11010115	杨明文	78	86	82.8	4	3.3	
11010116	周叔兰	62	88	77.6	4	2.8	
11010117	刘仁海	60	68	64.8	4	1.5	
11010122	王省三	56	75	67.4	4	1.7	
11010123	龚东富	44	68	58.4		0.0	
11010124	谭新球	44	56	51.2		0.0	
11010125	罗光华	92	90	90.8	4	4.1	
11010126	陈国瑞	93	88	90.0	4	4.0	
11010127	刘军礼	66	73	70.2	4	2.0	
总评分数段		90~100	80~90	70~79	60~69	60以下	
人　数		4	6	7	3	3	
比率（%）		17%	26%	30%	13%	13%	

任课	教研		教务科		年　月　日
教师	组长		科长		

图 10-21　学生学业成绩表

（1）启动 Excel 2010,打开"项目 10/学生学业成绩报告表/ 11 级 11 班学生学业成绩数据源.xlsx"文件。

（2）期末成绩计算：总评成绩＝平时×0.4＋期末×0.6。

（3）学分计算：总评成绩大于 60 分,取得 4 学分,否则无学分。

（4）绩点计算：总评成绩大于 60 分,绩点＝(总评成绩－50)/10,否则为 0。

（5）用统计函数统计各分数段的人数和比例。

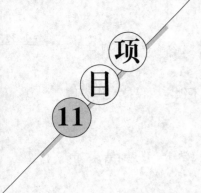

分析学生指法竞赛成绩
——数据处理操作

【项目背景】

在 Excel 2010 中,不仅可以利用公式和函数进行数据计算,还可利用其类似数据库的一些特点,如数据的组织、管理和处理等,实现数据的排序、筛选、分类汇总、统计和查询。面对包含成千上万条数据信息的表格,用户经常会无所适从,但利用 Excel 数据处理功能,可以使用户快速地查找、筛选、统计出所需信息,而且简单易用,提高了工作效率。

用户在掌握表格的创建和设计、公式和函数后,应当利用其数据处理功能,完成各种数据处理任务。本项目以分析图 11-1 所示的学生指法竞赛成绩为例,介绍 Excel 2010 的数据排序、筛选、分类汇总等功能。

学号	班级	姓名	组别	速度	准确率	成绩
			指法竞赛成绩统计表			
1	090102	吴洪波	1	102.96	98.40%	96.37
2	090102	吴健	2	137.6	96.58%	118.77
3	090102	夏民	2	104.8	98.52%	98.59
4	090102	邢福志	3	149.1	98.63%	140.92
5	090102	徐国彬	3	112.03	97.59%	101.23
6	090102	徐迦南	5	122.93	98.60%	116.04
7	090102	杨磊	4	104	97.28%	92.68
8	090102	姚鹏	1	75.73	95.54%	62.21
9	090102	殷培军	2	127.53	98.35%	119.11
10	090102	于浩	5	85.96	95.06%	68.97
11	090102	于鹤飞	4	155.06	98.93%	148.42
12	090102	于镇铭	3	86.33	97.62%	78.11
13	090102	曾凡瑶	2	101.66	98.16%	94.18

图 11-1　学生指法竞赛成绩

【项目分析】

本项目通过分析学生指法竞赛成绩,主要介绍 Excel 的数据处理功能。打开"指法竞赛成绩. xlsx",选择"统计成绩"工作表,然后进行数据的排序、筛选和分类汇等操作。数据处理完毕后,保存处理结果。

【项目实施】

本项目可以通过以下几个任务来完成：

任务 11.1　排序

任务 11.2　筛选

任务 11.3　分类汇总

任务 11.4　合并计算

任务 11.1　排序

工作表中的数据往往是没有规律的,但在进行数据处理时,经常需要按某种规律排列数据,使工作表条理清晰。本任务包括两种操作：按单个关键字排序和按多个关键字排序。

1. 按"成绩"由高到低排序（单列排序）

（1）打开"项目 11/学生指法成绩学生指法竞赛成绩. xlsx",表格内容如图 11-2 所示。

学号	班级	姓名	组别	速度	准确率	成绩
				技能竞赛成绩统计表		
1	090102	吴洪波	1	102.96	98.40%	96.37
2	090102	吴健	2	137.6	96.58%	118.77
3	090102	夏民	2	104.8	98.52%	98.59
4	090102	邢福志	3	149.1	98.63%	140.92
5	090102	徐国彬	3	112.03	97.59%	101.23
6	090102	徐迦南	5	122.93	98.60%	116.04
7	090102	杨磊	4	104	97.28%	92.68
8	090102	姚鹏	1	75.73	95.54%	62.21
9	090102	殷培军	5	127.53	98.35%	119.11
10	090102	于洁	5	85.96	95.06%	68.97
11	090102	于鹤飞	4	155.06	98.93%	148.42

图 11-2　技能竞赛成绩统计表

（2）将"成绩统计"工作表复制到 Sheet2 中,重命名为"成绩排序"。

（3）单击数据区域中的任一单元格,然后单击"数据"→"排序和筛选"→"排序"按钮,打开"排序"对话框。

（4）在"排序"对话框中,按图 11-3 所示设置各选项。

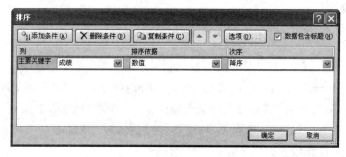

图 11-3　"排序"对话框

（5）单击"确定"按钮，排序结果如图 11-4 所示。

	A	B	C	D	E	F	G
1				技能竞赛成绩统计表			
3	学号	班级	姓名	组别	速度	准确率	成绩
4	16	090102	张铭东	5	174.93	99.26%	169.75
5	38	090102	赵香兰	3	162.06	98.28%	150.91
6	11	090102	于鹤飞	4	155.06	98.93%	148.42
7	35	090102	张旭	1	158.16	97.77%	144.05
8	4	090102	邢福志	3	149.1	98.63%	140.92
9	32	090102	张静	3	143.46	99.28%	139.32
10	17	090102	张新竹	4	140.43	98.27%	130.71
11	30	090102	尹珍丽	1	139.19	98.28%	129.61
12	29	090102	辛利贺	1	134.89	98.96%	128.66
13	31	090102	张驰	2	137.46	98.40%	128.66
14	14	090102	张贺		134.16	98.60%	126.64

统计成绩　成绩排序

图 11-4　按"成绩"列排序的结果

技能链接——使用"升序"和"降序"按钮进行单列排序

单击"数据"→"排序和筛选"面板组中的"升序"按钮或"降序"按钮，可以比较容易地实现单列数据的简单排序。其操作步骤如下：在要排序的列中单击选择任一数据单元格，然后根据排序要求，单击"数据"→"排序和筛选"面板组中的"升序"按钮或"降序"按钮，完成排序。

使用排序按钮排序时，最好不要选定该列数据，否则若操作不当，会造成工作表中数据的对应错误。

2. 按"成绩"和"准确率"两列数据排序（多列排序）

按照单列数据排序，有时该列会出现完全相同的数据，如图 11-4 所示的排序结果中，单元格 G12～G13 的成绩相同。为了进一步区分这些相同的数据，可以按多字段排序。在此，同时按"成绩"和"准确率"两项进行排序，操作步骤如下：

（1）选定需要排序的数据区域的任意单元格，然后单击"数据"→"排序和筛选"→"排序"按钮，打开"排序"对话框。

（2）在"排序"对话框中，在"列"、"排序依据"、"次序"下拉列表中分别选择"成绩"、"数值"、"降序"。

（3）单击"添加条件"按钮，在"列"、"排序依据"、"次序"下拉列表中分别选择"准确率"、"数值"、"降序"。

（4）单击"确定"按钮，排序结果如图 11-5 所示。

技能链接——排序选项

打开"排序"对话框后，单击"选项"按钮，将弹出"排序选项"对话框，如图 11-6 所示。在"排序选项"对话框中勾选"区分大小写"复选框，使排序时，字母区分大小写。如选择"按行/列排序"单选按钮，则按方向排序；选择"字母排序"，按拼音字母的顺序排序；选择"笔画排序"，按笔画数的多少排序。

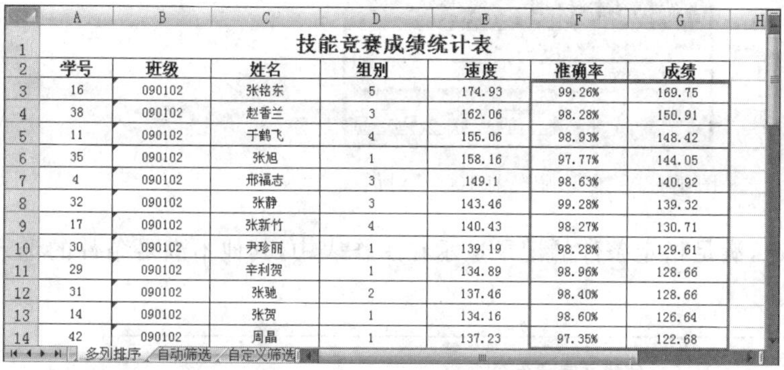

图 11-5　按"成绩"和"准确率"排序的结果

图 11-6　"排序选项"对话框

任务 11.2　筛选

筛选就是从数据清单中找出满足条件的数据记录,并将其单独显示出来;不符合条件的数据记录暂时隐藏,使用数据筛选可以快速显示数据行的数据,从而提高工作效率。Excel 提供了多种筛选数据的方法,包括自动筛选、高级筛选和自定义筛选。

1. 利用"自动筛选前 10 个"筛选指法"成绩"前五名的同学

自动筛选是指按单一条件进行的数据筛选,具体操作如下:

(1) 在"多列排序"工作表右侧插入新工作表,将"成绩统计"工作表复制到新工作表中,并重命名为"自动筛选"。

(2) 选中"自动筛选"工作表要筛选数据区域中的任意单元格,然后单击"数据"→"排序和筛选"→"筛选"按钮，系统在工作表的标题行中添加下拉式筛选按钮,如图 11-7 所示。

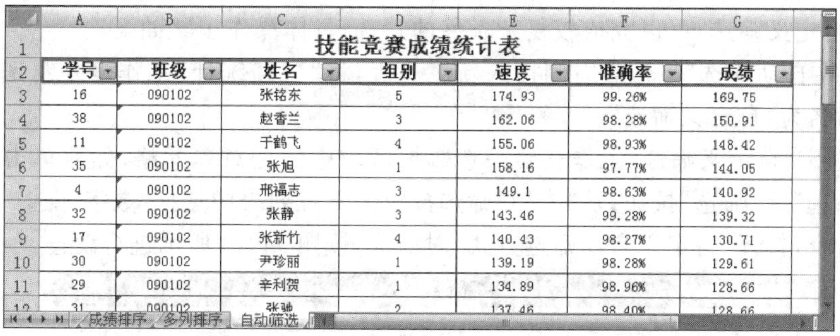

图 11-7　"自动筛选"窗口

(3) 从"成绩"筛选按钮的下拉列表中选择"数字筛选"→"十个最大值"命令,打开"自动筛选前 10 个"对话框,如图 11-8 所示。在"显示"中选择"最大",输入或通过增减按钮设置筛选记录的个数为 5。

图 11-8   "自动筛选前 10 个"对话框

（4）单击"确定"按钮，满足指定条件的记录显示在工作表中，其他不满足条件的记录被隐藏，如图 11-9 所示。

	A	B	C	D	E	F	G	H
1			技能竞赛成绩统计表					
2	学号	班级	姓名	组别	速度	准确率	成绩	
3	4	090102	邢福志	3	149.1	98.63%	140.92	
4	11	090102	于鹤飞	4	155.06	98.93%	148.42	
5	16	090102	张铭东	5	174.93	99.26%	169.75	
6	35	090102	张旭	1	158.16	97.77%	144.05	
7	38	090102	赵香兰	3	162.06	98.28%	150.91	

统计成绩 / 成绩排序 / 多列排序 / 自动筛选

图 11-9   成绩为前五名同学的筛选结果

（5）一次筛选后，可以在此基础上再次筛选。若要取消本次筛选结果，进行其他列的自动筛选，单击"数据"→"排序和筛选"→"清除"按钮即可。

（6）单击"数据"→"筛选"→"自动筛选"按钮，即可去掉列标题上的"自动筛选"按钮，显示原有记录。

技能链接——数字筛选

通过选择"自动筛选前 10 个"对话框中的"百分比"，可以筛选出某一列中前百分之几的记录。如筛选某一数值列的"最大的 20％的记录"，可分别选择或输入"最大"、"20"和"百分比"。

2. 利用"自定义筛选"筛选"成绩"在 60～80 分之间的同学

利用自定义筛选，可以完成较复杂条件的筛选，具体操作步骤如下。

（1）"在自动筛选"工作表右侧插入新工作表，将"成绩统计"工作表复制到新工作表中，并重命名为"自定义筛选"。

（2）选定"自定义筛选"工作表要筛选数据区域中的任意单元格，然后单击"数据"→"排序和筛选"→"筛选"按钮，从"成绩"筛选按钮的下拉列表中选择"数字筛选"→"自定义自动筛"命令，打开"自定义自动筛选方式"对话框，按图 11-10 所示进行设置。

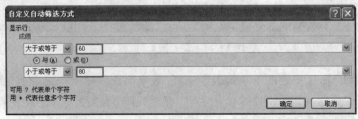

图 11-10   "自定义自动筛选方式"对话框

（3）单击"确定"按钮，满足指定条件的记录显示在工作表中，其他不满足条件的记录被隐藏，如图 11-11 所示。

	A	B	C	D	E	F	G
1			技能竞赛成绩统计表				
2	学号	班级	姓名	组别	速度	准确率	成绩
10	8	090102	姚鹏	1	75.73	95.54%	62.21
12	10	090102	于浩	5	85.96	95.06%	68.97
14	12	090102	于镇铭	3	86.33	97.62%	78.11
17	15	090102	张嘉鹏	5	90.63	95.13%	72.97
46							

成绩排序　多列排序　自动筛选　自定义筛选　高级

图 11-11 语文成绩在 60～80 分同学的筛选结果

（4）在"自定义筛选"工作表右侧插入新工作表，将筛选结果复制后粘贴在新工作表中，并重命名为"原始成绩"。然后，恢复"成绩统计"工作表数据。

3. 利用"高级筛选"筛选"成绩"大于等于"130"且"准确率"大于等于"98％"的同学

使用高级筛选，可以对工作表进行更复杂的筛选和查询操作。要完成高级筛选，必须先在工作表标题行插入一行作为条件区，并在条件区内输入高级筛选条件。操作步骤如下：

（1）"在自定义筛选"工作表右侧插入新工作表，并将"成绩统计"工作表复制到新工作表中，重命名为"高级筛选"。

（2）在"高级筛选"工作表标题行（第 2 行）下插入一行作为条件区，并在条件区内的单元格中填写筛选条件"成绩＞＝90，准确率＞＝98％"，如图 11-12 所示。

	A	B	C	D	E	F	G	H
1			技能竞赛成绩统计表					
2	学号	班级	姓名	组别	速度	准确率	成绩	
3						>=98%	>=130	
4	1	090102	吴洪波	1	102.96	98.40%	96.37	
5	2	090102	吴健	2	137.6	96.58%	118.77	
6	3	090102	夏民	2	104.8	98.52%	98.59	
7	4	090102	邢福志	3	149.1	98.63%	140.92	
8	5	090102	徐国彬	3	112.03	97.59%	101.23	
		090102			122.93	98.60%	116.04	

多列排序　自动筛选　自定义筛选　高级筛选　Sheet2　Sheet3

图 11-12 填写筛选条件

（3）选定需要高级筛选的数据区域内的任意单元格，然后单击"数据"→"排序和筛选"→"高级"按钮，打开"高级筛选"对话框。

（4）在"高级筛选"对话框中，在"列表区域"中选定筛选的数据区域 A2:G46（要包含标题行），在"条件区域"中选定条件的单元格区域 A2:G3，如图 11-13 所示。

（5）单击"确定"按钮，则满足高级筛选条件的记录显示在工作表中，其他未满足条件的记录自动隐藏。筛选结果如图 11-14 所示。

提示：在"高级筛选"对话框中，如果选取了"选择不重

图 11-13 "高级筛选"对话框

	A	B	C	D	E	F	G	H
1	技能竞赛成绩统计表							
2	学号	班级	姓名	组别	速度	准确率	成绩	
7	4	090102	邢福志	3	149.1	98.63%	140.92	
14	11	090102	干鹤飞	4	155.06	98.93%	148.42	
19	16	090102	张铭东	5	174.93	99.26%	169.75	
20	17	090102	张新竹	4	140.43	98.27%	130.71	
35	32	090102	张静	3	143.46	99.28%	139.32	
41	38	090102	赵香兰	3	162.06	98.28%	150.91	
47								

成绩排序　多列排序　自动筛选　自定义筛选　高级筛选　分类汇

图 11-14　"成绩"大于等于"130"且"准确率"大于等于"98％"的同学筛选结果

复的记录"复选框,则"方式"应选择"将筛选结果复制到其他位置"。

技能链接——高级筛选条件

高级筛选的成败关键就是输入查询的条件,一定要注意三点:第一,查询条件标题名称与数据标题一致,条件区域内不必包含数据清单中所有的字段名,条件区域的字段名下面至少有一行用来定义搜索条件。第二,设置复杂多条件筛选时,多个条件一行是"与"的关系,必须同时满足才能筛选出结果。若多个条件在多行是"或"的关系,只要满足一行的条件就可以筛选出结果。第三,进行高级筛选时,数据清单必须有列标题,"条件区域"在数据清单的上、下、左、右均可,但与数据清单之间至少应有一个空行(列)。筛选结果可在原清单上显示,也可将筛选结果复制到其他位置。

任务 11.3　分类汇总

分类汇总是指根据指定的类别,将数据以指定的方式进行统计,这样可以快速地将大型表格中的数据进行汇总分析,以获取想要的统计数据。

1. 用"分类汇总"统计各小组指法竞赛成绩平均分

(1) 在"高级筛选"工作表右侧插入新工作表,将"成绩统计"工作表复制到新工作表中,并重命名为"分类汇总"。

图 11-15　"分类汇总"对话框

(2) 选定"分类汇总"工作表中需要进行分类汇总的数据列"组别"中的任意单元格,单击"数据"→"排序和筛选"→"升序"按钮,对该列数据排序(降序也可)。

(3) 选定准备进行分类汇总的数据区域内的任一单元格,然后单击"数据"→"分级显示"→"分类汇总"按钮,打开"分类汇总"对话框。

(4) 在"分类汇总"对话框中,在"分类字段"列表框中选择要进行分类汇总的分类字段"组别"。在"汇总方式"列表框中,选择用来计算分类汇总的函数"平均值"。在"选定汇总项"列表框中,选择需要分类汇总的数据列"成绩"和"准确率",如图 11-15 所示。

（5）单击"确定"按钮,完成分类汇总操作;单击分类汇总页面左上角的级别符号"2",显示第二级结果,结果如图 11-16 所示。

学号	班级	姓名	组别	速度	准确率	成绩
			1 平均值		97.53%	110.06
			2 平均值		98.00%	108.31
			3 平均值		97.74%	106.56
			4 平均值		97.48%	107.32
			5 平均值		97.17%	104.62
			总计平均值		97.62%	107.59

图 11-16　分类汇总结果

技能链接——按分类汇总中的"分类字段"排序

分类汇总之前需要将准备分类汇总的数据按"分类字段"排序,从而使相同关键字的行排列在相邻中,有利于分类汇总的操作。

2. 汇总结果的显示与调整

分类汇总表具有分级显示分类汇总结果的功能,共分三级。

（1）第三级显示全部原始数据、分类汇总结果和总的汇总结果。

（2）第二级只显示分类汇总结果和汇总的总计结果。

（3）第一级只显示全部数据的总计结果。单击图 11-17 中分类汇总页面左上角的级别符号"1",将显示第一级结果,如图 11-17 所示。

学号	班级	姓名	组别	速度	准确率	成绩
			总计平均值		97.62%	107.59

图 11-17　分类汇总结果第一级显示

如果要分级查看分类汇总表中的明细数据或汇总结果,只需单击对应的级别符号按钮即可;并通过分级下方的显示明细数据符号按钮"＋"和隐藏显示数据符号按钮"－",决定是否显示明细数据。

3. 保存并关闭工作簿

保存并关闭工作簿后,统计"指法成绩"的任务完成。

任务 11.4　合并计算

合并计算是把来自一个或多个源区域的数据进行汇总,并建立合并计算表。源区域和合并计算表(目标区域)可以在同一个工作表中,也可以在不同的工作表中。Excel 提供了两种合并计算数据的方法,一是通过位置(适用于源区域有相同位置的数据汇总);二是通过分类(适用于源区域没有相同布局的数据汇总)。

1. 按位置合并计算

如果所有源区域中的数据按同样的顺序和位置排列,则通过位置合并计算。例如,如果用户的销售数据来自同一模板创建的一系列工作表,则通过位置合并计算。在本例中,"销售一部"和"销售二部"的销售数据放在一个工作表中,要统计光大公司 2010 年二季度销售总量,具体操作如下:

(1)打开"项目 11/大公司销售报表. xlsx"文件,然后单击 Sheet1 工作表,如图 11-18 所示。

	A	B	C	D	E	F
1	光大公司2010年二季度销售量（吨）					
2	销售部门	地区	水呢	石灰	红砖	沙子
3	销售一部	东北	106	82	60	94
4		华北	94	74	62	86
5		华东	76	77	75	85
6		西北	89	74	61	91
7	销售二部	东北	300	80	98	98
8		华北	85	88	89	120
9		华东	90	98	90	100
10		西北	80	85	110	98

图 11-18　按位置合并计算

(2)在 Sheet1 工作表中,先选定目标区域,即单击图 11-18 所示电子表格中的 B13 单元格。

(3)单击"数据"→"数据工具"→"合并计算"按钮,打开"合并计算"对话框,如图 11-19 所示。在函数列表框中确定汇总的方法。本例中选择"求和"。

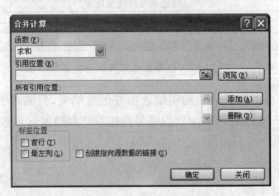

图 11-19　"合并计算"对话框

(4)在"引用位置"框中指定要加入的合并计算源区域。单击"引用位置"框右侧的"折叠按对话"按钮,再选取合并区域,即电子表格"光大公司 2010 年二季度销售总量"的 C4:F11 单元格区域,如图 11-20 所示。

(5)在"标签位置"选项组中,选中指示标签在源区域中位置的复选框。本例选中"首行"、"最左列"。单击"确定"按钮,将两个区域的数据合并到一起,结果如图 11-21 所示。

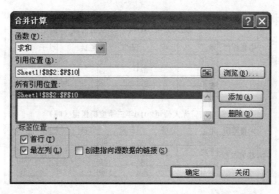

图 11-20　单元格引用出现在"合并计算"对话框中的"引用位置"框中

	A	B	C	D	E	F
1			光大公司2010年二季度销售量（吨）			
2	销售部门	地区	水呢	石灰	红砖	沙子
3		东北	106	82	60	94
4	销售一部	华北	94	74	62	86
5		华东	76	77	75	85
6		西北	89	74	61	91
7		东北	300	80	98	90
8	销售二部	华北	85	88	89	120
9		华东	90	98	90	100
10		西北	80	85	110	98
11						
12						
13			水呢	石灰	红砖	沙子
14		东北	406	162	158	192
15		华北	179	162	151	206
16		华东	166	175	165	185
17		西北	169	159	171	189

图 11-21　合并计算的结果

技能链接——合并计算中的非数值计算

合并计算的对象是数值，因此，选定区域中的非数值单元格的合并计算结果为"空"。

2. 按分类合并计算

当源区域包含相似的数据，却以不同的方式排序时，可以通过分类来合并数据。在本例中，"销售一部"和"销售二部"第三季度的销售数据放在一个工作表中，要统计光大公司 2010 年三季度销售总量，具体操作如下：

（1）打开"项目 11/大公司销售报表. xlsx"文件，然后单击 Sheet2 工作表，如图 11-22 所示。

（2）在 Sheet2 工作表中，先选定目标区域，即图 11-23 所示电子表格中的 B15 单元格。

（3）单击"数据"→"数据工具"→"合并计算"按钮，打开"合并计算"对话框，在"函数"列表中选择"求和"。

（4）在"引用位置"框中指定要加入的合并计算源区域。单击"引用位置"框右侧的"折叠按对话"按钮，选取第一个合并区域，即电子表格"光大公司 2010 年三季度销售总量"的 B2：F6 单元格区域。

	A	B	C	D	E	F
1		光大公司2010年三季度销售量（吨）				
2	销售部门	地区	水呢	石灰	红砖	沙子
3		东北	196	79	60	91
4	销售一部	华北	84	89	67	73
5		华东	98	82	61	98
6		西北	90	84	60	87
7						
8		光大公司2010年三季度销售量（吨）				
9	销售部门	地区	水呢	石灰	红砖	沙子
10		华北	200	80	70	100
11	销售二部	东北	90	100	67	73
12		西北	94	86	61	89
13		华东	88	100	120	89
14						

图 11-22　按类合并计算

（5）再次单击"引用位置"框右侧的"展开对话框"按钮，返回到"合并计算"对话框，可以看到引用单元格区域出现在"引用位置"列表框中。单击"添加"按钮，将在"所引用位置"框中增加一个区域。

（6）重复步骤（4）、（5）步的操作，直到选定所有要合并的区域，如图 11-23 所示。

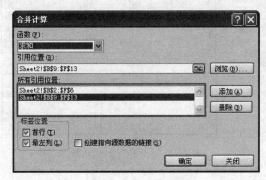

图 11-23　在所引用位置中添加合并区域

（7）单击"确定"按钮。如图 11-24 所示为按类合并计算的结果。

	A	B	C	D	E	F	G
1		光大公司2010年三季度销售量（吨）					
2	销售部门	地区	水呢	石灰	红砖	沙子	
3		东北	196	79	60	91	
4	销售一部	华北	84	89	67	73	
5		华东	98	82	61	98	
6		西北	90	84	60	87	
7							
8		光大公司2010年三季度销售量（吨）					
9	销售部门	地区	水呢	石灰	红砖	沙子	
10		华北	200	80	70	100	
11	销售二部	东北	90	100	67	73	
12		西北	94	86	61	89	
13		华东	88	100	120	89	
14							
15			水呢	石灰	红砖	沙子	
16		东北	286	179	127	164	
17		华北	284	169	137	173	
18		华东	186	182	181	187	
19		西北	184	170	121	176	
20							

图 11-24　按类合并计算的结果

提示：按类合并计算时，必须包含行或列表标志。如果分类标志在顶端行，应选中"首行"复选框；如果分类标志在最左列，应选中"最左列"复选框，也可以将两个复选框都选中。

项目拓展：数据透视表

数据透视表是交互式报表，能帮助用户分析、组织数据。利用它可以对数据排序、筛选和汇总，可以快速地从不角度对数据进行分类汇总。不是所有工作表都有建立数据透视表的必要，对于记录大量数据、结构复杂的工作表，为了将其中的一些内在规律显现出来，可将工作表重新组合并添加算法，即建立数据透视表。

数据透视表由字段（页字段、数据字段、行字段、列字段）、项（页字段项、数据项）和数据区域组成。其主要作用有：

（1）以多种灵活方式查询数据。

（2）展开或折叠要关注结果的数据系列，查看感兴趣数据的明细。

（3）对数值数据进行分类汇总和聚合，按分类和子分类对数据进行汇总，创建自定义公式。

（4）对最有用或关注的数据子集进行筛选、排序、分组，并有条件地设置格式，以便轻松查看所需要的信息。

（5）对行和列进行调换，以查看源数据的不同汇总。

（6）提供简明、有吸引力，并且带有批注的联机报表或打印报表。

（7）使数据分析结果直接发布为网页，通过网络实现数据共享。

1. 创建数据透视表

要创建数据透视表，必须保证所选择的单元格区域有列标题。

（1）打开"项目 11/考试报名表.xlsx"文件。

（2）在 Sheet1 工作表中单击数据区域中的任意一个单元格。

（3）单击"插入"→"表格"→"数据透视表"按钮，在弹出的下拉菜单中选择"数据透视表"命令，打开"创建数据透视表"对话框。

（4）选中"一个表或区域"单选按钮，并在"表/区域"文本框中自动填入光标所在单元格所属的数据区域。在"选择放置数据透视表位置"选项组内选中"现有工作"单选按钮，然后单击"位置"文本框右边的折叠按钮，在工作表中选择 A52 单元格，如图 11-25 所示。

（5）单击"确定"按钮，进入如图 11-26所示的数据透视表设计环境。

（6）从"选择要添加到报表的字段"列

图 11-25　"创建数据透视表"对话框

图 11-26　数据透视表的环境

表框中,将"序号"拖到"报表筛选"框中,将"性别"拖到"行标签"框中,将"学历"拖到"列字段"框中,将"年龄"拖到"数值"框中,如图 11-27 所示。

	A	B	C	D	E	F	G	H	I	J	K	L	M	N
46	979020010110	1	周琳娜	17	女		25	汉	高中	工人	130102711028062			
47	979020010110	1	温会英	18	女		27	汉	中技	干部	130106700915302			
48	979020010110	1	王瑞欣	19	女		23	汉	高中	工人	130106740331272			
49	979020010110	1	张玉鹏	20	男		19	汉	初中	工人	132902790226721			
50	979020010110	1	邵 强	21	男		18	汉	高中	学生	120103790610421			
51														
52	序号	(全部)	▼											
53														
54	求和项:年龄	学历	▼											
55	性别	▼ 初中	大本	大学	大专	高中	技校	职高	职中	中技	中专	专科	总计	
56	男	19	34	59	202	171		17	20	25	91	25	663	
57	女	121	34	71	55	229	33	18		27	77		665	
58	总计	140	68	130	257	400	33	35	20	52	168	25	1328	
59														

图 11-27　显示每种学历中男女报考的年龄总和

(7)单击"学历"右侧的向下箭头,选择具体显示的项目类别,并显示类别为"高中",如图 11-28 所示,即仅显示"高中"学历男女报考的人数。

	A	B	C	D	E	F	G	H
49	979020010110	1	张玉鹏	20	男	19	汉	初中 工
50	979020010110	1	邵 强	21	男	18	汉	高中 学
51								
52	序号	(全部)	▼					
53								
54	求和项:年龄	学历	▼					
55	性别	▼ 高中	总计					
56	男	171	171					
57	女	229	229					
58	总计	400	400					
59								

图 11-28　显示高中学历的男女报考人数总和

2. 改变数据透视表的汇总方式

在创建数据透视表时,默认的汇总方式是求和。可以根据分析数据的要求随时改变汇总方式。例如,统计报考学校男女年龄的平均值。

（1）选择数据透视表中要改变的汇总方式字段"年龄"。

（2）单击"选项"→"活动字段"→"字段设置"按钮,打开"字段设置"对话框,在"汇总方式"列表框中选择要汇总的方式"平均值",如图 11-29 所示。单击"确定"按钮,即可统计高中学历男女报考的平均年龄,结果如图 11-30 所示。

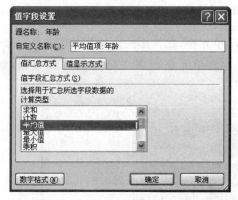

51			
52	序号	(全部) ▼	
53			
54	平均值项:年龄	学历 ▼	
55	性别 ▼	高中	总计
56	男	24.42857143	24.42857143
57	女	28.625	28.625
58	总计	26.66666667	26.66666667
59			
60			

图 11-29　在"字段设置"对话框中设置汇总方式　　图 11-30　高中学历男女报考的平均年龄

3. 添加和删除数据透视表字段

创建数据透视表后,也许会发现数据透视表布局不符合要求,这时可以根据需要在数据透视表中添加或删除字段。例如,统计每个职业的平均报考年龄。

（1）单击数据透视表中任意一个单元格。

（2）从"选择要添加到报表的字段"中,将"职业"拖到"行标签"中,并在"选择要添加到报表的字段"中取消"学历"复选框,结果如图 11-31 所示。

	A	B	C	D	E	F	G	H	I	J
46	97902001011001	1	周琳娜	17	女	25	汉	高中	工人	13010271
47	97902001011001	1	温会英	18	女	27	汉	中技	干部	13010670
48	97902001011001	1	王瑞欣	19	女	23	汉	高中	工人	13010674
49	97902001011002	1	张玉鹏	20	男	19	汉	初中	工人	13290279
50	97902001011002	1	邵 强	21	男	18	汉	高中	学生	12010379
51										
52	序号	(全部) ▼								
53										
54	平均值项:年龄	职业 ▼								
55	性别 ▼	保管员	干部	工人	检验员	实验员	学生	总计		
56	男	35	33.16666667	22.33333333	25		33	19	28.82608696	
57	女		26.7	26.76923077			16.66666667		25.57692308	
58	总计	35	30.22727273	25.36842105	25		33	17.6	27.10204082	
59										

图 11-31　统计各种职业的报考年龄的平均值

4. 查看数据透视表中的明细数据

在数据透视表中,通过单击➖或➕按钮,可以展开折叠数据透视表中的数据。

（1）右击行标签中的字段，在弹出的快捷菜单中选择"展开或折叠"命令，然后在其子菜单中选择展开、折叠、展开整个字段等命令查看明细数据，如图 11-32 所示。

	A	B	C	D	E	F	G	H	I	J
51										
52	序号	(全部)								
53										
54	平均值项:年龄	职业	年龄							
55		⊟保管员	保管员 汇总	⊞干部	⊞工人	⊞检验员	⊞实验员	⊞学生	总计	
56	性别	35								
57	男	35	35	33.16666667	22.33333333	25	33	19	28.82608696	
58	女			26.7	26.76923077			16.66666667	25.57692308	
59	总计	35	35	30.22727273	25.36842105	25	33	17.6	27.10204082	
60										

图 11-32　隐藏数据透视表

（2）右击数据透视表的值字段中的数据 C57 单元格，在弹出的快捷菜单中选择"显示详细信息"命令，将在新工作表 Sheet5 单独显示该单元格所属一整行的明细数据，如图 11-33 所示。

	A	B	C	D	E	F	G	H	I	J	K	L
1	ZKZH	PC	姓名	序号	性别	年龄	民族	学历	职业	SFZH		
2	979020010110018	1	温会英	18	女	27	汉	中技	干部	130106700915302		
3	979020010210015	1	赵业绵	15	女	33	汉	大专	干部	130105640301126		
4	979017010210006	1	焦中明	6	女	42	汉	大学	干部	110108540117544		
5	979020010210011	1	白慧芳	11	女	20	汉	中专	干部	130102751122212		
6	979020010210008	1	娄昕	8	女	22	汉	大专	干部	130102740416032		
7	979020010210012	1	付祖荣	12	女	34	汉	大本	干部	11010262120811		
8	979017010210009	1	杨丹妍	9	女	29	汉	大学	干部	110108680810574		
9	979012010110020	1	于玲云	3	女	20	汉	高中	干部	370682760616022		
10	979012010210014	1	隋江红	14	女	20	汉	中专	干部	370306760119208		
11	979012010210012	2	史秀芹	12	女	20	汉	中专	干部	370682760516004		

Sheet7　Sheet1　Sheet2　Sheet3

图 11-33　查看值字段中数据的详细信息

技能链接——更新数据透视表数据

修改数据透视表源数据时，不能自动在数据透视表直接显示出来，而必须手动更新数据透视表，需要选中数据透视表的任意一个单元格，在弹出的快捷菜单中选择"更新"命令，以便更新数据。

项目小结

本项目主要练习了如何排序、查询、统计和核算数据。使用排序的方法对数据从高到低或从低到高排序，本项目中对期末成绩按总分排序；使用筛选的方法查询符合条件的数据，本项目中查找准确率大于等于 98% 且指法成绩大于等于 130 分的同学；使用分类汇总的方法对数据分类统计和核算，如本项目中按小组统计学习成绩平均分。通过本项目的学习，应该灵活掌握使用排序、筛选、分类汇总等方法处理数据，得出正确的数据分析结果，为决策者提供可靠依据。

课后练习：销售额统计表

1. 制作某公司1月份、2月份、3月份的销售信息数据。

各表数据分别如图11-34～图11-36所示。

1月份销售统计报表

产品名称	销售一部	销售二部	销售三部	合计
衬衣	7,105	8,502	9,810	
西裤	8,859	8,900	5,600	
牛仔衣	5,612	10,023	4,600	
牛仔裤	9,802	5,620	8,923	
合计				

2月份销售统计报表

产品名称	销售一部	销售二部	销售三部	合计
衬衣	5,105	8,502	9,810	
西裤	7,809	8,500	8,600	
牛仔衣	6,687	9,023	12,321	
牛仔裤	5,862	8,920	6,897	
合计				

图 11-34 1月份销售统计报表   图 11-35 2月份销售统计报表

2. 排序。

（1）将1月份"销售一部"的产品按销售量从高到低排序，效果如图11-37所示。

3月份销售统计报表

产品名称	销售一部	销售二部	销售三部	合计
衬衣	5,985	8,923	7,810	
西裤	7,820	6,520	7,856	
牛仔衣	6,689	9,859	9,856	
牛仔裤	10,862	6,921	8,897	
合计				

1月份销售统计报表

产品名称	销售一部	销售二部	销售三部	合计
牛仔裤	9,802	5,620	8,923	
西裤	8,859	8,900	5,600	
衬衣	7,105	8,502	9,810	
牛仔衣	5,612	10,023	4,600	
合计				

图 11-36 3月份销售统计报表   图 11-37 1月份销售排序报表

（2）将2月份"衬衣"按各部门的销售量从高到低排序，效果如图11-38所示。

3. 筛选。

筛选出1月份"销售二部"产品销售量大于8000的产品，效果如图11-39所示。

2月份销售统计报表

合计	产品名称	销售三部	销售二部	销售一部
	衬衣	9,810	8,502	5,105
	西裤	8,600	8,500	7,809
	牛仔衣	12,321	9,023	6,687
	牛仔裤	6,897	8,920	5,862
	合计			

1月份销售统计报表

产品名称	销售一部	销售二部	销售三部	合计
西裤	8,859	8,900	5,600	
衬衣	7,105	8,502	9,810	
牛仔衣	5,612	10,023	4,600	

图 11-38 2月份销售排序报表   图 11-39 2月份销售筛选报表

4. 直接跨表引用生成"汇总1"表数据。

（1）利用求和函数SUM计算1月份、2月份、3月份横向的各个"产品"合计与纵向的各个"销售部门"合计，构成"汇总1"工作表。

（2）选择"汇总1"工作表，并选择B3单元格，在编辑栏输入公式"＝一月!B7"，表示"汇总1"的B4单元格数据等于"一月"这个工作表的B7单元格数据,实现跨表引用。

（3）用同样的方法引用"销售一部"的2月合计、3月合计。利用填充柄填充右侧的"销售二部"和"销售三部"的数据。

（4）全部引用完成后,将所有数据选中,包含后面的"总计"列和下方的"总计"行,然后单击"开始"→"编辑"→"自动求和"按钮 Σ▾ ,在下拉列表中选择"求和"命令,会自动将横向的各个"月份"合计与纵向的各个"部门"合计算出来,效果如图11-40所示。

销售统计报表（一季度）汇总

产品名称	销售一部	销售二部	销售三部	总计
1月合计	31,378	33,045	28,933	93,356
2月合计	25,463	34,945	37,628	98,036
3月合计	31,356	32,223	34,419	97,998
总计	88,197	100,213	100,980	289,390

图11-40　一季度销售统计汇总报表

5. 通过函数中的"相对地址引用"计算"汇总2"表的数据。

（1）打开"汇总2"工作表,选择"销售一部"中的"衬衣"单元格（B3单元格）。

（2）单击B3单元格,再单击编辑栏旁的"插入函数"按钮 f_x ,打开"插入函数"对话框。

（3）在"插入函数"对话框中,设置"选择类别"下拉列表框为"常用函数"。在"选择函数"列表框中选择"SUM"命令,然后单击"确定"按钮,插入函数并打开"函数参数"对话框。

（4）在"函数参数"对话框中,单击第一个文本框后的折叠按钮,再单击"一月"工作表的B3单元格。按同样的方法分别选取第二个、第三个文本框里的数据区域,将3个分表的B3单元格数据设置为函数SUM的参数,如图11-41所示。

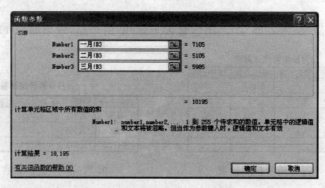

图11-41　设置函数SUM的参数

（5）拖动填充柄完成行、列数据的填充。

（6）将所有数据选中,包含后面的"总计"列和下方的"总计"行,然后单击"开始"→"编辑"→"自动求和"按钮 Σ▾ ,在下拉列表中选择"求和"命令,会自动将横向的各个"月份"合计与纵向的各个"部门"合计出来,效果如图 11-42 所示。

销售统计报表(一季度)汇总

产品名称	销售一部	销售二部	销售三部	总计
衬衣	18,195	25,927	27,430	71,552
西裤	24,488	23,920	22,056	70,464
牛仔衣	18,988	28,905	26,777	74,670
牛仔裤	26,526	21,461	24,717	72,704
总计	88,197	100,213	100,980	289,390

图 11-42 各部门的横向与纵向合并

制作销售统计表——图表的制作

【项目背景】

利用 Excel 2010 不仅可以制作各种表格,利用公式和函数计算及处理各种数据,还可以将数据以图表的形式展示出来。利用图表功能制作各种样式的统计图表,帮助用户更加直观地理解表格中的数据,轻松地获取有用信息,提高工作效率。

本项目将以制作一份如图 12-1 所示的销售图表为例,介绍 Excel 2010 中图表的建立、编辑及格式设置等功能。

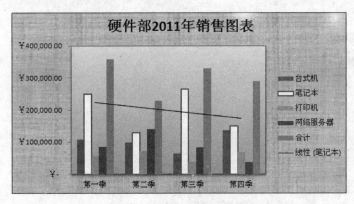

图 12-1   硬件部销售图表

【项目分析】

Excel 可以记录和操作大量数据,但单纯的电子表格数据所表达的信息常常显得枯燥乏味,不易理解。Excel 是一个非常优秀的数据管理和分析软件,它有多种数据分析方法,其中的图表分析功能以其直观、准确和便于比较等特点一直受到人们的青睐。本项目需要完成三项工作:一是分析数据,确定图表类型,将工作表中的数据以图表方式展示出来;二是创建图表,并对图表中的元素进行格式设置和编辑;三是分析数据的变化规律,预测市场销售趋势。

【项目实施】

本项目可以通过以下几个任务来完成:

任务 12.1   创建图表

任务 12.1　创建图表

1．了解图表的结构

图表一般由标题、数据系列、图例、数据点、数据标签、坐标轴、绘图区等元素组成，如图 12-2 所示。

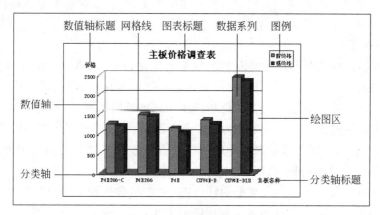

图 12-2　图表的结构

（1）标题。标题包括图表标题和坐标轴标题，用来表明图表内容的文字，可以自动与坐标轴对齐，或在图表顶部居中。

（2）数据系列。数据系列是在图表中绘制的相关数据点。这些数据源自数据表的行或列。图表中的每个数据系列具有唯一的颜色或图案，并且在图表的图例中表示。可以在图表中绘制一个或多个数据系列。饼图只有一个数据系列。

（3）图例。图例是一个方框，用于标志图表中的数据系列，或分类指定图案或颜色；可以位于图表的任何位置，表示每个系列所代表的内容。

（4）数据点。数据点是在图表中绘制的单个值，这些值由条形、柱形、折线、饼图或圆环图的扇面、圆点和其他被称为数据标记的图形表示。相同颜色的数据标记组成一个数据系列。

（5）数据标签。数据标签是为数据标记提供附加信息的标签。数据标签代表源于数据表单元格的单个数据点或值。默认情况下，数据标签链接到工作表中的值。在对这些值进行更改时，它们会自动更新。

（6）坐标轴。坐标轴是界定图表绘图区的线条，用作度量的参照框架。y 轴通常为垂直坐标轴，并包含数据。x 轴通常为水平轴，并包含分类。

（7）绘图区。绘图区是指图表中绘图的整个区域。图表区是指包含绘制的整张图表及图表中所包括的元素的区域。移动和缩放整张图或绘图区时，要先选中图表区或绘图区。

2. 了解图表的类型

Excel 2010 提供了更为强大的图表功能,可以将数据图形化表示,使数据之间的对比关系和变化趋势一目了然,使数据的多面性和相关性得以最好的体现,从而更准确、更直观地传递信息。

Excel 2010 内置的图表类型分为 12 大类,分别为柱形图、折线图、饼图、条形图、面积图、散点图、股价图、曲面图、圆形图、圆环图、气泡图和雷达图。其中,前 6 类是使用频率最高的图表,下面就其特点做简要介绍。

(1) 柱形图。柱形图是 Excel 2007 默认的图表类型,用以描述不同时期数据的变化,或描述各分类项之间的差异。一般分类项在水平轴上标出,数据的大小在垂直轴上标出,以柱长表示数值大小。它主要分为二维柱形图、三维柱形图、圆柱图、圆锥图和棱锥图 5 种,如图 12-3 所示。

(2) 折线图。折线图是以等间隔显示数据的变化趋势,用直线段将各数据点连接起来而组成的图形。一般情况下,分类轴用来代表时间的变化,并且间隔相同,而数值轴代表各时刻数据的大小。它主要分为二维折线图和三维折线图两种,如图 12-4 所示。

(3) 饼图。饼图把一个圆面划分为若干个扇形面,每个扇形面代表一项数据值,一般只显示一组数据系列,用于表示系列中的每一项占该数据系列总和的比例值。它主要分为二维饼图和三维饼图两种,如图 12-5 所示。

(4) 条形图。条形图有些像水平的柱形图,主要用来比较不同类别数据之间的差异情况。它使用水平横条的长度来表示数据值的大小,主要分为二维条形图、三维条形图、圆柱图、圆锥图和棱锥图五种,如图 12-6 所示。

图 12-3　柱形图

图 12-4　折线图

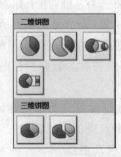
图 12-5　饼图

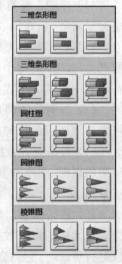
图 12-6　条形图

(5) 面积图。面积图使用折线和分类轴组成的面积,以及两条折线之间的面积来显示数据系列的值。面积图强调幅度随时间的变化,通过显示绘制值的总和来展示部分与整体的关系,主要分为二维面积图和三维面积图两种,如图 12-7 所示。

(6) 散点图。散点图与折线图相似,也是由一系列的点或线组成,在组织数据时,一般将 x 值置于一行或一列中,将 y 值置于相邻的行或列中。利用散点图来比较若干个数据系列中的数值,还可以以两组数值显示 xy 坐标中的一个系列,如图 12-8 所示。

(7) 其他图表。其他图表包括股价图、曲面图、圆形图、圆环图、气泡图和雷达图等,分别用于不同类型的数据,如图 12-9 所示。

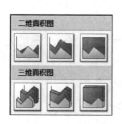

图 12-7　面积图　　　　图 12-8　散点图　　　　图 12-9　其他图表

3. 创建柱形图表

Excel 2010 丰富的内置图表类型可以使用户轻松创建专业级别的各类图表。使用时,只需选择所需图表类型,然后进行简单的设置,即可完成图表创建工作。具体操作如下所述。

(1) 打开"项目 12/硬件部销售统计表.xlsx",表格内容如图 12-10 所示。

	A	B	C	D	E	F	G	H
1								
2			硬件部 2011年销售额					
3								
4		类别	第一季	第二季	第三季	第四季	总计	
5		台式机	￥ 109,000.00	￥ 99,000.00	￥ 65,000.00	￥ 138,000.00	￥ 411,000.00	
6		笔记本	￥ 250,500.00	￥ 129,600.00	￥ 264,900.00	￥ 151,500.00	￥ 796,500.00	
7		打印机	￥ 55,500.00	￥ 72,500.00	￥ 40,000.00	￥ 69,200.00	￥ 237,200.00	
8		网络服务器	￥ 85,000.00	￥ 142,000.00	￥ 84,300.00	￥ 38,500.00	￥ 349,800.00	
9		合计	￥ 359,500.00	￥ 228,600.00	￥ 329,900.00	￥ 289,500.00	￥ 1,207,500.00	
10								
11								

图 12-10　硬件部销售统计表.xlsx

(2) 单击"销售额"工作表标签,选中 B4:F8 单元格区域,然后单击"插入"→"图表"→"柱形图"按钮,在弹出的下拉菜单中选择"圆锥图"→"簇状圆锥图"命令,如图 12-11 所示,在工作表中建立如图 12-12 所示的销售额图表。

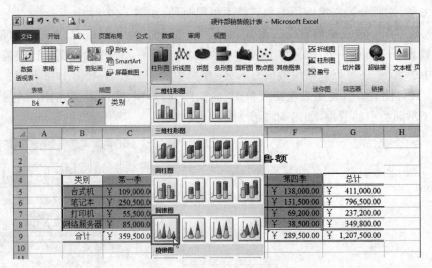

图 12-11　插入柱形图按钮

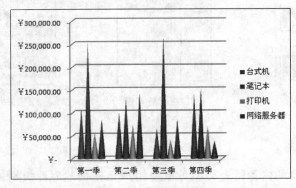

图 12-12　销售额图表

任务 12.2　编辑图表

选定创建的图表,功能区将出现 3 个选项卡,即"图表工具/设计"、"图表工具/布局"、"图表工具/格式"选项卡。通过这 3 个选项卡中的命令按钮,可以对图表进行各种设置和编辑。

1. 更改图表数据源

在图表创建好后,以后可以根据需要,随时向图表中添加新数据,或从图表中删除现有的数据,方法如下所述。

(1) 添加部分数据

可以根据需要,只添加某一列数据到图表中。例如,将"合计"一行的数据添加到图表中。

① 在"销售表"工作表中选中图表,然后右击其中的图表区,在弹出的快捷菜单中选择"选择数据"命令,如图 12-13 所示,打开"选择数据源"对话框。

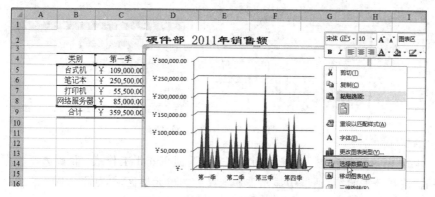

图 12-13 选择"选择数据"命令

② 在打开的"选择数据源"对话框中,单击"添加"按钮,打开"编辑数据系列"对话框。通过单击折叠按钮,分别选择"系列名称"和"系列值",如图 12-14 所示。

图 12-14 "编辑数据系列"对话框

③ 单击"确定"按钮,返回"返回数据源"对话框,可以看到添加的图例项。单击"确定"按钮,即可在图表中添加选择的数据区域,如图 12-15 所示。

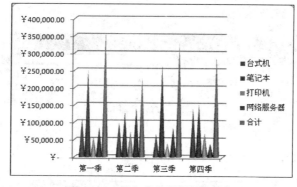

图 12-15 添加部分数据后的图表

(2)重新添加所有数据

① 在"销售表"工作表中,选中图表,然后右击其中的图表区,在弹出的快捷菜单中选

择"选择数据"命令,打开"选择数据"对话框,如图 12-16 所示。

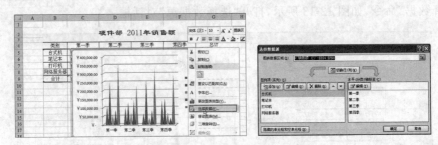

图 12-16 "选择数据"对话框

② 单击"图表数据区域"右侧的折叠按钮,返回 Excel 工作表,重新选取数据区域。在折叠的"选择数据源"对话框中显示重新选择后的单元格区域,如图 12-17 所示。

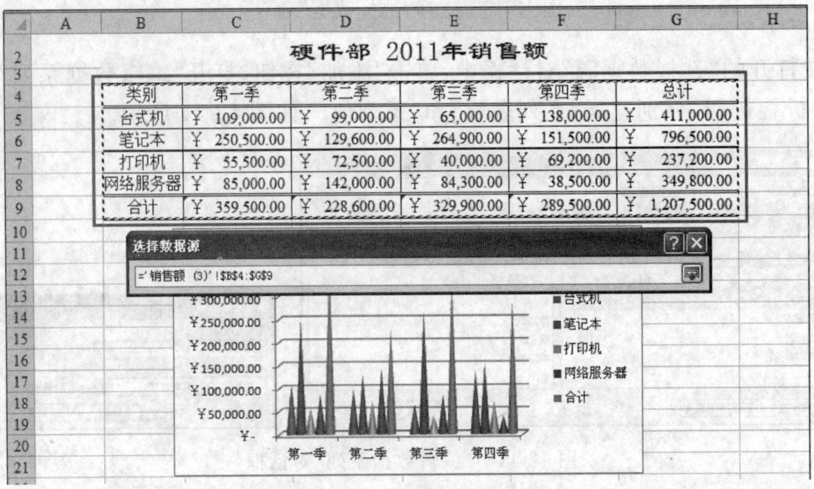

图 12-17 重新选择数据源的区域

③ 单击"展开"按钮,返回"选择数据"对话框,将自动输入新的数据区域,并自动添加水平轴标签,如图 12-18 所示。

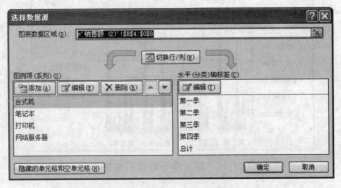

图 12-18 重新选择数据之后的"选择数据"对话框

④ 单击"确定"按钮,即可在图表中添加新的数据,如图 12-19 所示。

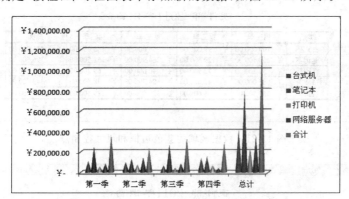

图 12-19　添加所有数据的图表

（3）删除图表中的数据

单击图表中的数据系列"总计",然后按 Delete 键,即可删除图表中的"总计"系列数据,如图 12-20 所示。

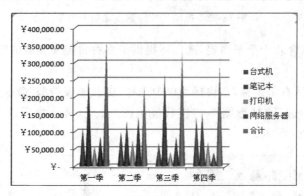

图 12-20　删除"总计"之后的图表

技能链接——向图表中添加、删除数据最简单的方法

方法一：使用"复制"和"粘贴"命令向图表添加数据。选定要添加数据所在的单元格区域,然后单击"复制"按钮,再选择图表或图表工作表,单击"粘贴"按钮。

方法二：使用颜色标记向嵌入式图表添加数据。如本例中,当选中图表时,工作表的数据区域的分类标记（C4：G4）四周有紫色边框,并在四个角上有紫色的尺寸控制点；系列名称"台式机"至"合计"的四周有绿色边框,并在四周有绿色的尺寸控制点；数据区域 C5：G9 的四周有蓝色边框,并在四个角上有蓝色尺寸控制点,如图 12-21 所示。如果要在图表中删除最后一个数据系列,用鼠标对准紫色或蓝色的尺寸控制点并向上拖动,如图 12-22 所示。

2. 更改图表类型

对已创建的图表,可根据需要更改图表类型。Excel 提供了 11 种标准的图表类型,

	A	B	C	D	E	F	G	H
1								
2			硬件部 2011年销售额					
3								
4		类别	第一季	第二季	第三季	第四季	总计	
5		台式机	￥ 109,000.00	￥ 99,000.00	￥ 65,000.00	￥ 138,000.00	￥ 411,000.00	
6		笔记本	￥ 250,500.00	￥ 129,600.00	￥ 264,900.00	￥ 151,500.00	￥ 796,500.00	
7		打印机	￥ 55,500.00	￥ 72,500.00	￥ 40,000.00	￥ 69,200.00	￥ 237,200.00	
8		网络服务器	￥ 85,000.00	￥ 142,000.00	￥ 84,300.00	￥ 38,500.00	￥ 349,800.00	
9		合计	￥ 359,500.00	￥ 228,600.00	￥ 329,900.00	￥ 289,500.00	￥ 1,207,500.00	
10								
11								

图 12-21　数据区域的蓝色边框和尺寸控制点

	A	B	C	D	E	F	G	H
1								
2			硬件部 2011年销售额					
3								
4		类别	第一季	第二季	第三季	第四季	总计	
5		台式机	￥ 109,000.00	￥ 99,000.00	￥ 65,000.00	￥ 138,000.00	￥ 411,000.00	
6		笔记本	￥ 250,500.00	￥ 129,600.00	￥ 264,900.00	￥ 151,500.00	￥ 796,500.00	
7		打印机	￥ 55,500.00	￥ 72,500.00	￥ 40,000.00	￥ 69,200.00	￥ 237,200.00	
8		网络服务器	￥ 85,000.00	￥ 142,000.00	￥ 84,300.00	￥ 38,500.00	￥ 349,800.00	
9		合计	￥ 359,500.00	￥ 228,600.00	￥ 329,900.00	￥ 289,500.00	￥ 1,207,500.00	
10								

图 12-22　拖动尺寸控制点之后的效果

每种图表类型又包含若干个子图表，选择还提供了多种自定义类型的图表，以适合不同的表格用途。

单击图表，然后右击鼠标，在快捷菜单中选择"更改图表类型"命令，打开"更改图表类型"对话框，并从中选择"柱形图"→"簇状棱锥图"命令，再选取图表类型为"簇状棱锥图"，效果如图 12-23 所示。

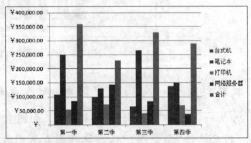

图 12-23　设置图表类型为"簇状棱锥图"

3. 调整图表的大小和位置

创建好图表后，为方便分析、阅读，增强工作表的整体外观，错综复杂的图表需要调整得较大，简单的图表则可以较小，这就需要移动和调整图表的大小。

（1）调整图表的大小

对于嵌入在工作表中的图表，先在图表区的任意位置上单击，激活图表，然后将鼠标移动到图表的浅蓝色边框控制点上。当鼠标形状变为双向箭头时，拖动即可调整图表的大小。也可为图表设置精确值，在"图表工具"→"格式"→"大小"选项组中的"高度"微调框输入"8 厘米","宽度"微调框输入"15 厘米",如图 12-24 所示。

（2）移动图表

选中图表,将鼠标移动到图表区上出现的移动控制句柄时,可在同一工作表中移动图表。右击图表区,在弹出的快捷菜单中选择"移动图表"命令,打开"移动图表"对话框,然后选中"对象位于"单选按钮,在右侧的下拉列表中选择 Sheet2,如图 12-25 所示,最后单击"确定"按钮,将销售额工作表中的图表移动到 Sheet2 中。对于图表工作表,不能移动和缩放整个图表,只能对图中的绘图区域和文本框执行移动和缩放操作。

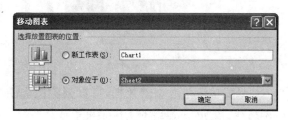

图 12-24　设置图表大小　　　　　　　图 12-25　"移动图表"对话框

4. 修改图表布局

一个图表中包含多个组成部分,默认创建的图表只包含其中几项。如果希望图表显示更多信息,有必要添加一些图表布局元素。

（1）在图表中,若纵坐标轴的主要刻度单位为 50000.00,为了使图表更加符合应用要求,可以将纵坐标轴主要刻度单位修改为 100000.00。

（2）选中图表,然后单击"格式"→"当前所选内容"→"图表元素"下三角按钮,在弹出的下拉菜单中选择→"垂直（值）轴"命令,选中垂直（值）轴。

（3）单击"布局"→"坐标轴"按钮,在弹出的下拉菜单中选择"主要纵坐标轴"→"其他主要纵坐标轴选项"命令,打开"设置坐标轴格式"对话框。单击"坐标轴选项",然后按图 12-26 所示进行设置,最后单击"关闭"按钮。图表效果如图 12-27 所示。

图 12-26　设置"坐标轴选项"

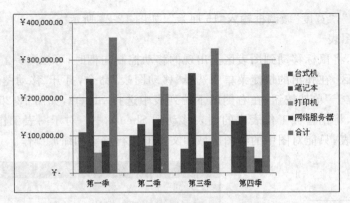

图 12-27　修改了"纵坐标轴主要刻度单位"的图表

（4）如果要很清楚地查看数据，可以删除图表中的网格线。单击"图表工具"→"布局"→"网格线"按钮，在弹出的下拉菜单中选择"主要横网格线"→"无"命令，即取消图表的横网格线，如图 12-28 所示。

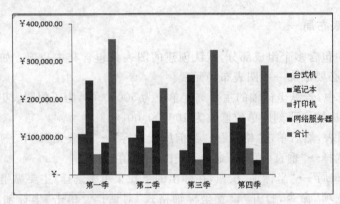

图 12-28　无网络线的图表

（5）图表制作完成后，若要为图表添加标题，单击"图表工具"→"布局"→"标签"→"图表标题"按钮，在弹出的下拉菜单中选择"居中覆盖标题"命令，即在图表上方添加图表标题。

（6）在"图表标题"文本框内输入"硬件部 2011 年销售图表"，效果如图 12-29 所示。

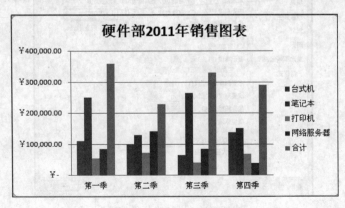

图 12-29　添加了标题的图表

技能链接——图表设计

创建好图表之后,为了更加符合使用要求,需要对其进行适当的外观设计,包括图表的类型、数据区域、图表布局、图表样式及图表位置的调整。具体操作方法如下:

① 单击选中需要改修的图表,打开"图表工具"选项卡。

② 单击"图表工具"→"设计"标签,进入"设计"功能区。

③ 在"设计"选项卡中对图表进行如下操作:更改图表类型、修改数据源、图表布局设置、图表样式选择、移动图表、保存为图表模板。

任务 12.3　格式化图表

图表格式化设置主要是通过对图表区、绘图区、标题、图例及坐标轴等项重新设置字体、图案、对齐方式等,使图表更加合理、美观。

(1) 单击图表边框,选中图表区。

(2) 单击"图表工具"→"格式"-→"当前所选内容"选项组中的图表元素,然后在下拉列表 图表区 中选取"系列'笔记本'",选择全部"笔记本"数据系列的数据点。

(3) 单击"图表工具"→"格式"→"形状样式"→"其他"按钮,在弹出的下拉菜单中选择"彩色轮廓,红色,强调颜色 2"命令,效果如图 12-30 所示。

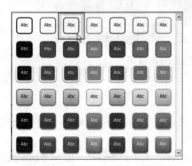
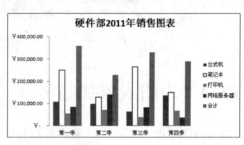

图 12-30　设置数据点样式

(4) 单击"图表工具"→"格式"→"当前所选内容"选项组中的图表元素,然后在下拉列表中选取"绘图区"。

(5) 单击"图表工具"→"格式"→"形状样式"→"其他"按钮,在弹出的下拉菜单中选择"细微效果,紫色,强调颜色 2"命令,为图表基底添加颜色,效果如图 12-31 所示。

(6) 选中图表区,设置图表区颜色为"图片"或"纹理填充"中的"纸莎草纸",效果如图 12-32 所示。

技能链接——选中图表元素的方法

若要选中图表的元素,单击该元素即可;还可以在"图表工具"工具栏单击"格式"→"当前所选内容"选项组的图表元素,然后在下拉列表中选取。若要取消选取,在图表或图表元素外的任意位置单击。

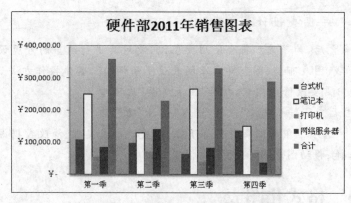

图 12-31　设置绘图区颜色的图表效果

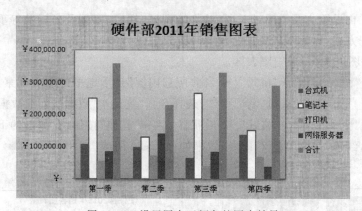

图 12-32　设置图表区颜色的图表效果

任务 12.4　为图表添加趋势线

趋势线是用图形的方式显示数据系列趋势的线条。利用趋势线,可以根据实际数据向前或向后的趋势来模拟数据的走势,进行预测分析,以便及时调整工作情况。不是所有的图表类型都可以添加数据趋势线,在添加之前,应将图表转换成折线图、散点图、条形图等可转类型。在具体使用时,要根据数据类型决定所用的趋势线类型。本任务为图 12-30 所示"笔记本"数据点添加指数趋势线。

图 12-33　"添加趋势线"
对话框

单击"图表工具"→"布局"→"分析"→"趋势线"按钮,在弹出的下拉菜单中选择"线性趋势线"命令,在弹出的"添加趋势线"对话框中选择"笔记本",如图 12-33 所示,然后单击"确定"按钮。添加了趋势线的效果如图 12-34 所示。

提示:趋势线可以在非堆积型二维面积图、条形图、柱形图、折线图、股价图、气泡图和 XY 散点图中使用,但在三维图表、堆积型图表、雷达图、饼图或圆环图等图中不能使用。如果更改了图表类型或数据系列,而使得图表不支持趋势线,原有的趋势线将消失。

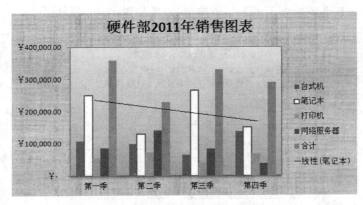

图 12-34　添加趋势线

技能链接——图表的误差线

误差线以图形的形式显示了与数据系列中每个数据标记相关的可能误差量。

可以在条形图、柱形图、折线图、二维面积图、XY（散点）图和气泡图的数据系列中使用误差线。对于 XY（散点）图和气泡图，要单独显示 X 值或 Y 值的误差线，也可同时显示两者的误差线，具体操作如下：

（1）选中需要添加误差线的图表，然后打开"图表工具"选项卡，选中图表中需要添加误差线的数据系列。

（2）单击"图表工具"→"布局"→"分析"→"误差线"按钮，在弹出的下拉菜单选择所需的误差线。

项目拓展：制作家装图表

家装施工因施工工艺不同、工期不同，各工种的施工时间不好把握，工种间的质量交接就更难，一旦先期施工项目出现问题，将导致后续工程无法进行，甚至影响到整体工程的质量和进度，造成工程无法进行和收尾。所以，家装施工进度表的制定应充分考虑上述问题。本任务是制定准确的施工进度表，以保证施工进度和工程质量，对每一环节、每一工种的施工工艺做到心中有数，严格执行验收标准，出现问题后及时解决。

1. 使用公式处理原始数据

（1）按图 12-35 所示创建图表需要的原始数据。

（2）选中 D4 单元格，然后在单元格中输入公式"＝C4－B4"，计算每一项工程所用天数。

（3）选中工作表的 A3:E116 单元格区域，然后单击"开始"→"样式"→"套用表格格式"按钮，在弹出的下拉菜单中选择"表样式中等深浅 4"样式，为单元格快速设置相应的格式。

（4）选中 A3:E3 单元格区域，然后单击"数据"→"排序和筛选"→"筛选"按钮，去掉在套用表格样式后各列标题上的下三角按钮,效果如图 12-36 所示。

图 12-35　原始数据源

图 12-36　应用样式后的原始数据源

2. 创建堆积条形图表

(1) 使用 A4:D16 单元格区域数据,在"施工进度表"中创建一个堆积条形图表。系列 1 的系列名称为"开工日期",系列值为 B4:B16;添加系列 2,名称为"天数(天)",系列值为 D4:D16;再添加系列 3,名称为"预计完工日期",系列值为 C4:C16。水平分类轴数据区域为 A4:A16 单元格区域,如图 12-37 所示。

(2) 由于图表的水平轴调用的数据源为日期格式,而 Excel 2010 图表默认从自动最小值(即数字"0",时间为 1900 年 1 月 0 日)开始,最大值默认为 90000(2046 年 5 月 29 日),为

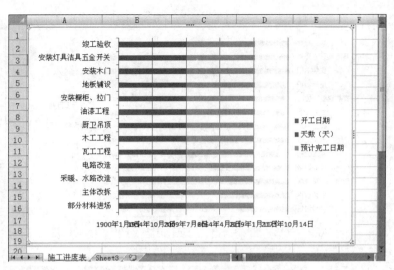

图 12-37 使用 A4:D16 数据区域创建图表

了方便设置最小值和最大值,将"开工日期"和"预计完工日期"设置为数字格式,如图 12-38 所示。

	朗明家装施工进度表				
客户姓名: 李小燕 电 话: 85978568 工程工期: 72 天 工程施工地址: 富贵花园5栋602					
工程项目	开工日期	预计完工日期	天数(天)	工种	
部分材料进场	40087	40096	9	业主	
主体改拆	40092	40097	5	泥水工	
采暖、水路改造	40098	40108	10	水暖工	
电路改造	40111	40114	3	水电工	
瓦工工程	40114	40127	13	泥水工	
木工工程	40127	40137	10	木工	
厨卫吊顶	40138	40141	3	木工	
油漆工程	40142	40149	7	油漆工	
安装橱柜、拉门	40145	40149	4	材料商	
地板铺设	40151	40153	2	木工	
安装木门	40155	40157	2	材料商	
安装灯具洁具五金开关	40154	40157	3	材料商、电工	
竣工验收	40157	40158	1	业主	
注: 施工队长必须严格按工程进度表进行施工,如有特殊情况及时通知客户并报告工程监察					

图 12-38 设置日期数据值格式的数据源

(3)由于开始日期最早为"2009 年 10 月 1 日",对应数字为 40087;最晚时间为"2009 年 12 月 11 日",对应数字为 40156,为了方便用户查看,此处设置水平分类轴最小值为 40068,最大值为 40177。

(4)设置水平分类轴数字格式为日期格式中的"3-14"类型,效果如图 12-39 所示。

(5)设置所有"开工日期"数据系列点的填充为"无色"。

(6)选中所有的"开工日期"及数据系列,然后单击"布局"→"标签"→"数据标签"按钮,在弹出的下拉菜单中选择"数据标签内"命令,使"开工日期"系列显示数据标签。设置数据标签格式为日期格式中"3 月 14"类型。图表效果如图 12-40 所示。

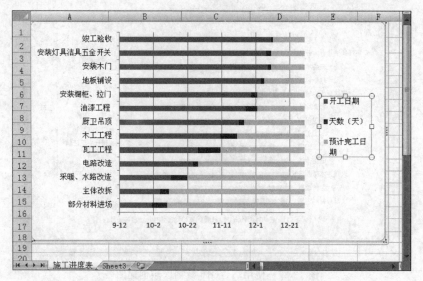

图 12-39　设置完日期数据值格式的图表效果

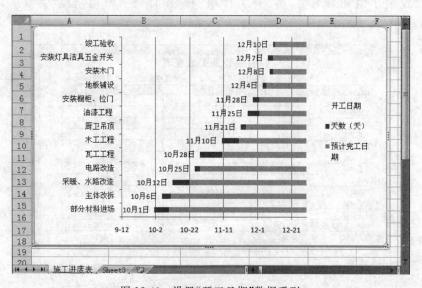

图 12-40　设置"开工日期"数据系列

（7）同理，设置所有"预计完工日期"的填充为"无色"，数据标签显示在"轴内侧"，使"预计完工日期"数据也显示标签，设置数据标签格式为日期格式中的"3 月 14 日"类型。图表效果如图 12-41 所示。

（8）设置"天数（天）"数据系列的格式为"强调效果，强调颜色 6"，数据标签显示为"居中"。图表效果如图 12-42 所示。

（9）将绘图区填充为"羊皮纸"纹理。

（10）插入图表标题："朗明家装施工进度表"。

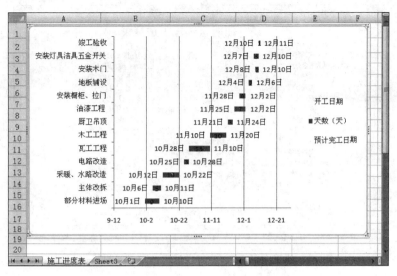

图 12-41　设置"预计完工日期"数据系列

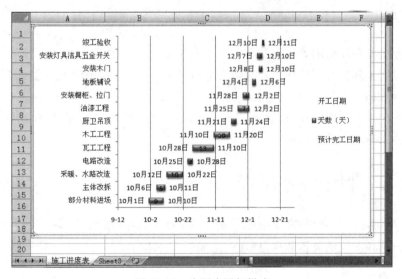

图 12-42　为图表添加样式

3．插入文本框和外部图片

（1）作为公司的正规文件，一般需要添加公司的标志。这里通过引用外部图片的方式添加公司标志。单击"插入"→"插图"→"图片"按钮，在打开的"图片"对话框中找到提前制作好的公司标志图片，然后单击"插入"按钮，将图片插入当前工作表。

（2）调整图片的大小，并将图片格式设置为"至于顶层"，最后拖动至所需的位置。

（3）使用文本框功能在图表中添加说明文字。单击"插入"→"文本"→"文本框"按钮，在弹出的下拉菜单中选择"横排文本框"命令，然后在所需位置绘制文本框。

（4）在文本框内输入"注意保密"文字。图表的最终效果如图 12-43 所示。

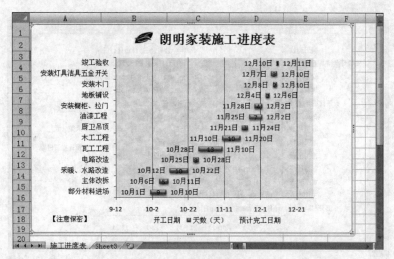

图 12-43　家装施工进度表的最后效果

项目小结

　　本任务主要是使用图表工具制作了一个营销决策分析图表。通过本任务的学习，使读者能够根据实际需要创建图表及对图表进行设置。除了设置图表的快速布局和快速格式化外，还可以为图表添加或删除标题、图例、数据标签、趋势线和其他元素，以便充分理解图表在表现数据方面的特点，并利用 Excel 2010 强大的图表功能，制作出能准确表达实际问题的专业水准外观的图表。

课后练习：制作各类图表

　　1. 打开"项目 12/图表的应用练习数据源. xls"文件，使用 Sheet1 工作表中的"使用……阻力位和对应的英镑数据"创建一个如图 12-44 所示的三维簇状条形图。

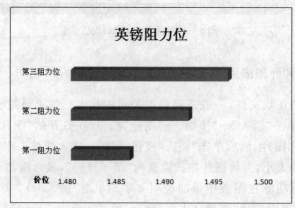

图 12-44　三维簇状条形图

2. 打开"项目 12/图表的应用练习数据源. xls"文件,使用 Sheet2 工作表中四个城市平均气温的数据创建一个如图 12-45 所示的三维簇状柱形图。

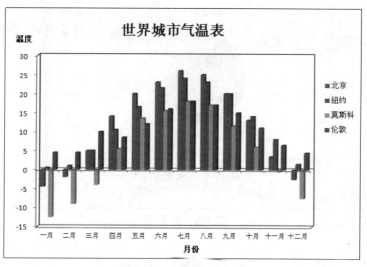

图 12-45　三维簇状柱形图

3. 打开"项目 12/图表的应用练习数据源. xls"文件,使用 Sheet3 工作表中"调配拨款"一列中的数据,创建如图 12-46 所示的分离饼图。

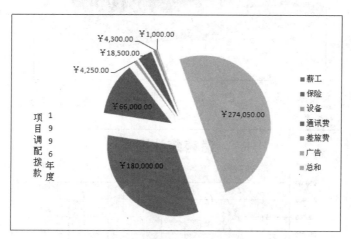

图 12-46　分离饼图

4. 打开"项目 12/图表的应用练习数据源. xls"文件,使用 Sheet4 工作表中的数据创建如图 12-47 所示的填充雷达图。

5. 打开"项目 12/图表的应用数据源. xls"文件,使用 Sheet5 工作表中 0.0～0.4 各行的数据,创建如图 12-48 所示的三维曲面图。

6. 打开"项目 12/图表的应用数据源. xls"文件,使用 Sheet6 工作表中的数据,创建如图 12-49 所示的双轴图表。

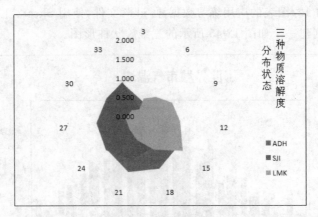

图 12-47　填充雷达图

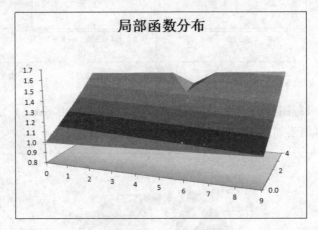

图 12-48　三维曲面图

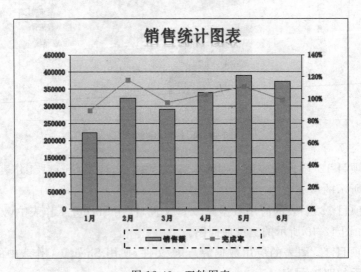

图 12-49　双轴图表

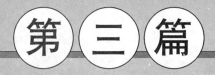

PowerPoint 2010 的应用

PowerPoint 2010 是一种操作简单,集文字和图形于一体的、专门用于制作演示文稿的软件。通过它可以制作出形象生动、图文并茂的幻灯片,用于学术报告、产品介绍、工作汇报、公司宣传、论文答辩、教学课件等方面。通过在幻灯片中插入图片、声音、图表、表格和 Flash 动画对象,编辑和使用母版、配色方案,可以轻松地将用户的想法变成具用专业风范和富有感染力的演示文稿。本篇主要介绍 PowerPoint 2010 的基本操作、PowerPoint 2010 中演示文稿的制作、多媒体与动画应用等内容。

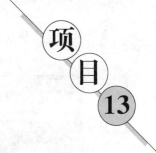

PowerPoint 2010 的应用——PowerPoint 2010 的基本操作

【项目背景】

通过一段时间的学习,张泽已对 Word 2010 和 Excel 2010 运用自如。最近,领导安排他给新来的员工做一次培训,于是积极准备。通过网络,他了解到 PowerPoint 2010 是一个很好的演示软件,可以将培训内容生动地展现出来,激发员工的学习兴趣。利用 PowerPoint,可以制作出图文并茂的演示文稿,还可以为演示文稿设置各种播放动作,选择人工播放或自动播放。对于小张来说,时间紧,任务重,他该从哪里入手,学习 PowerPoint 2010 呢?

【项目分析】

PowerPoint 2010 是专门用来制作演示文稿的软件,深受广大用户欢迎。要想成功利用 PowerPoint 制作完美的演示文稿,首先应了解 PowerPoint 2010 的知识体系和制作流程,再熟悉 PowerPoint 2010 的基本操作。多数人认为,演示文稿注重视觉效果,当然这很重要,可是演示文稿最核心是正文文本。演示文稿的目标是沟通、交流,用户之间最主要的沟通工具是语言文字。利用 PowerPoint,能够很容易地输入、编辑文本,制作出特殊的效果。本项目将介绍 PowerPoint 基础知识和制作流程,快速处理演示文稿的文本,以及编辑幻灯片的方法。

【项目实施】

本项目可以通过以下几个任务来完成:

任务 13.1　认识 PowerPoint 2010 的知识体系

任务 13.2　了解 PowerPoint 2010 的制作流程

任务 13.3　熟悉 PowerPoint 2010 的基本操作

任务 13.1　认识 PowerPoint 2010 的知识体系

PowerPoint 2010 的知识体系基本上分为 5 个方面:创建幻灯片内容、美化幻灯片、添加多媒体信息、设置动画与交互效果及幻灯片设置与播放。每个方面包含的具体内容如图 13-1 所示。

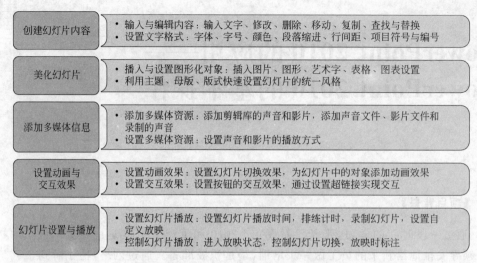

图 13-1   PowerPoint 2010 的知识体系

任务 13.2   了解 PowerPoint 的制作流程

了解 PowerPoint 知识体系结构对于演示文稿制作的流程相当重要。当然,对演示文稿要求不同,其制作流程会有些变化,但基本上都是按照图 13-2 所示流程来制作。在整个流程中,可能不需要某些步骤,根据实际情况灵活选用。

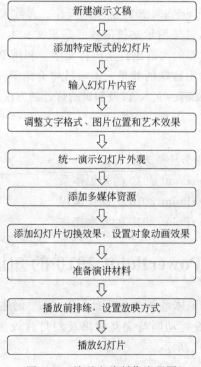

图 13-2   演示文稿制作流程图

任务 13.3　熟悉 PowerPoint 2010 的基本操作

1. PowerPoint 2010 窗口

PowerPoint 2010 窗口如图 13-3 所示。

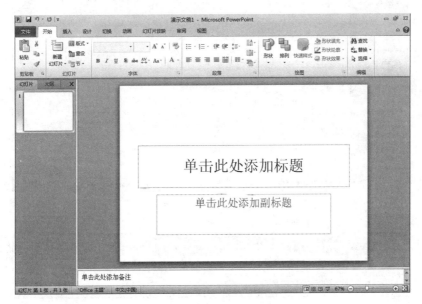

图 13-3　PowerPoint 2010 窗口

（1）标题栏

标题栏位于窗口的最上方。在 PowerPoint 2010 中,标题栏由 3 部分组成。

① "快速访问"工具栏：主要用于显示各种常用工具和自定义工具。

② 标题部分：显示当前编辑的演示文稿名称和软件名称。

③ 窗口控制按钮：主要用于最小化、最大化/向下还原、关闭文档窗口。

（2）选项卡和功能区

选项卡位于标题栏的下方,主要分为"文件"、"开始"、"插入"等 10 个部分。"文件"选项卡与其他 9 个不同,是 PowerPoint 2010 保留的唯一下拉菜单,其功能与此前版本的"文件"菜单一样,如图 13-4 所示。对于其他 9 个选项卡,每个选项卡都对应各自的功能区,单击选项卡可以在不同的功能区切换。例如,单击"幻灯片放映"选项卡,可进入"幻灯片放映"功能区,如图 13-5 所示。

（3）大纲/幻灯片窗格

大纲/幻灯片浏览窗格位于窗口的左侧,用于组织和开发演示文稿中各幻灯片的内容。用户可以在该区完成输入文本,排列幻灯片顺序等操作,如图 13-6 所示。

（4）幻灯片灯窗格

幻灯片窗格用于显示和编辑幻灯片的内容,系统将以缩略图的形式显示演示文稿的幻灯片,易于展示演示文稿的总体效果,如图 13-7 所示。

办公软件应用项目实训

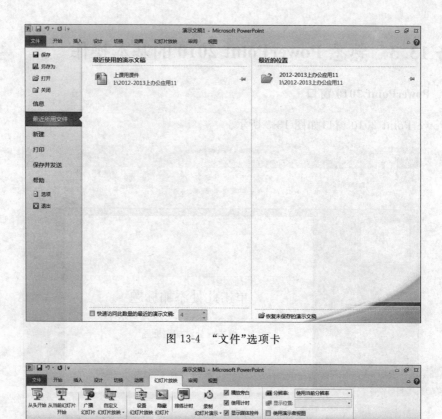

图 13-4　"文件"选项卡

图 13-5　"幻灯片放映"选项卡和功能区

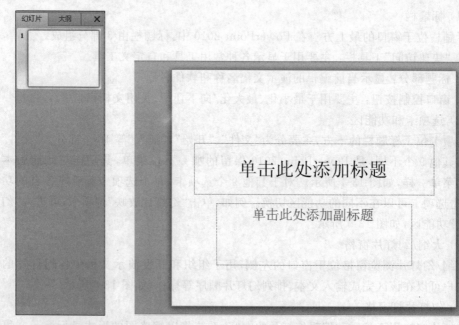

图 13-6　大纲/幻灯片窗格　　　　　　　图 13-7　幻灯片窗格

（5）备注窗格

备注窗格用于添加与观众共享的备注信息。如果需要在备注中包含图形,必须在备注页视图中添加备注,如图 13-8 所示。

图 13-8 备注窗格

（6）状态栏

状态栏位于窗口底部,用于显示当前演示文稿的状态信息,表示当前的工作状态、视图方式及显示/调用视图比例,如图 13-9 所示。

图 13-9 状态栏

（7）PowerPoint 2010 的视图

PowerPoint 2010 提供了多种视图,让用户以不同的方式观看幻灯片。单击"视图"选项卡,在对应的功能区中有如图 13-10 所示的演示文稿视图模式。

图 13-10 PowerPoint 2010 视图

2. 创建和保存演示文稿

（1）启动 PowerPoint 2010,然后单击"文件"→"新建"命令,弹出如图 13-11 所示的"新建演示文稿"对话框。

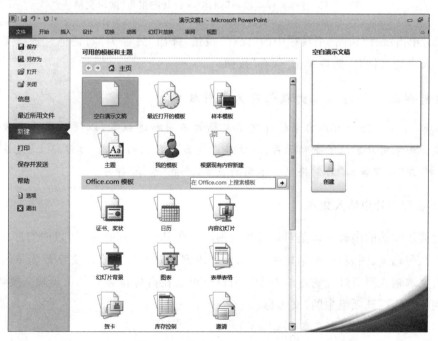

图 13-11 "新建演示文稿"对话框

（2）从图 3-11 可以看到，新建演示文稿有很多模板，用户可以根据需要选择适合的演示文稿主题模板。这里选择"样本模板"→"项目状态报告"，然后单击"创建"按钮，创建一个演示文稿，如图 13-12 所示。

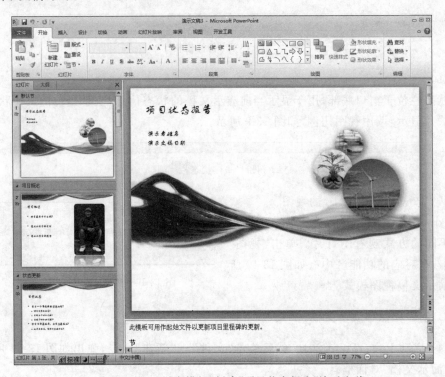

图 13-12 使用"样本模板"创建"项目状态报告"演示文稿

（3）单击"快速访问"工具栏中的"保存"按钮，弹出"另存为"对话框。选择文件存放的路径及设置文件名，然后单击"保存"按钮。

📒 技能链接——将演示文稿保存为多种版本

PowerPoint 2010 可以自动保存演示文稿的不同渐进版本，以便让用户检索所有早期版本。如果用户忘记了手动保存，其他作者覆盖了自己的内容，可以单击"文件"→"信息"命令，在"管理版本"右侧将显示不同的版本，单击"选择"即可。

3. 在幻灯片中输入文本

对演示文稿的编辑主要是对幻灯片的编辑。在 PowerPoint 中，可以向幻灯片添加文字、图片、剪贴画、图表、组织结构图、艺术字等内容。向幻灯片添加文字最简单的方式是直接将文本输入到幻灯片的占位符中。用户也可以在占位符之外的位置输入文本，这时需要使用"插入"选项组中的"文本框"。

（1）使用占位符输入文本

当打开一个空演示文稿时，系统会自动插入一张标题幻灯片，如图 13-13 所示。其中共有两个虚线框,称为占位符。占位符中显示"单击此处添加标题"、"单击此处添加副标题"的字样。

图 13-13　系统自动插入一张标题幻灯片

　　要为幻灯片添加标题,单击标题占位符,此时插入点出现在占位符中,即可输入标题的内容。要为幻灯片添加副标题,单击副标题占位符,然后输入副标题的内容,如图 13-14所示。

图 13-14　在占位符中添加文本

　　提示:在占位符输入文本时,经常会发生最右侧的文本结束位置不合理的情况,有些人喜欢按 Enter 键换行,其实,可以直接按 Shift+Enter 键分行。
　　要删除不需要的默认占位符,单击该占位符的边框,然后按 Delete 键。
　　(2) 使用文本框输入文本
　　① 单击"插入"→"文本"→"文本框"按钮▥,从弹出的菜单中选择"横排文本框"命令。
　　② 单击要添加文本的位置,即可开始输入文本。在输入文本的过程中,文本框的宽

度自动增大,但是文本框不会自动换行。

③ 输入完毕,单击文本框之外的任意位置即可,如图 13-15 所示。

"展示设计"项目课程探索与实践
开题报告

报告人:王玉杰

图 13-15　利用文本框添加文本

技能链接——制作演示文稿的基本原则与技巧

① 模板与背景:用于演示的幻灯片要设计精巧、美观,但不能喧宾夺主,要重点突出演示内容,背景与主体色彩要对比鲜明。

② 文字:一张幻灯片中放置的信息不宜过多,尽量精简。幻灯片上的文字只是标题和提纲以及必要的补充说明资料。

- 字体:连贯的文字选用宋体为佳;标题字体不要超过 4 种,最好少用草书、行书、艺术等字体,因为这些字体看起来吃力,易致不正常现象。
- 字号:标题字体选用 32～36 字号为宜,加粗、加阴影效果更好。其他字号可根据空间情况选择 22～30 号,注意同级字号的一致性。
- 字体颜色:将标题或需要突出的文字改用不同的颜色显示,但不宜超过 3 种颜色。

③ 图片:尽量不要插入与内容无关的图片。在幻灯片中的图片要经过适当的处理,好的图片可以减少大篇的文字说明。

④ 动画:尽量不要使用动感过强的动画效果,以免分散观众的注意力。适当的动画效果对演示文稿起到承上启下、激发观众兴趣的作用。

⑤ 打包:为了保证制作的演示文稿能够在不同的电脑上顺利播放,要将制作幻灯片时用到的字体、动画和影音文件一起打包。如果要在没有安装 PowerPoint 的电脑上播放,还要将 PowerPoint 播放器一起打包。

4. 处理幻灯片

一般来说,一个演示文稿中会包含多张幻灯片。管理幻灯片成为维护演示文稿的重要任务。在制作演示文稿的过程中,可以插入、删除及复制幻灯片。

(1) 选定幻灯片

① 在处理幻灯片之前,必须选定幻灯片。既可以选定单张幻灯片,也可以选定多张

幻灯片。若在普通图中选定幻灯片,单击"大纲"选项卡中的幻灯片图标;或者单击"视图"→"演示文稿视图"→"幻灯片浏览"按钮🖳,切换到幻灯片浏览视图。

② 为了在幻灯片浏览视图中选定多张连续的幻灯片,应先单击第一张幻灯片的缩略图,使该幻灯片的周围出现边框,然后按下 Shift 键,并单击最后一张幻灯片的缩略图。

③ 为了在幻灯片浏览视图中选定多张不连续的幻灯片,先单击第一张幻灯片的缩略图,使该幻灯片的周围出现边框,然后按下 Ctrl 键,再分别单击要选定的幻灯片的缩略图,如图 13-16 所示。

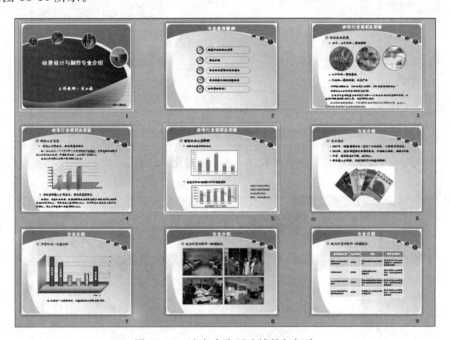

图 13-16　选定多张不连续的幻灯片

(2) 插入幻灯片

① 单击"视图"→"演示文稿视图"→"普通视图"按钮🖳,切换到普通视图。

② 单击要插入新幻灯片的位置,然后选中第 1 张幻灯片。

③ 单击"开始"→"幻灯片"→"新建幻灯片"按钮🖼,从弹出的菜单中选择"标题和内容"版式,即可在第 1 张幻灯片之后插入一张新幻灯片,如图 13-17 所示。

(3) 更改已有幻灯片的版式

① 选中刚才插入的幻灯片。

② 单击"开始"→"幻灯片"→"版式"按钮📑版式▾,在弹出的菜单中选择"两栏内容"版式,效果如图 13-18 所示。

(4) 删除幻灯片

用户可以将演示文稿中没有用的幻灯片删除,以便于对演示文稿的管理。右击要删除的幻灯片,然后在弹出的快捷键菜单中选择"删除的幻灯片"命令;或者选择要删除的幻灯片,然后按 Delete 键,都可以删除幻灯片。

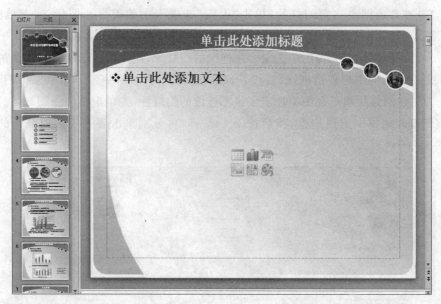

图 13-17　插入幻灯片

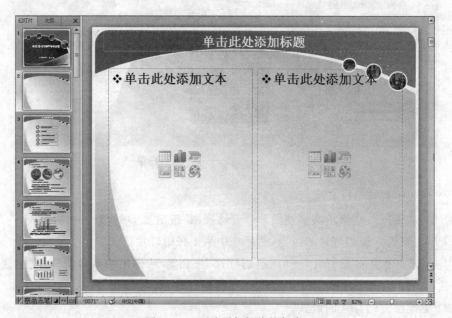

图 13-18　更改了幻灯片的版式

（5）调整幻灯片顺序

① 在幻灯片浏览视图中，选定新插入的幻灯片，即第 2 张幻灯片。

② 按住鼠标左键拖动，会出现一根竖线，表示选定幻灯片将要放置的新位置，即第 3 张幻灯片之后。

③ 释放鼠标左键，选定的幻灯片将出现在插入点所在的新位置，如图 13-19 所示。

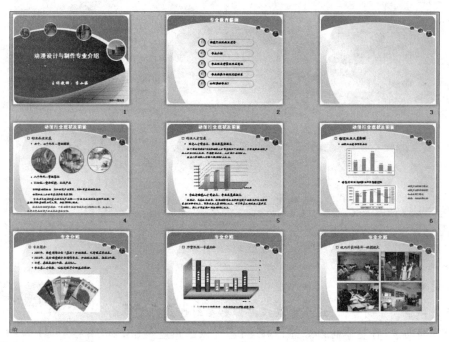

图 13-19　利用鼠标拖动移动幻灯片后的效果

（6）复制幻灯片

制作演示文稿的过程中，可能有几张幻灯片的版式和背景是相同的，只是其中的部分文本不同，这时可以复制幻灯片，然后对复制后的幻灯片进行修改。

① 在幻灯片浏览视图中，选定要复制的幻灯片。

② 按住 Ctrl 键，然后按住鼠标左键拖动选定的幻灯片。

③ 在拖动的过程中，会出现一条竖线，表示选定幻灯片的新位置。

④ 释放鼠标左键，再松开 Ctrl 键，选定的幻灯片将被复制到目的位置。

（7）将幻灯片组织为逻辑节

在 PowerPoint 2010 中新增了节功能，可以使用多个节来组织大型幻灯片版面，以简化其管理和导航。此外，通过对幻灯片进行标记并将其分为多个节，可以与他人协作创建演示文稿。

① 打开"项目 13/专业培训介绍"演示文稿后，选定要添加节的幻灯片，即第 4 张幻灯片，然后单击"开始"→"幻灯片"→"节"按钮，在弹出的下拉菜单中选择"新增节"命令，效果如图 13-20 所示。

② 新建节后，用鼠标右键单击选中新添加的节，然后在弹出的快捷菜单中选择"重命名节"命令，弹出如图 13-21 所示的"重命名节"对话框。在"节名称"文本框中输入节的名称"专业介绍"，然后单击"重命名"按钮。

③ 经过上述操作，将指定的节重命名为"专业介绍"。单击节标题左侧的折叠按钮，可以将当前节折叠起来。

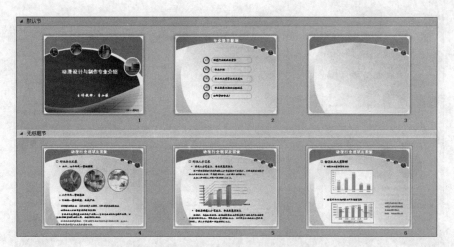

图 13-20　在第 4 张幻灯片之后添加节

 技能链接——逻辑节

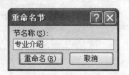

　　节是一个独立的整体,用户可以根据需要在幻灯片列表中向上或向下移动节,将整节的内容进行移动;也可以选中整个节,更改节的幻灯片的背景样式等格式,即更改节中所有幻灯片的整体效果。

图 13-21　"重命名节"
　　　　　　对话框

　　当用户不需要节时,右击要删除的节,然后单击"删除节"命令,删除节的信息,但是它不会将节内的幻灯片删除;还可以使用"删除所有节"命令,一次性删除整个演示文稿的节。

项目拓展：设置演示文稿的字体、段落格式

　　幻灯片内容一般由一定数量的文本对象和图形对象组成。文本对象是幻灯片的基本组成部分。PowerPoint 2010 提供了强大的格式化功能,允许用户对文本格式化。段落是带有一个回车符的文本,用户可以改变段落的对齐方式,设置段落缩进,调整段间距和行间距等。

1. 设置字体格式

（1）改变字体

①　在普通视图中,选定要改变字体的文本。

②　单击"开始"→"字体"→"字体"列表框下三角按钮,出现"字体"下拉列表。

③　从"字体"下拉列表中选择所需的字体。例如,选择"黑体"。

（2）改变字号

①　在普通视图中,选定要改变字号的文本。

②　单击"开始"→"字体"→"字号"列表框下三角按钮,出现"字号"下拉列表。

③ 从"字号"下拉列表中选择所需的字号。

（3）更改文本颜色

① 在普通视图中，选定要改变颜色的文本。

② 单击"开始"→"字体"→"字体颜色"下三角按钮 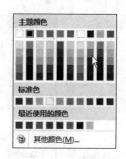，
出现"字体颜色"菜单，如图 13-22 所示。

③ 如果采用主题中的颜色，单击"主题颜色"选项下的颜
色之一；如果要改变为调色板中的颜色，单击"标准色"选项下
提供的 10 种颜色之一；如果要改变为非调色板中的颜色，单

图 13-22 "字体颜色"菜单

击"其他颜色"选项，在出现的"颜色"对话框中选择颜色。

（4）调整字符间距

字符间距就是相邻文字之间的距离。排版演示文稿时，为了使标题看起来比较美观，
可以适当增加或缩小字符间距。具体操作如下。

① 选定要调整字符间距的文本。

② 单击"开始"→"字体"→"字符间距"按钮 [AV]，在弹出的菜单中选择一种合适的字
符间距。

③ 如果要精确设置字符间距的值，单击"开始"→"字体"→"字符间距"按钮 [AV]，在弹
出的菜单中选择"其他间距"，打开"字体"对话框的"字符间距"选项卡。

④ 在"间距"下拉列表框中选择"加宽"或"紧缩"选项，然后在"度量值"文本框中输入
具体的数值。

⑤ 单击"确定"按钮。

2. 设置段落格式

（1）改变段落的对齐方式

如果要改变段落的对齐方式，可以按照下述步骤操作。

① 将插入点设置到段落中的任意位置。

② 单击"开始"→"段落"选项组中所需的按钮，如图 13-23 所示。

（2）设置段落缩进，让文字显示清楚

段落缩进是指段落与文本区域内部边界的距离。PowerPoint 提

图 13-23 设置段落
对齐按钮

供了 3 种缩进方式，即首行缩进、悬挂缩进与左缩进。设置段落缩
进的具体操作步骤如下。

① 将插入点置于要设置的缩进段落中，或者同时选中多个段落。

② 单击"开始"→"段落"选项组中的"对话启动器"按钮，弹出如图 13-24 所示的"段
落"对话框。

③ 在"缩进"选项组中设置"文本之前"的距离，指定"特殊格式"为"首行缩进"或"悬
挂缩进"，并设置具体的度量值。

④ 设置完毕后，单击"确定"按钮。

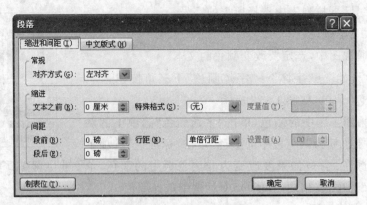

图 13-24 "段落"对话框

（3）使用项目符号，让文字更具有条理性

添加项目符号的列表有助于把一系列重要的条目或论点与文档中其余的文本区分开来。PowerPoint 允许为文本添加不同的项目符号。

默认情况下，在输入正文时，PowerPoint 会插入一个圆点作为项目符号。如果要更改项目符号，按照下述步骤操作。

① 选定幻灯片的段落。

② 单击"开始"→"段落"→"项目符号"下三角按钮 ，在弹出的下拉菜单中选择所需的"项目符号"。

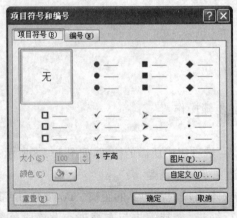

图 13-25 "项目符号和编号"对话框

③ 如果预定义的项目符号不能满足要求，可以在弹出的下拉菜单中选择"项目符号和编号"命令，打开如图 13-25 所示的"项目符号和编号"对话框。

④ 单击"自定义"按钮，打开如图 13-26 所示的"符号"对话框。在"字体"下拉列表中选择所需符号的字体，然后在下方的列表框中选择符号。

⑤ 单击"确定"按钮，返回"项目符号和编号"对话框。

⑥ 要设置项目符号的大小，在"大小"数值框中输入百分比。

⑦ 要为项目符号选择一种颜色，从"颜色"下拉列表框中选择所需的颜色。

⑧ 单击"确定"按钮。

（4）使用编号列表排列文字先后顺序

编号列表是指按照编号的顺序排列。要为段落添加编号，可以使用与创建项目符号列表类似的方法创建编号列表。

如果要使用 PowerPoint 提供的预设编号，按照下述步骤操作。

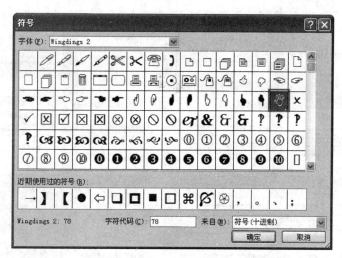

图 13-26   "符号"对话框

① 选择要添加编号的段落。

② 单击"开始"→"段落"→"编号"下三角按钮，在弹出的下拉列表中选择预设的编号。

技能链接——编号的大小与颜色的设定

如果要改变编号的大小与颜色,选定要改变编号的段落,然后单击"开始"→"段落"→"编号"下三角按钮,在弹出的下拉菜单中选择"项目符号和编号"命令,打开"项目符号和编号"对话框。单击"编号"选项卡,在"大小"数值框中输入百分比,可以改变编号的大小;单击"颜色"下拉列表框右侧的向下箭头,从下拉列表中选择所需的颜色。

(5) 让文字较多的文章易于阅读

对于文字较多的文章,可以通过调整字号大小以及设置双栏版式使之易于阅读。具体操作步骤如下。

① 打开原始文件。

② 单击"开始"→"幻灯片"→"版式"按钮,在弹出的下拉菜单中选择"两栏内容",然后将多余的文字"剪切"、"粘贴",并移动到右侧的内容框中。

项目小结

本项目初步介绍了演示文稿的基本操作,包括演示文稿的创建、保存;快速处理演示文稿文本;插入、复制、删除幻灯片和设置幻灯片格式等。

课后练习:员工培训演示文稿的制作

制作如图 13-27 所示的员工培训演示文稿。

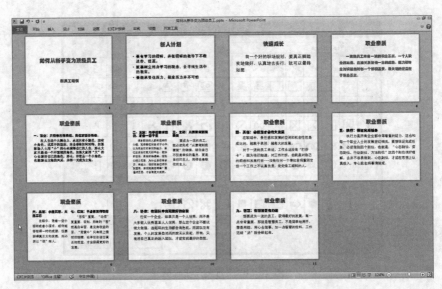

图 13-27　员工培训演示文稿

（1）参照图 13-27 制作一个不少于 10 张幻灯片的演示文稿，并以"员工培训.pptx"为名保存。

（2）录入各个幻灯片的标题及文本内容。

（3）对文本进行字体、段落格式化。

（4）为文本添加项目符号。

（5）将文字较多的幻灯片改为两栏的版式。

制作产品演示文稿——演示文稿的制作

【项目背景】

在企、事业单位的日常工作中,公司的自我宣传和产品展示是一项重要的工作。如何提高各种推介会的效果,在有效的时间内提供更多的信息给听众,是信息化办公中要解决的重要问题。信息化办公人员需要设计高效、简明的演示文稿提供给报告者。报告者讲解的同时,向听众展示演示文稿,可使听众从视觉、听觉等多个方面获取信息。

本项目将针对当下最流行的电子产品 Apple 进行案例演练,一步步地建立演示文稿,展示其产品,效果如图 14-1 所示。Apple 产品展示包括公司、创始人、产品、Phone 首发情况等介绍,针对这些具体内容,设计风格统一且有特色的模板。通过本项目的学习,用户可以掌握应用设计模板 PowerPoint 2010 制作产品演示文稿的技巧。

图 14-1　Apple 产品演示文稿

【项目分析】

创建演示文稿之后，首先应根据需要，对幻灯片要展示的内容进行分析，即设置文稿的页面，包括字体大小、版式等，以避免无谓的劳动，提高工作效率，快速制作出符合要求的演示文稿。

本项目除了设置文本的基本内容以外，还要创建幻灯片的母版，并且在幻灯片中插入自选图形、图片、表格以及图表等。

【项目实施】

本项目通过以下几个任务来完成：

任务 14.1　　编辑幻灯片母版

任务 14.2　　插入新幻灯片

任务 14.3　　输入幻灯片标题及内容，并插入图片

任务 14.4　　插入表格

任务 14.5　　创建并修改图表

任务 14.1　　编辑幻灯片母版

幻灯片母版实际上是一张特殊的幻灯片，在演示文稿中，所有的幻灯片都基于该幻灯片母版创建。如果更改了幻灯片母版，会影响所有基于母版创建的演示文稿幻灯片。幻灯片母版主要用于制作具有统一标志和背景的内容，设置各级标题文本的格式，包括文本的字体、字号和颜色效果。如果要在多张幻灯片中显示相同的文本或图形，可将其置于母版。只需在母版中编辑一次，就可将其应用于演示文稿中所有应用了该母版的幻灯片。

PowerPoint 2010 包含幻灯片母版、讲义母版和备注母版 3 种，分别用于设计幻灯片、讲义和备注内容的格式。幻灯片母版使用较多，只要掌握了它的使用方法，其他两种母版的使用方法也就会了。

本任务主要介绍设计母版内容的方法，包括文本和项目符号等对象在幻灯片上的位置和大小、文本的字体格式、幻灯片背景等。具体操作如下所述。

1. 创建、保存演示文稿

(1) 启动 PowerPoint 2010，系统自动创建一个空演示文稿。空演示文稿是只有布局版式的白底幻灯片，不带有任何模板设计，创建者可以方便地按自己的风格进行设计。

(2) 单击"快速访问"工具栏中的"保存"按钮，打开"另存为"对话框。选择文件存放的位置，然后输入演示文稿的文件名"apple 产品简介"，再单击"保存"按钮。

2. 插入标志图片

(1) 单击"视图"→"母版视图"→"幻灯片母版"按钮，进入如图 14-2 所示的幻灯片母版视图。

图 14-2　幻灯片母版视图

（2）单击"插入"→"图像"→"图片"按钮，打开"插入图片"对话框。单击"查找范围"右侧下拉按钮，选择"项目 14/图片/母版图片.jpg"文件，然后单击"插入"按钮，即在幻灯片母版中插入了选中的图片。

（3）适当调整图片大小，并将图片移动到左上角，效果如图 14-3 所示。

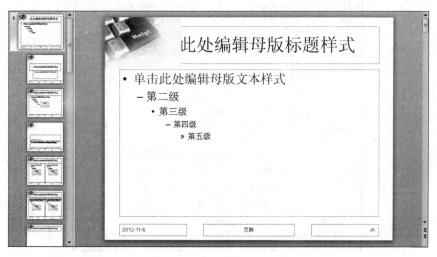

图 14-3　在母版中插入图片

3. 绘制自选图形

（1）单击"插入"→"插图"→"形状"按钮，在弹出的下拉菜单中选择"矩形"→"矩形"命令。

（2）将鼠标光标移到幻灯片母版中，这时，光标变为"十"字形。拖动鼠标绘制一个矩形，并适当调整该图形的大小，效果如图 14-4 所示。

（3）用鼠标右键单击该图形，在弹出的快捷菜单中选择"设置形状格式"命令，打开"设置形状格式"对话框。单击"填充"项目下的"渐变填充"单选按钮，按图 14-5 所示设

图 14-4　在幻灯片中绘制的矩形

图 14-5　设置矩形的渐变填充

置。单击"线条颜色"项目下的"无线条颜色"单选按钮,设置线条"无颜色",效果如图 14-6 所示。

（4）选中该矩形,然后单击"格式"→"排列"→"旋转"按钮,在弹出的下拉菜单中选择"水平翻转"命令,效果如图 14-7 所示。

4. 设置幻灯片母版标题及正文字体格式

（1）单击"幻灯片母版标题"占位符边框,此时边框呈虚线样式,占位符四周出现 8 个控制点。将鼠标光标移到占位符边框,将占位符移动到右上角,并适当调整其大小,使之

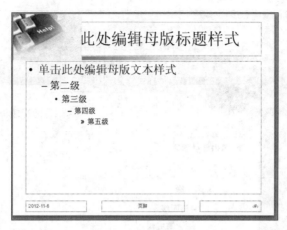

图 14-6　设置了填充和边框的矩形效果

图 14-7　水平翻转后的矩形

与标题图片相匹配。

（2）设置标题占位符字体格式为"黑体、28、加粗、黑色"，"对齐方式"为"右对齐"。

（3）适当调整标题图片、标题占位符、形状图形在幻灯片中的位置，使布局合理。

（4）设置文本占位符字体大小为"24，宋体、加粗"，"段行距"为"1.2 倍"。

（5）选中自动版式对象中的第 1 行文字，然后单击"开始"→"段落"→"项目符号"下三角按钮，在弹出的下拉列表中选择项目符号"■"，如图 14-8 所示。

（6）其他二、三级符号的设置可按照同样的方法操作。

5．创建、编辑标题母版

标题母版用于存储"标题幻灯片"样式的幻灯片。标题母版修改后，对应的标题幻灯片会发生相应的改变。

（1）在"幻灯片母版"视图下选中"标题幻灯片"，然后单击"幻灯片母版"→"背景"选项组中的"隐藏背景图形"复选框，隐藏标题母版中的标题图片。

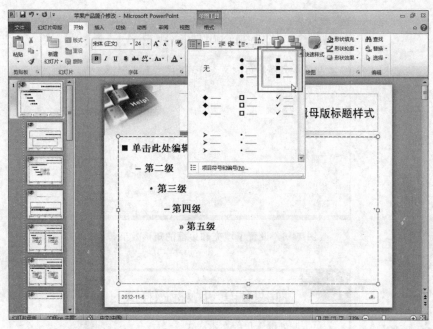

图 14-8　选择项目符号

　　(2) 单击"幻灯片母版"→"背景"→"背景样式"按钮,在弹出的下拉菜单中选择"设置背景格式"命令,打开"设置背景格式"对话框。单击"填充"项目下的"图片或纹理填充"单选按钮,如图 14-9 所示,再单击"文件"按钮,打开"插入图片"对话框,设置背景图片为"项目 14/图片/标题母版背景.jpg"。单击"插入"按钮,返回"设置背景格式"对话框,然后单击"关闭"按钮,效果如图 14-10 所示。

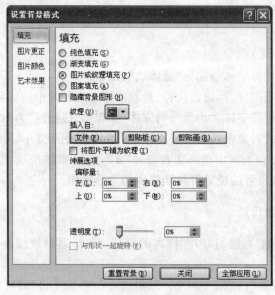

图 14-9　"设置背景格式"对话框

图 14-10　设置背景图片及占位符格式的标题母版

（3）在"幻灯片母版"视图中单击"关闭母版视图"按钮，返回到普通视图，第 1 张幻灯片就应用了标题样式，效果如图 14-11 所示。

图 14-11　应用了标题样式的第 1 张幻灯片

任务 14.2　插入新幻灯片

（1）在"幻灯片/大纲"区，选中第 2 张幻灯片。

（2）单击"开始"→"幻灯片"→"新建幻灯片"向下三角按钮，在弹出的下拉菜单中选择"标题和内容"命令，插入"标题和内容"版式的新幻灯片。

（3）重复第（2）步，再插入 10 张幻灯片，新插入的幻灯片自动应用了幻灯片母版样式,整个演示文稿风格统一,效果如图 14-12 所示。

图 14-12　插入新幻灯片的效果

任务 14.3　输入幻灯片标题及内容,并插入图片

(1) 选中第 1 张幻灯片,然后单击"单击此处添加标题"占位符,输入标题"apple"。单击"单击此处添加副标题"占位符,输入副标题"iPhone 5"。

(2) 标题内容输入完成后,依次输入其他幻灯片标题,效果如图 14-13 所示。

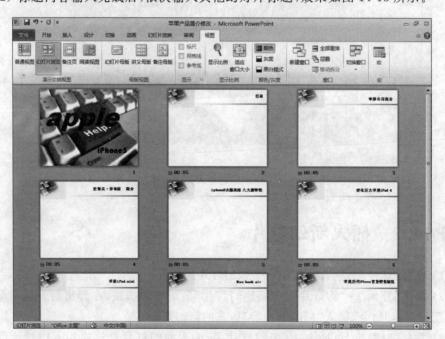

图 14-13　输入每张幻灯片标题的效果

（3）切换到"幻灯片"窗格，输入其他幻灯片的内容，并插入每张幻灯片所需的图片，效果如图 14-14 所示。

图 14-14　在幻灯片中输入文字、插入图片的效果

任务 14.4　插入表格

如果需要在演示文稿中添加有规律的数据，可以用表格来完成。PowerPoint 中的表格操作比 Word 简单得多。

（1）单击内容版式中的"插入表格"按钮 ▦ ，出现如图 14-15 所示的"插入表格"对话框。

（2）在"列数"列表框中输入"5"，在"行数"列表框中输入"6"。

（3）单击"确定"按钮，将表格插入到幻灯片中，如图 14-16 所示。

图 14-15　"插入表格"对话框

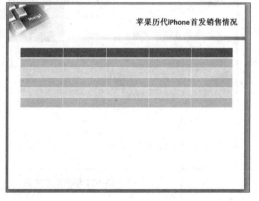

图 14-16　创建的表格

（4）向表格输入文本，效果如图 14-17 所示。如果输入的文本较长，会在当前单元格的宽度内自动换行，此时自动增加该行的行高。

（5）对表格进行格式化，设置表格的样式，以增强幻灯片的感染力。选定整个表格，然后单击"设计"→"表格样式"选项组中的"中度样式 2-强调 5"，效果如图 14-18 所示。

型号	销售量(万台)	发售时间	销售时间(天)
iPhone	27	2007年6月1日	74
iPhone 3G iPhone 3G S	100	2008年7月11日 2009年6月19日	7
iPhone 4	170	2010年6月24日	3
iPhone 4S	400	2011年10月14日	1
iPhone 5		2012年9月21日	

图 14-17　向表格输入文本　　　　　　图 14-18　快速设置表格样式

任务 14.5　创建并修改图表

图表是一种以图形显示的方式表达数据的方法。用图表来表示数据，可以使数据更容易理解。与 Excel 创建图表的方式有些不同，在 PowerPoint 默认情况下，当创建好图表后，需要在关联的 Excel 数据表中输入图表所需的数据。当然，如果事先为图表准备了 Excel 格式的数据表，也可以打开这个数据表，并选择所需的数据区域，将已有的数据区域添加到 PowerPoint 中。

图 14-19　占位符上的"插入图表"按钮

在 PowerPoint 2010 中，图表虽然是幻灯片中的一个对象，但在编辑状态下，图表由多个元素组成，如图表区域、绘图区、背景墙、分类轴及数据轴等，用户可以选择图表中的各个元素进行相应的设置。

（1）单击内容占位符上的"插入图表"按钮，如图 14-19 所示，出现如图 14-20 所示的"插入图表"对话框。

（2）从左侧列表框中选择图表类型为"柱形图"→"簇状柱形图"，然后单击"确定"按钮。

（3）此时，自动启动 Excel，同时显示 PowerPoint 和 Excel，如图 14-21 所示，让用户在工作表单元格中直接输入数据。

（4）更改工作表中的数据，将第 9 张幻灯片中的数据录入到 Excel 中，使 PowerPoint

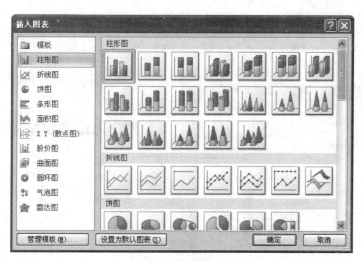

图 14-20　"插入图表"对话框

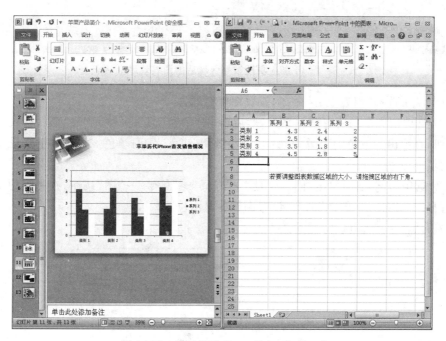

图 14-21　同时显示 PowerPoint 和 Excel

图表中的数据自动更新。

（5）输入数据后，更改图表的数据区域，然后拖动工作表中数据的蓝色线至图 14-22 所示的位置，效果如图 14-22 所示。单击 Excel 窗口右上角的"关闭"按钮，并单击 PowerPoint 右上角的"最大化"按钮。

（6）选中图表，然后单击"图表工具"→"布局"→"标签"→"数据标签"按钮，在弹出的下拉菜单中选择"数据标签外"命令，为数据系列添上数据标签。

（7）选中图表，然后单击"图表工具"→"布局"→"标签"→"图表表题"按钮，在弹出

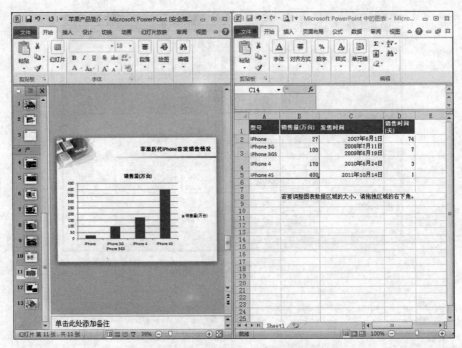

图 14-22　更改数据区域后的图表效果

的下拉菜单中选择"图表上方"命令,设置图表标题。

(8)选中图表中的所有数据系列,然后单击"图表工具"→"格式"→"形状样式"→"其他"按钮,在弹出的下拉的菜单中选择"中等效果-红色,强调颜色 2"命令,重新设置数据系列的填充效果。

(9)选中图例,然后单击"图表工具"→"布局"→"标签"→"图"按钮,在弹出的下拉菜单中选择"在底部显示图例"命令,设置图例的显示位置。

最后的效果如图 14-23 所示。

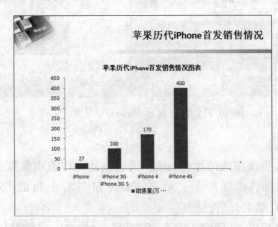

图 14-23　图表的最后效果

提示:演示文稿的每一张幻灯片都有一个默认编号,只是默认状态下没有显示出来。

单击"插入"→"文本"→"幻灯片编号"按钮,打开"页眉和页脚"对话框,在"幻灯片"选项中选中"幻灯片编号"复选框即可显示该编号。

项目拓展：使用超链接

超链接是指从一个网页指向一个目录的连接关系,该目标可以是另一个网页,也可以是相同网页上的不同位置,还可以是一张图片、一封电子邮件、一个文件等。在PowerPoint 中,也可以通过在幻灯片内插入超链接,使用户直接跳转到其他幻灯片、其他文档或 Internet 上的网页中。

在 PowerPoint 中,可以使用动作按钮创建超链接。因为包含一组内置的按钮,可完成像"下一项"、"前一项"、"播放声音"或者"播放影片"等动作。在幻灯片放映时单击这些按钮,就能够激活另一个程序、播放声音或影片,或者跳转到其他幻灯片、文件和 Web 页。

本项目主要介绍如何给演示文稿的文本对象和动作按钮创建超链接。该方法适用于几乎所有的 Office 产品(如 Word 或 Excel)。

(1) 在普通视图中,选定第 2 张幻灯片作为超链接的文本"苹果公司简介"。

(2) 单击"插入"→"键接"→"超链接"按钮,打开"插入超链接"对话框,按图 14-24 所示进行设置。

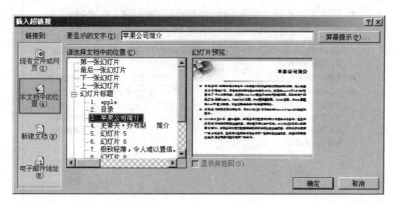

图 14-24   设置超链接

(3) 单击"确定"按钮,完成超链接设置。可以看到,文本"苹果公司简介"下有下画线,字体颜色发生了改变。

(4) 同理,将第 2 张幻灯片的其他文本分别连接到相应的幻灯片,效果如图 14-25所示。

(5) 选择第 3 张幻灯片,然后单击"插入"→"插图"→"形状"按钮,在弹出的下拉菜单中选择"动作按钮"→"动作按钮：第一张"命令,鼠标光标变为"十"字形。按住鼠标左键不放,在幻灯片的右下角拖曳鼠标,绘制出一个动作按钮,并打开"动作设置"对话框,如图 14-26 所示。

(6) 在"动作设置"对话框中,选中"超链接到"单选按钮,然后在其下的文本列表框中单击右侧的下拉按钮,选择动作按钮要链接到的幻灯片。默认为"下一张",这里选择"幻

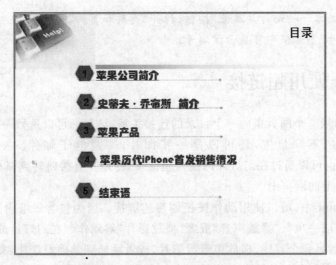

图 14-25 文本设置了超链接的效果

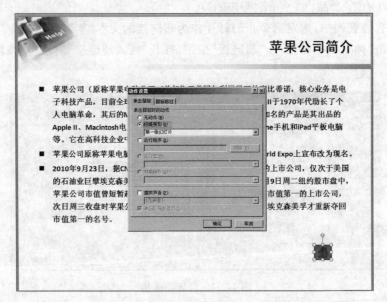

图 14-26 "动作设置"对话框与动作按钮

灯片",打开如图 14-27 所示"超链接到幻灯片"对话框。选择幻灯片标题为"目录",然后单击"确定"按钮,完成"动作按钮"的设置。

图 14-27 "超链接到幻灯片"对话框

（7）将该"动作按钮"分别复制到第 4、8、10 张幻灯片的右下角。

（8）保存演示文稿并放映观看。

技能链接——修改超链接

设置了超链接后，若要修改，右键单击动作按钮，打开其快捷菜单，然后选择"编辑超链接"，打开"动作设置"对话框。在对话框中编辑超链接。

项目小结

本项目介绍了在 PowerPoint 2010 创建母版的基本操作步骤和方法，以及在演示文稿中插入与编辑表格、图片、图表、自选图形的步骤，并且简单介绍了超链接和动作按钮的使用方法。

课后练习：制作产品推广策划书

1. 熟悉新产品的基本情况，收集相关图片素材。
2. 创建幻灯片模板。
3. 注意幻灯片的逻辑结构。
4. 制作上市公司的组织结构图。
5. 使用图片、自选图形、艺术字等展示新产品的基本情况。
6. 使用表格展示新产品销售的重点区域、销售网络等。
7. 创建多种图表并进行数据分析，利用图表展现上市产品的前景。

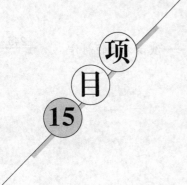

"毕业答辩"演示文稿
——多媒体与动画的应用

【项目背景】

经过老师的指点，再加上自己努力尝试，高小璐同学终于使用样式完成了对毕业论文的快速排版，并为论文自动生成了目录。论文完成后，高小璐感觉使用 Word 的能力大大提高。接下来就要进行毕业答辩了，要想获得好成绩，该怎么做呢？她想到了演示文稿。因为在演示文稿中可以使用文字、图片、图表、组织结构图、声音等，还可以加入动画，使答辩更加生动，达到引人入胜的效果。她运用办公应用知识快速制作了论文答辩演示文稿，还需要统一演示文稿的外观并加入动画，该如何操作呢？

【项目分析】

本项目主要包括设置幻灯片的动画和切换效果以有插入声音等，是前两个项目的延伸，使读者在独立制作简单的演示文稿，自如地运用 PowerPoint 2010 中插入图片、艺术字、文本框、表格、组织结构图等功能的基础上，进一步学习设置幻灯片动画和切换效果的方法，使演示文稿图文并茂、生动有趣，效果如图 15-1 所示。

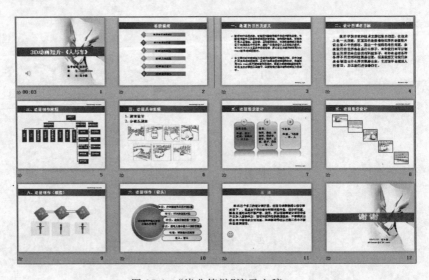

图 15-1 "毕业答辩"演示文稿

【项目实施】

本项目通过以下几个任务来完成：

任务 15.1　应用主题美化演示文稿

任务 15.2　插入音频文件

任务 15.3　创建自定义动画

任务 15.4　设置幻灯片的切换效果

任务 15.5　幻灯片的放映设置与控制

任务 15.6　录制幻灯片

任务 15.1　应用主题美化演示文稿

主题包括一组主题的颜色、一组主题字体（包括标题字体和正文字体）和一组主题效果（包括线条和填充效果）。通过应用主题，用户可以快速而轻松地设置整个文档的格式，赋予它专业和时尚的外观。本任务将介绍主题的使用方法。

（1）打开制作好的"论文答辩演示文稿.pptx"。

（2）单击"设计"→"主题"→"波型"主题，效果如图 15-2 所示。

图 15-2　应用了"波型"主题的幻灯片

（3）如果希望只对选择的幻灯片设置主题，用鼠标右击主题菜单中的主题，然后选择"应用选择幻灯片"命令。

（4）如果默认的主题不符合要求，还可以将设计好的幻灯片模板应用到幻灯片中。单击"设计"→"主题"选项组右侧的"其他"按钮，在弹出的下拉菜单中选择"浏览主题"命令，打开"选择主题和主题文档"对话框。在查找范围时，选择"项目 15/幻灯片模板.pptx"，将主题应用到演示文稿中，效果如图 15-3 所示。

（5）单击"设计"→"主题"选项组右侧的"其他"按钮，在打开的下拉菜单中选择"保存当前主题"命令，将幻灯片模板保存为主题，以方便以后应用。

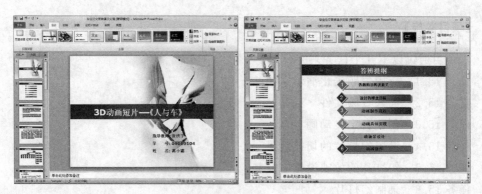

图 15-3 应用了自设"幻灯片模板"的幻灯片

任务 15.2 插入音频文件

在演示文稿中添加声音,能够吸引观众的注意力和增加新鲜感。然而声音不要使用过多,否则会喧宾夺主,成为噪音。PowerPoint 2010 支持很多格式的音频文件,包括最常见的 MP3 音乐文件(MP3)、Windows 音频文件(WAV)、Windows Media Audio 文件以及其他类型的声音文件。本任务给毕业答辩演示文稿添加一个音频文件,具体操作如下所述。

(1) 在毕业答辩演示文稿中,单击"插入"→"媒体"→"音频"下三角按钮,在弹出的下拉菜单中选择"文件中的音频"命令,打开如图 15-4 所示的"插入音频文件"对话框。

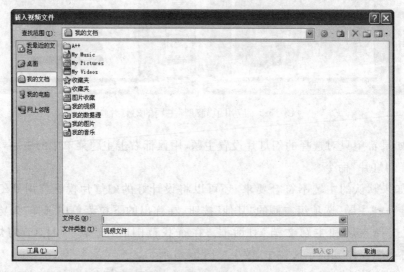

图 15-4 "插入音频文件"对话框

(2) 选择"项目 15/谈笑一生. MP3"音频文件,然后单击"确定"按钮,幻灯片中显示出已插入声音的图标,效果如图 15-5 所示。

图 15-5 幻灯片中的音频文件图标

（3）选中幻灯片中的声音图标，然后在"音频工具"→"播放"→"音频选项"选项组的"开始"列表框中选择"跨幻灯片播放"，再单击"放映时隐藏"复选框，完成设置声音的播放效果，如图 15-6 所示。

图 15-6 "音频选项"选项组

技能链接——为幻灯片添加视频文件

在幻灯片中可以添加视频文件，为演示文稿增加活力。插入视频文件的方法和插入音频文件的方法类似。视频文件包括 Windows 视频文件（AVI）、影片文件（MPG 或 MPEG）、Windows Media Video 文件（WMV）以及其他类型的视频文件。

任务 15.3 创建自定义动画

为幻灯片设置动画，可以让原本静止的演示文稿更加生动。PowerPoint 2010 提供的动画效果非常生动有趣，并且操作非常简单。

（1）选定第 1 张幻灯片的标题文字"3D 动画短片——《人与车》"，然后单击"动画"→"动画"选项组中的"浮入"效果，使标题文字从下边浮入进来。

（2）在第 8 张"动画场景设计"幻灯片中，选定第 1 张图片，然后单击"动画"→"高级动画"→"添加效果"按钮，从弹出的下拉菜单中选择"进入"→"旋转"命令，为第 1 张图片添加动画效果，如图 15-7 所示。

（3）同理，运用同样的方法为第 8 张幻灯片的其他图片设置相同的效果。设置动画效果后，在每张图片左上角旁有一个数字，表示这张幻灯片的第几个动画，如图 15-8 所示。

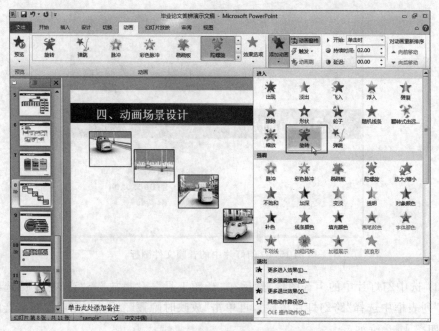

图 15-7 设置第 1 张图片的"旋转"动画效果

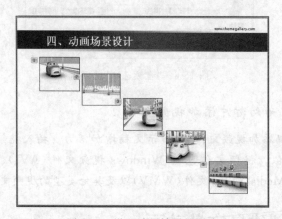

图 15-8 设置动画效果的图片

技能链接——添加效果菜单

添加效果菜单中包括"进入"、"强调"、"退出"、"动作路径"4 个选项。"进入"选项用于设置在幻灯片放映时,文本以及对象进入放映界面时的动画效果;"强调"选项用于演示过程中对需要强调的部分设置动画效果;"退出"选项用于设置幻灯片放映时,相关内容退出时的动画效果;"动作路径"选项用于指定相关内容放映时,动画所通过的运动轨迹。

(4) 单击"动画"→"高级动画"→"动画窗格"按钮,打开如图 15-9 所示"动画窗格"。选择第 1 个动画效果,然后在列表框中单击右侧的下三角按钮,在弹出的下拉菜单中选择"从上一项开始",设置动画的触发事件。

(5) 选择"效果"选项,打开动画效果"旋转"对话框,按图 15-10 所示进行设置。

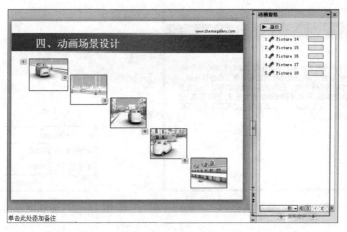

图 15-9 动画窗格

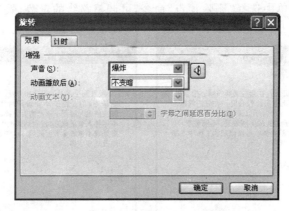

图 15-10 在"旋转"对话框设置动画旋转效果

（6）同理，为第 9 张幻灯片的所有自选图形添加"轮子"动画效果。

提示：在设置自定义动画时，幻灯片会自动播放动画。当对一张幻灯片中的对象设置好动画后，可以根据播放的效果更改和删除动画参数。

如果想设置几个对象同时运动，需要将对象组合到一起，再设置动画效果。

（7）在第 10 张幻灯片中，单击"插入"→"插图"→"形状"按钮，在弹出的下拉菜单中选择"基本形状"→"笑脸"命令，在幻灯片中创建一个笑脸。

（8）选择笑脸，然后单击"绘图工具"→"格式"→"形状样式"选项组中的"细微效果-褐色，强调颜色 6"选项，设置笑脸的形状样式。

（9）选择笑脸，然后单击"动画"→"动画"选项组右侧的"其他"按钮▼，从弹出的下拉菜单中选择"动作路径"→"自定义动作路径"，再拖曳鼠标指针，在幻灯片中绘制出如图 15-11 所示的路径。

（10）在"动画"→"计时"选项组中设置"开始"为"单击"，"持续时间"为"02.00"，如图 15-12 所示。

（11）选中该路径，然后单击鼠标右键，在弹出的快捷菜单中选择"编辑顶点"命令，如图 15-13 所示。

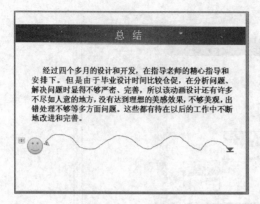

图 15-11　绘制路径　　　　　　　　图 15-12　设置图形笑脸的动画效果

　　（12）在当前幻灯片中显示该条路径的所有顶点。在顶点所在的线段处单击鼠标左键，然后在弹出的菜单中选择"删除顶点"命令，可调整路线的走势，效果如图 15-14 所示。

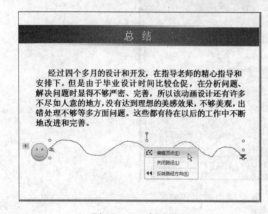

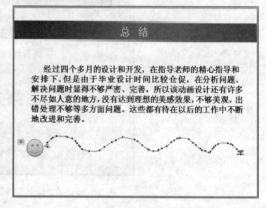

图 15-13　编辑顶点　　　　　　　　　　　图 15-14　删除顶点

　　（13）在路径中删除多余顶点后，可以用平滑顶点的方法，使幻灯片路径柔滑。选中一个顶点，然后单击鼠标右键，在弹出的快捷菜单中选择"平滑顶点"命令，如图 15-15 所示。

　　（14）选中顶点并向上拖曳，使路径呈现平滑的曲线效果，如图 15-16 所示。

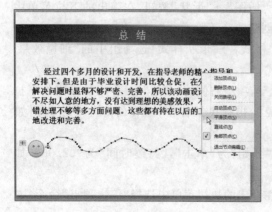

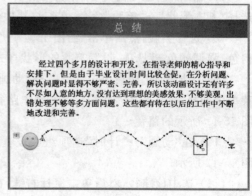

图 15-15　平滑顶点　　　　　　　　　　　图 15-16　平滑后的效果

（15）同理，采用以上的方法，可以拖曳路径上的其他顶点，改变原来曲线的路径，达到满意的效果。

任务 15.4 设置幻灯片的切换效果

幻灯片的切换效果是指在幻灯片的放映过程中，播放完的幻灯片如何离开、下一张幻灯片如何进入。设置幻灯片的切换效果，可以使演示文稿在播放时更加生动，增强视觉效果。

（1）在幻灯片的浏览窗格中选定第一张幻灯片的缩略图，使当前幻灯片处于编辑状态。

（2）单击"切换"→"切换到此幻灯片"→"其他"按钮，在弹出的下拉菜单中选择"擦除"命令，如图 15-17 所示。

（3）单击"切换"→"切换到此幻灯片"→"效果选项"按钮，在弹出的下拉菜单中选择"从右上部"命令，如图 15-18 所示。

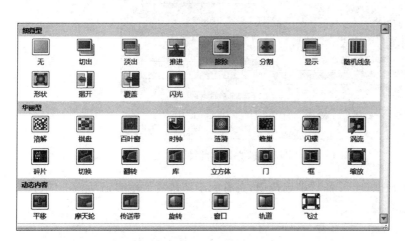

图 15-17 选择幻灯片切换效果   图 15-18 修改切换方向

（4）单击"切换"→"计时"选项组，进行如图 15-19 所示的设置。

图 15-19 "计时"选项组

（5）单击"切换"→"计时"→"全部应用"按钮，设置所有幻灯片之间的切换效果为"擦除"。

（6）完成后保存演示文稿，然后按 F5 键，从第一张幻灯片开始播放。

任务 15.5 幻灯片的放映设置与控制

制作演示文稿的最终目的是为了让大家观看。为了获得更好的播放效果，在正式播放演示文稿前，用户还需要对其进行先期设置，如设置放映方式、自定义幻灯片的播放顺序、进行排练计时等。

1. 设置放映方式

制作好的演示文稿需要放映，以便充分展示内容，所以要选择合适的方映方式。

（1）单击"幻灯片放映"→"设置"→"设置幻灯片放映"按钮 📖，打开"设置放映方式"对话框，如图 15-20 所示。

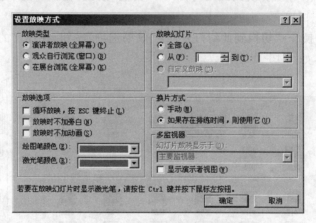

图 15-20 "设置放映方式"对话框

（2）选择"演讲者放映（全屏幕）"单选按钮，更有利于演讲者展示自己所做的内容。

2. 排练计时

一般答辩时都会有时间限制，不可能无限制陈述，所以在准备演示文稿的时候，要做好计时，以便在规定时间内适当地调整演示文稿中要陈述的内容。

（1）单击"幻灯片放映"→"设置"→"排练计时"按钮，打开如图 15-21 所示"预演"任务框。在任务框中，显示该幻灯片的播放时间和演示文稿放映的总时间。

（2）单击"下一页"按钮 ➡，切换到下一页幻灯片，计算该幻灯片的播放时间；单击"暂停"按钮 ⅱ，可以暂时停止幻灯片计时；单击"重复"按钮 ↻，可以重新对该幻灯片进行计时，在演示文稿放映的总时间里也重新计入该张幻灯片的播放时间。

（3）单击"关闭"按钮 ✕，弹出如图 15-22 所示的 Microsoft PowerPoint 对话框。

图 15-21 "预演"任务框　　　　　　　　图 15-22 Microsoft PowerPoint 对话框

(4)单击"是"按钮,则接受排练时间,并切换到幻灯片浏览视图。在每张幻灯片下面列出了幻灯片的播放时间。单击"否"按钮,取消本次排练。

提示:如果对录制的计时或旁白不满意,可以单击"设置"组中的"录制幻灯片演示"按钮,在展开的下拉菜单中单击"清除"命令,在弹出的下拉菜单中选择"清除当前幻灯片中的计时"或"清除当前幻灯片的旁白"命令,删除当前幻灯片中的计时或旁白。

3. 自定义放映幻灯片

(1)单击"自定义幻灯片放映"按钮右边的箭头,打开"自定义放映"对话框,如图 15-23 所示。单击"新建"按钮,打开"定义自定义放映"对话框,从中设置幻灯片放映的名称。在"在演

图 15-23 "自定义放映"对话框

示文稿中的幻灯片"选项框中选择要放映的幻灯片,然后单击"添加"按钮,添加到"在自定义放映中的幻灯片"中,如图 15-24 所示。单击"确定"按钮,返回"自定义放映"对话框,再单击"关闭"按钮。

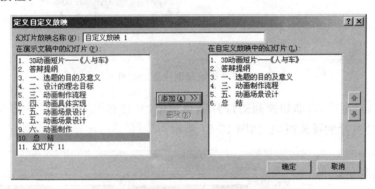

图 15-24 设置自定义放映幻灯片

(2)单击"自定义幻灯片放映"按钮右边的箭头,在打开的下拉菜单中选择"自定义放映 1"命令,就可放映自定义设置的那些幻灯片。

任务 15.6 录制幻灯片

在 PowerPoint 2010 中新增了"录制幻灯片演示"的功能,用以选择开始录制或清除录制的计时和旁白的位置。它相当于以往版本中的"录制旁白"功能,将演讲者在演示讲解文件

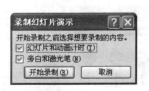

图 15-25 "录制幻灯片演示"
对话框

的整个过程中的声音录制下来,方便日后演讲者不在的情况下,听众能更准确地理解演示文稿的内容。录制毕业论文演示文稿的具体操作如下所述。

(1)打开"毕业论文演示文稿.pptx"。单击"幻灯片放映"→"设置"→"录制幻灯片演示"按钮,在弹出的菜单中选择"从头开始录制"命令。

(2)弹出如图 15-25 所示的"录制幻灯片演示"对话框,

单击"开始录制"按钮。

（3）系统切换到全屏放映方式，用户可以对着话筒输入声音。录制完一页后，单击进入下一页，如图 15-26 所示。

图 15-26　开始录制声音的幻灯片

（4）录制结束后，自动切换到幻灯片浏览视图，并且在每张幻灯片中添加声音图标，在其下显示幻灯片的播放时间，如图 15-27 所示。

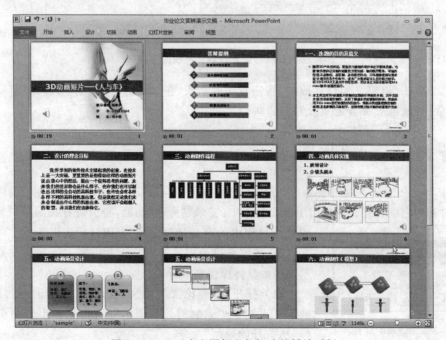

图 15-27　显示声音图标和幻灯片的播放时间

（5）单击"幻灯片放映"→"设置"→"设置幻灯片放映"按钮，在弹出的"设置放映方式"对话框中选择放映类型为"演讲者放映"，然后单击"确定"按钮。

（6）单击"幻灯片放映"→"开始放映幻灯片"→"从头开始"按钮，即可开始播放幻灯片。

（7）在播放过程中，右击屏幕，在弹出的快捷菜单中选择"指针选项"命令，再选择"笔"命令，如图 15-28 所示。

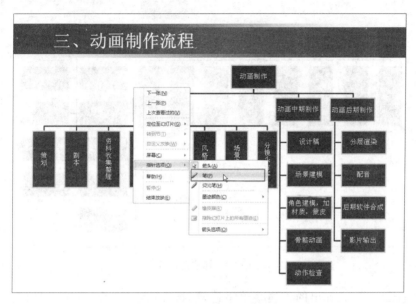

图 15-28　选择"笔"命令

（8）右击屏幕，在弹出的快捷菜单中选择"指针选项"命令，再选择"墨迹颜色"命令，在"颜色"面板中选择"绿色"选项，如图 15-29 所示。

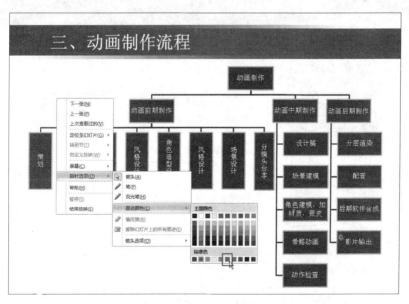

图 15-29　选择"墨迹颜色"

（9）单击并拖动鼠标指针在幻灯片中使用笔，对幻灯片进行标注，如图15-30所示。

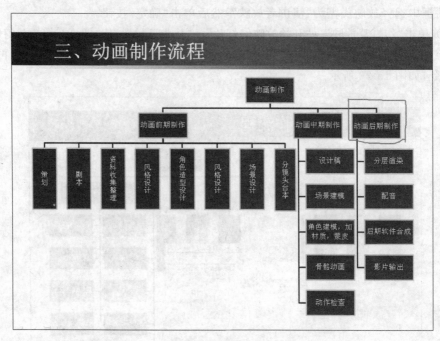

图 15-30　标注幻灯片

（10）右击屏幕，在弹出的快捷菜单中选择"指针选项"命令，再选择"箭头"命令，如图 15-31 所示。

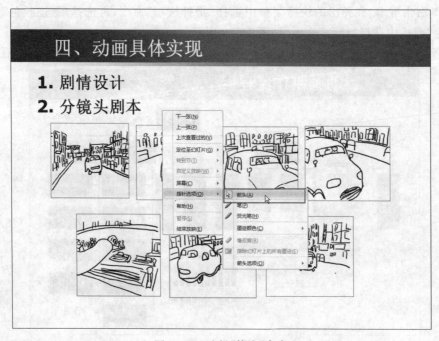

图 15-31　选择"箭头"命令

(11) 单击屏幕继续放映演示文稿,直到文稿放映结束。

项目拓展:演示文稿的安全、打包与打印

因为演示文稿有时需要在不同的机器上放映,并保证正常播放,PowerPoint 2010 提供了关于演示文稿安全的多种设置方法,可以保护演示文稿的安全。如果需要将演示文稿的内容输出到纸张上或其他计算机中放映,可以实施演示文稿的打印与打包操作。

1. 保护演示文稿的安全性

PowerPoint 2010 为演示文稿的安全性提供了多种保护方式,设置密码是最常用的一种方式。对于重要的演示文稿,为了防止被随意打开并窃取其中的重要资料,必须给文档设置密码。若没有正确的密码,将无法打开该演示文稿。

(1) 单击"文件"选项卡,在弹出的菜单中选择"信息"命令。单击"保护演示文稿"按钮,再选择"用密码进行保护"命令,打开如图 15-32 所示的"加密文档"对话框,在"密码"文本框中输入密码。

(2) 单击"确定"按钮,打开"确认密码"对话框,如图 15-33 所示,输入相同的密码,然后单击"确定"按钮,完成加密操作。

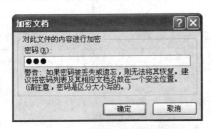

图 15-32 "加密文档"对话框

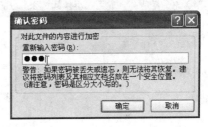

图 15-33 "确认密码"对话框

2. 打包演示文稿

所谓打包演示文稿,是指将与演示文稿有关的各种文件都整合到同一个文件夹中,只要将这个文件夹复制到其他计算机中,然后启动其中的播放程序,就可以正常播放演示文稿。

(1) 打开已做好的"毕业答辩演示文稿.pptx"

(2) 单击"文件"选项卡,在弹出的菜单中选择"保存并发送"命令,然后选择"将演示文稿打包成 CD"命令。再单击"打包成 CD"按钮,如图 15-34 所示。

(3) 出现如图 15-35 所示"打包成 CD"对话框。在"将 CD 命名为"文本框中输入打包后演示文稿的名称"毕业答辩演示文稿"。

(4) 单击"添加文件"按钮,可以添加多个演示文稿名称。

(5) 单击"选项"按钮,出现如图 15-36 所示的"选项"对话框。选中"连接的文件"及"嵌入 TrueType 字体"前面的复选框,设置打开文件密码为"123456"。

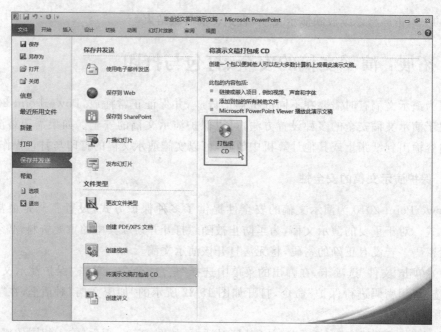

图 15-34　选择"打包成 CD"按钮

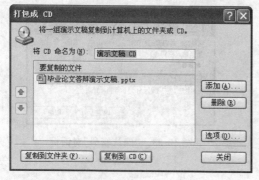

图 15-35　"打包成 CD"对话框

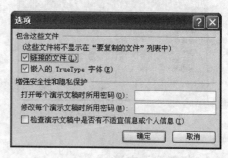

图 15-36　"选项"对话框

（6）单击"确定"按钮，保存设置并关闭"选项"对话框，返回到"打包成 CD"对话框。

（7）单击"复制到文件夹"按钮，弹出如图 15-37 所示的 Microsoft PowerPoint 对话框，提示程序会将连接的媒体文件复制到计算机，直接单击"是"按钮。

图 15-37　"Microsoft Power Point"对话框

（8）弹出"正在将文件复制到文件夹"对话框并复制文件。复制完成后，关闭"打包成 CD"对话框，完成打包操作。

（9）打开光盘文件，可以看到打包的文件夹和文件。

3. 打印"讲义"演示文稿

（1）页面设置：单击"设计"→"页面设置"→"页面设置"按钮，打开"页面设置"对话框，按图 15-38 所示进行设置。

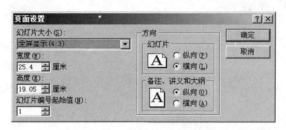

图 15-38　"页面设置"对话框

（2）打印"讲义"演示文稿：单击"文件"选项卡，在打开的下拉菜单中选择"打印"命令，打开"打印"对话框。

（3）在"名称"下拉列表框中选择要使用的打印机名称，在"打印范围"栏中设置要打印的幻灯片的范围为"全部"。

（4）在"打印内容"下拉列表中选择幻灯片打印的形式为"讲义"，在"每页幻灯片数"右侧的数字框中设置一张纸上打印的幻灯片数为"4"。

（5）单击"确定"按钮即可打印。

项目小结

本项目介绍了在 PowerPoint 2010 中插入多媒体动画、自定义动画、幻灯片切换的方法。还在项目升级中介绍了设置演示文稿的放映、设置安全与打包的方法。在为演示文稿添加动画时要注意，适当地为幻灯片添加"动画效果"，可以使演示文稿在放映时生动、形象，但过多的"动画效果"会使演示速度和节奏变得缓慢，因此一定要适度。

课后练习：制作自我介绍的演示文稿

1. 制作一个不少于 6 张幻灯片的演示文稿。注意内容的逻辑安排。
2. 创建幻灯片模板。
3. 要求演示文稿的布局合理，内容要充分展示自己。
4. 在演示文稿中制作动画、插入声音、调整路径、设置切换效果。
5. 注意幻灯片的整体风格。调试完成后，观看放映效果并保存。
6. 打包该演示文稿，以便在其他机器上放映。

第四篇

三合一完美结合

本篇介绍 Office 2010 三大组件的综合应用，主要介绍 Excel 文档链接或嵌入 Word 的方法，以及将 Word 文档转换至 PowerPoint 的方法。

项目 16　制作招生简章——Office 2010 综合应用

制作招生简章——Office 2010 综合应用

【项目背景】

在 Office 2010 中,Word 2010 在文字处理、版面设计和图文混排等方面优势明显,Excel 2010 主要用于处理表格中的数据,在公式与函数、数据计算以及统计分析处理等方面的功能非常强大;PowerPoint 2010 在演示文稿的制作上具有独特的优势。

用户在使用 Word 2010 编辑文档时,有时会用表格来组织和表达数据。虽然 Word 2010 提供了表格制作与简单的计算、处理功能,但在表格数据录入、计算以及统计分析等方面不如 Excel 2010 的功能全面、方便、快捷。作为 Office 2010 的组成部分,Excel 2010 的一个重要功能就是与其他 Office 应用程序之间的协作,主要体现在这些应用程序之间可以方便地交换信息。

通过前面项目的学习,读者在使用 Word 2010 编辑文档,而文档中含有表格以及需要数据分析、处理时,应该能够灵活运用 Excel 2010 进行处理,然后将其链接或嵌入到 Word 2010 文档中。这样不仅使工作变得简单、高效,而且可以完成单个应用程序无法胜任的工作。

本项目以制作春城学院招生简章为例,介绍如何将 Excel 2010 的表格和图表链接或嵌入到 Word 2010 中,以及 Word 文档与幻灯片相互转换的方法;介绍 Office 2010 组件的综合应用方法。本项目所介绍的都是 Office 2010 组件的综合应用,对于其他嵌入方式,读者可以通过不断的学习去了解和掌握。

【项目分析】

本项目制作如图 16-1 所示春城学院计算机系招生简章,以"招生简章.doc"为文档名保存在"我的文档"中。

本项目主要利用 Word 2010 来制作,其中的招生计划表和就业率表因重复数据较多且需要计算,用 Excel 2010 来制作较好,因此,需要在 Excel 2010 中制作图表,然后将表格和图表链接或嵌入到 Word 2010 中,通过 Office 2010 组件之间的协同操作,完成招生简章的制作,最后保存文档。

【项目实施】

本项目可以通过以下几个任务来完成:

任务 16.1　创建 Excel 2010 表格

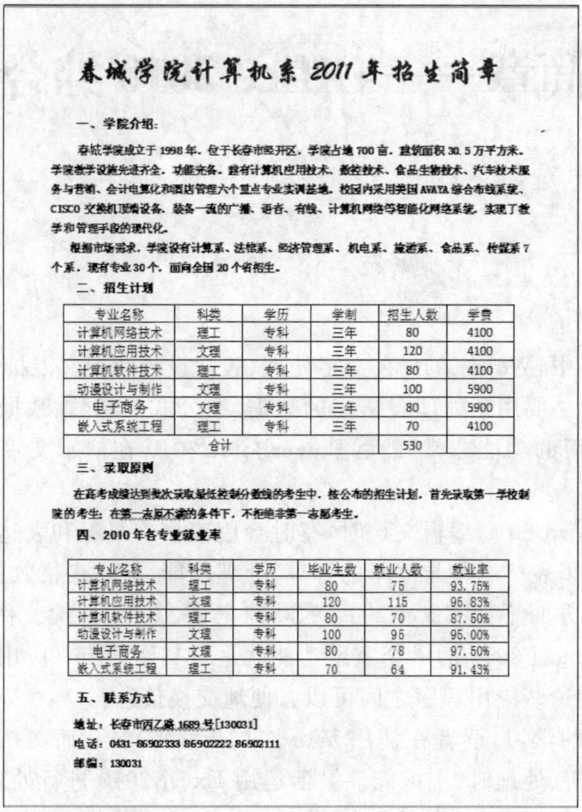

春城学院计算机系 2011 年招生简章

一、学院介绍：

春城学院成立于 1998 年，位于长春市经开区，学院占地 700 亩，建筑面积 30.5 万平方米。学院教学设施先进齐全，功能完备，建有计算机应用技术、数控技术、食品生物技术、汽车技术服务与营销、会计电算化和酒店管理六个重点专业实训基地。校园内采用美国 AVAYA 综合布线系统、CISCO 交换机顶端设备，装备一流的广播、语音、有线、计算机网络等智能化网络系统，实现了教学和管理手段的现代化。

根据市场需求，学院设有计算系、法律系、经济管理系、机电系、旅游系、食品系、传媒系 7 个系，现有专业 30 个，面向全国 20 个省招生。

二、招生计划

专业名称	科类	学历	学制	招生人数	学费
计算机网络技术	理工	专科	三年	80	4100
计算机应用技术	文理	专科	三年	120	4100
计算机软件技术	理工	专科	三年	80	4100
动漫设计与制作	文理	专科	三年	100	5900
电子商务	文理	专科	三年	80	5900
嵌入式系统工程	理工	专科	三年	70	4100
合计				530	

三、录取原则

在高考成绩达到批次录取最低控制分数线的考生中，按公布的招生计划，首先录取第一学校志愿的考生；在第一志愿不满的条件下，不拒绝非第一志愿考生。

四、2010 年各专业就业率

专业名称	科类	学历	毕业生数	就业人数	就业率
计算机网络技术	理工	专科	80	75	93.75%
计算机应用技术	文理	专科	120	115	95.83%
计算机软件技术	理工	专科	80	70	87.50%
动漫设计与制作	文理	专科	100	95	95.00%
电子商务	文理	专科	80	78	97.50%
嵌入式系统工程	理工	专科	70	64	91.43%

五、联系方式

地址：长春市西乙路 1689 号[130031]

电话：0431-86902333 86902222 86902111

邮编：130031

图 16-1 招生简章

任务 16.2 创建 Word 2010 文档

任务 16.3 在 Word 文档中嵌入和链接 Excel 表格

任务 16.1 创建 Excel 2010 表格

本任务首先创建 Excel 2010 表格。

(1) 启动 Excel 2010，然后选择“Sheet1”工作表，录入数据。表格内容如图 16-2 所示。

	A	B	C	D	E	F
1	专业名称	科类	学历	学制	招生人数	学费
2	计算机网络技术	理工	专科	三年	80	4100
3	计算机应用技术	文理	专科	三年	120	4100
4	计算机软件技术	理工	专科	三年	80	4100
5	动漫设计与制作	文理	专科	三年	100	5900
6	电子商务	文理	专科	三年	80	5900
7	嵌入式系统工程	理工	专科	三年	70	4100
8	合计					

图 16-2 招生计划表原始数据

(2) 选择 E8 单元格，然后单击“开始”→“编辑”→“自动求和”按钮 Σ ·，求出“招生人数”合计数，结果如图 16-3 所示。

	A	B	C	D	E	F
1	专业名称	科类	学历	学制	招生人数	学费
2	计算机网络技术	理工	专科	三年	80	4100
3	计算机应用技术	文理	专科	三年	120	4100
4	计算机软件技术	理工	专科	三年	80	4100
5	动漫设计与制作	文理	专科	三年	100	5900
6	电子商务	文理	专科	三年	80	5900
7	嵌入式系统工程	理工	专科	三年	70	4100
8	合计				530	

图 16-3 招生计划表自动求和

(3) 选择 A1:F8 单元格区域,然后单击"开始"→"字体"选项组中的工具按钮,设置表格中文字的字体、字号并加粗;单击"开始"→"对齐"→"居中对齐"按钮,设置表格中的文字"居中对齐"。

(4) 选择 A1:F8 单元格区域,然后单击"开始"→"单元格"→"格式"按钮,在弹出的下拉菜单中选择"自动调整列宽"命令,调整表格的列宽。

(5) 单击"开始"→"字体"选项组中的 下三角按钮,在弹出的下拉菜单中单击 (所有框线)按钮,为全部数据添加框线。

(6) 选择 A8:D8 单元格区域,然后单击"开始"→"单元格"→"合并及居中"按钮,设置"合计"文本"合并居中"。上述步骤完成后,表格如图 16-4 所示。

	A	B	C	D	E	F
1	专业名称	科类	学历	学制	招生人数	学费
2	计算机网络技术	理工	专科	三年	80	4100
3	计算机应用技术	文理	专科	三年	120	4100
4	计算机软件技术	理工	专科	三年	80	4100
5	动漫设计与制作	文理	专科	三年	100	5900
6	电子商务	文理	专科	三年	80	5900
7	嵌入式系统工程	理工	专科	三年	70	4100
8	合计				530	

图 16-4 格式设置后的招生表格

(7) 将 Sheet1 工作表重命名为"招生计划表"。

(8) 选择 Sheet2 工作表,按照与制作"招生计划表"类似的步骤,创建"就业率统计表",如图 16-5 所示。

	A	B	C	D	E	F
1	专业名称	科类	学历	毕业生数	就业人数	就业率
2	计算机网络技术	理工	专科	80	75	93.75%
3	计算机应用技术	文理	专科	120	115	95.83%
4	计算机软件技术	理工	专科	80	70	87.50%
5	动漫设计与制作	文理	专科	100	95	95.00%
6	电子商务	文理	专科	80	78	97.50%
7	嵌入式系统工程	理工	专科	70	64	91.43%

图 16-5 招生就业率统计表

(9) 单击"快速访问"工具栏上的 (保存)按钮,弹出"另存为"对话框,将工作簿命名为"招生信息表.xlsx",然后单击"保存"按钮,保存到"我的文档"中。

任务 16.2 创建 Word 2010 文档

本任务创建 Word 2010 文档。

（1）首先启动 Word 2010，新建一份"空白文档"。

（2）单击"页面布局"→"页面设置"→"纸张大小"按钮，打开"页面设置"对话框，设置纸张和页边距如图 16-6 和图 16-7 所示。

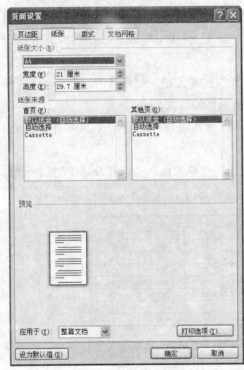

图 16-6 纸张设置   图 16-7 页边距设置

（3）选择标题，设置字体为"华文，行楷"，字号为"一号"，颜色为"深蓝"，且"居中对齐"，并设置段后为"1 行"。

（4）按住 Ctrl 键，选择"一、学院介绍"等 5 个标题，设置字体为"黑体"，字号为"小四"，颜色为"深蓝"，并设置段落格式为"首行缩进，2 个字符"，段前、段后各"0.5 磅"，行距为"固定值 18 磅"。

（5）按住 Ctrl 键，选择所有正文内容，设置字体为"仿宋_GB2312"，字号为"五号"，设置段格式为"首行缩进，2 字符"，行距为"固定值 18 磅"，如图 16-8 所示。

（6）单击"快速访问"工具栏上的 ⊟ （保存）按钮，弹出"另存为"对话框，将文档名称保存为"招生简章.docx"，然后单击"保存"按钮，保存到"我的文档"中。

春城学院计算机系 2011 年招生简章

一、学院介绍：

春城学院成立于 1998 年，位于长春市经开区，学院占地 700 亩，建筑面积 30.5 万平方米。学院教学设施先进齐全，功能完备。建有计算机应用技术、数控技术、食品生物技术、汽车技术服务与营销、会计电算化和酒店管理六个重点专业实训基地。校园内采用美国 AVAYA 综合布线系统、CISCO 交换机顶端设备，装备一流的广播、语音、有线、计算机网络等智能化网络系统，实现了教学和管理手段的现代化。

根据市场需求，学院设有计算系、法律系、经济管理系、机电系、旅游系、食品系、传媒系 7 个系，现有专业 30 个，面向全国 20 个省招生。

二、招生计划

三、录取原则

在高考成绩达到批次录取最低控制分数线的考生中，按公布的招生计划，首先录取第一学校制院的考生；在第一志愿不满的条件下，不拒绝非第一志愿考生。

四、2010年各专业就业率

五、联系方式

地址：长春市丙乙路 1689 号[130031]

电话：0431-86902333 86902222 86902111

邮编：130031

图 16-8 文本格式设置

任务 16.3 在 Word 文档中嵌入和链接 Excel 表格

本任务介绍在 Word 2010 文档中嵌入和链接 Excel 2010 表格。

（1）选择招生计划表中的 A1:F8 单元格区域，然后单击"开始"→"剪贴板"→"复制"按钮 。

（2）将插入点光标置于"招生简章.docx"文档的"二、招生计划"文本的下一段，然后单击"开始"→"剪贴板"→"粘贴"下三角按钮 ，在弹出的下拉菜单中选择"选择性粘贴"命令，弹出"选择性粘贴"对话框。选择"粘贴"单选按钮，然后在"形式"列表框中选择"Microsoft Office Excel 工作表 对象"选项，如图 16-9 所示。单出"确定"按钮，则表格作为对象嵌入"招生简章.docx"。

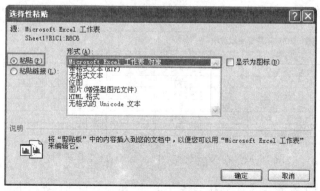

图 16-9 "选择性粘贴"对话框嵌入对象

（3）单击"开始"→"段落"→"居中"按钮▇，使表格居中对齐，如图 16-10 所示。

二、招生计划					
专业名称	科类	学历	学制	招生人数	学费
计算机网络技术	理工	专科	三年	80	4100
计算机应用技术	文理	专科	三年	120	4100
计算机软件技术	理工	专科	三年	80	4100
动漫设计与制作	文理	专科	三年	100	5900
电子商务	文理	专科	三年	80	5900
嵌入式系统工程	理工	专科	三年	70	4100
合计				530	

图 16-10　在 Word 文档中嵌入 Excel 工作表对象

（4）选择"就业率统计表"中的 A1：F7 单元格区域，然后单击"开始"→"剪贴板"→"复制"按钮▇。

（5）将插入点光标置于"招生简章.docx"文档的"四、各专业就业率"文本的下一段，然后单击"开始"→"剪贴板"→"粘贴"按钮▇，在弹出的下拉菜单中选择"选择性粘贴"命令，弹出"选择性粘贴"对话框。选择"粘贴链接"单选按钮，然后在"形式"列表框中选择"Microsoft Office Excel 工作表 对象"选项，如图 16-11 所示。单击"确定"按钮，则表格作为对象链接至"招生简章.docx"。

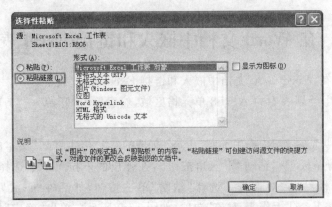

图 16-11　通过"选择性粘贴"对话框链接对象

（6）单击"开始"→"段落"→"居中"按钮▇，使表格居中对齐，如图 16-12 所示。

四、2010年各专业就业率					
专业名称	科类	学历	毕业生数	就业人数	就业率
计算机网络技术	理工	专科	80	75	93.75%
计算机应用技术	文理	专科	120	115	95.83%
计算机软件技术	理工	专科	80	70	87.50%
动漫设计与制作	文理	专科	100	95	95.00%
电子商务	文理	专科	80	78	97.50%
嵌入式系统工程	理工	专科	70	64	91.43%

图 16-12　在 Word 文档中链接 Excel 工作表对象

（7）至此，"招生简章.docx"制作完毕。单击"快速访问"工具栏上的▇（保存）按钮，保存并退出。

技能链接——选择性粘贴

在"选择性粘贴"对话框中,选择"粘贴"单选按钮时,"Microsoft Office Excel 工作表 对象"形式为嵌入对象方式,是将在源文件中创建的对象嵌入到目标文件中,使该对象成为目标文件的一部分。双击该对象,可调用源程序进行编辑、修改如图 16-13 所示,对嵌入对象所做的更改只反映在目标文件中,如果源文件中发生了变化,不会对嵌入的对象产生影响。

选择"选择性粘贴"单选按钮时,"Microsoft Office Excel 工作表 对象"形式为链接对象方式,是指该对象在源文件中创建,然后被插入到目标文件夹中,并且维持这两个文件之间的链接关系。双击该对象,可打开源程序进行编辑、修改。当文件发生变化时,在目标文件中更新链接,可使目标文件中的链接对象得到相应的变化,如图 16-14 所示。

图 16-13　在 Word 文档中嵌入 Excel 工作表对象

图 16-14　在 Word 文档中链接 Excel 工作表对象

项目拓展：在 Word 文档中链接图表及文档美化

下面介绍如何在 Word 2010 文档中链接图表，并进行文档美化，制作效果如图 16-15 所示。

图 16-15　美化后的招生简章

1. 建立图表

首先制作"招生信息表"中的双轴图表。双轴图表中有一个主要坐标轴和一个次要坐标轴。通常，柱形图看左侧的主坐标轴，而折线图看右侧的次坐标轴。在这个实例中，有 3 列数据，其中第 1 列是"毕业生人数"数据，第 2 列是"就业人数"数据，第 3 列是"就业率"数据。现在通过柱形图来制作和查看实际的"毕业人数"以及"就业人数"数据，用折线图来查看"就业率"的走势情况。

（1）打开"招生信息表"，选中 A1：A6 和 D1：F7 数据区域，然后单击"插入"→"图表"→"柱形图"按钮，在弹出的下拉菜单中选择"二维柱形图"→"簇状柱形图"命令，在工作表中建立如图 16-16 所示的图表，并适当调整图表的大小。

（2）选定创建的图表，然后在"图表工具"→"布局"→"当前所选的内容"选项组中最

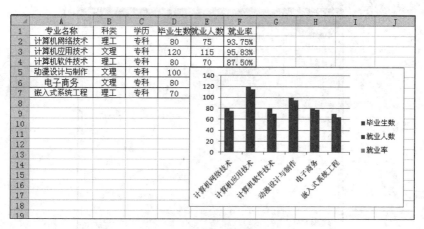

图 16-16　刚创建的柱形图

上边的列表框中选择"系列就业率",应用此法将在图表中看不到的"就业率"柱形图选中。

（3）单击"图表工具"→"设计"→"类型"→"更改图表类型"按钮,打开"更改图表类型"对话框,将当前的"柱形图"更改为"折线图",再选择"子图表类型"为"带数据标记的折线图",如图 16-17 所示。

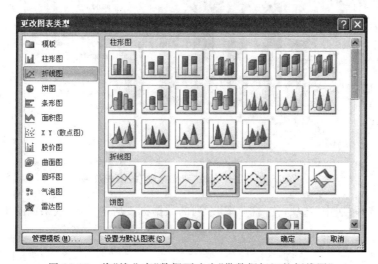

图 16-17　将"就业率"数据更改为"带数据标记的折线图"

（4）单击"确定"按钮后返回数据表。在图表中,虽然"就业率"数据已经转变成了"折线图"（变成绿色）,但是由于数据太小,会在"X 轴"呈一条直线。

（5）在图表中,用鼠标指针对准呈直线的"就业率"双击,可立即打开"设置数据系列格式"对话框。

（6）在"设置数据系列格式"对话框中,将当前的"主坐标轴"选项更改为"次坐标轴"选项,如图 16-18 所示。单击"关闭"按钮后,"就业率"的折线效果出现在之中。至此,双坐标轴的图表制作完成,如图 16-19 所示。

（7）选择"就业率"系列,然后单击"图表工具"→"布局"→"标签"→"数据标签"按钮,在

◆ 办公软件应用项目实训

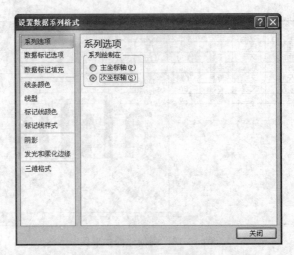

图 16-18 "设置数据系列格式"对话框

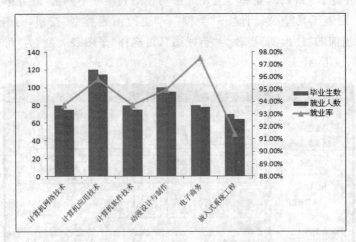

图 16-19 制作完成"双坐标轴"的图表效果

下拉列表中选择"居中"选项,使"就业率"系列的数据标签居中显示,效果如图 16-20 所示。

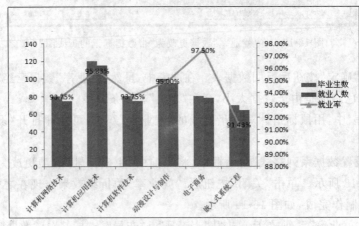

图 16-20 居中显示系列的数据标签

2. 图表的格式化

（1）双击绘图区，在弹出的"设置绘图区格式"对话框中，选中"填充"选项中的"图片或纹理填充"单选按钮，再单击"纹理"按钮，然后在弹出的列表中选择"羊皮纸"，如图 16-21 所示。

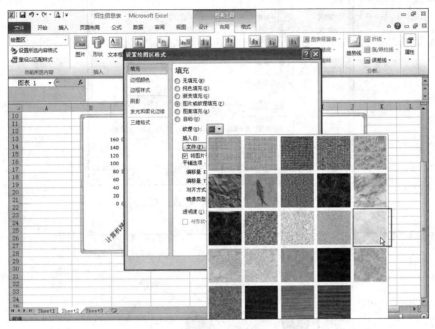

图 16-21　设置绘图区格式为"羊皮纸"

（2）选中水平（类别）轴，设置字体为"8 磅，宋体"。

（3）双击图例，在弹出的"设置图例格式"对话框中，分别设置"位置"选项中的参数，如图 16-22 所示，然后单击"确定"按钮。

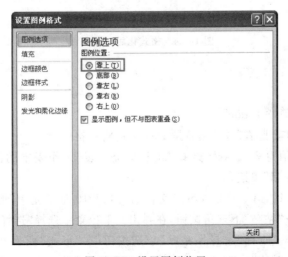

图 16-22　设置图例位置

（4）双击"就业率"数据标志值，在弹出的"设置数据标志格式"对话框中设置"数字"的参数，如图16-23所示，然后单击"确定"按钮。最后的效果如图16-24所示。

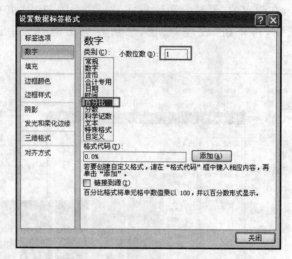

图16-23 设置"就业率"数值格式

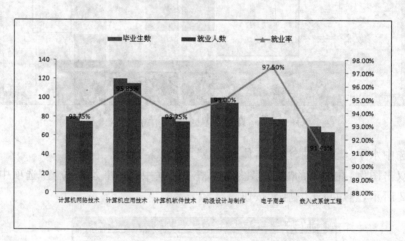

图16-24 格式化后的图表

3. 链接图表

（1）打开"招生简章1.doc"。

（2）单击链接的就业率表格，然后按Delete键将表格删除。

（3）打开"招生信息表.xlsx"，选择"就业率统计表"工作表中的图表，然后单击"开始"→"剪贴板"→"复制"按钮。

（4）将光标定位到"招生简章.docx"文档的"四、2010年就业率"的下一段，然后单击"开始"→"剪贴板"→"粘贴"下三角按钮，在弹出的下拉菜中选择"选择性粘贴"命令，打开"选择性粘贴"对话框。选择"选择性粘贴"单选按钮，在"形式"列表框中选择"Microsoft Office Excel 工作表 对象"选项，然后单击"确定"按钮，则Excel图表作为对象链接至"招生简章.docx",如图 16-25 所示。

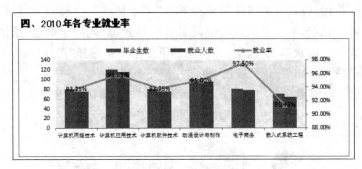

图 16-25 链接图表

（5）若链接至 Word 文档中的图表需要调整或修改，则双击该图表，重新打开源程序进行调整。

4. 美化文档

（1）选择标题，然后单击"插入"→"文本"→"艺术字"按钮，选择艺术字样式为"渐变填充－橙色，强调文字颜色 6，内部阴影"，如图 16-26 所示。单击"确定"按钮，将艺术字插入Word 文档，并设置字体为"华文行楷"，适当调整其大小及对齐方式，效果如图 16-27 所示。

图 16-26 插入艺术字

图 16-27 在文档中的艺术字

（2）双击该图标，将插入点光标置于文档结尾空白处的首行开头，然后单击"插入"→"插图"→"形状"按钮，在打开的下拉菜单中选择"基本形状"→"椭圆"。按住 Shift 键，拖动鼠标画一个圆，然后选择该形状，打开"设置形状格式"对话框。单击"绘图工具"→"格式"→"形状样式"→"形状填充"按钮，在弹出的下拉菜单中选择"图片"命令，再选择"项目15/图片/1.jpg"，最后单击"确定"按钮，将图片填充至形状中。

（3）将该形状调整至文档中合适的位置，再复制 3 个该形状，按步骤 2 中填充图片的方法，分别将图片填充至形状中。最后的效果如图 16-28 所示。

图 16-28　插入自选图形填充图片

5. Word 与 Excel 在 PowerPoint 中的应用

（1）在 Word 中打开"招生简章.doc"，另存为名称"招生简章 2.doc"并保存在"我的文档"中。

（2）在招生简章 2.doc 文档中，单击"视图"→"文档视图"→"大纲视图"按钮，切换到大纲视图，利用大纲级别来调整要放在幻灯片中的大纲级别。将文档中的"一、学院简介"、"二、招生计划"、"三、录取原则"、"四、2010 年各专业就业率"、"五、联系方式"设置大纲级别为 1 级，正文设置大纲级别为 2 级，如图 16-29 所示。

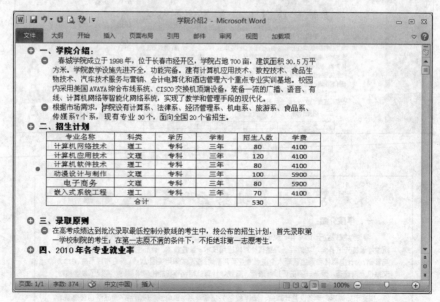

图 16-29　为各标题设置大纲级别

（3）设置完毕后，将其保存并退出。

（4）启动 PowerPoint，然后单击"开始"→"幻灯片"→"新建幻灯片"下三角按钮，在弹出的下拉菜单中选择"幻灯片（从大纲）"命令，打开"插入大纲"对话框。插入刚才创建的"招生简章 2.doc"文档，然后单击"插入"按钮，如图 16-30 所示，即可在 PowerPoint 中导入 Word 大纲，如图 16-31 所示。

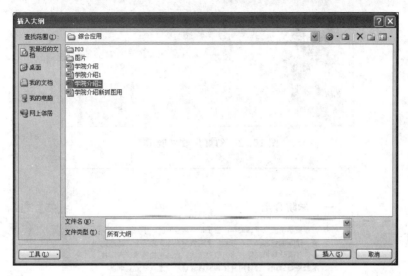

图 16-30 插入"招生简章 2.doc"文档

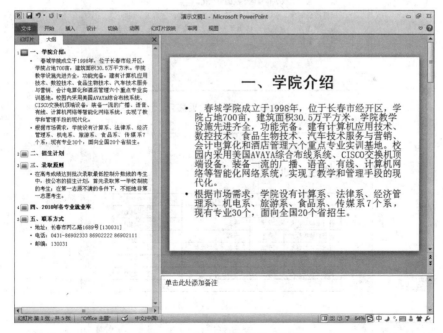

图 16-31 自动创建的演示文稿

（5）利用 PowerPoint 提供的工具，对演示文稿进行完善，结果如图 16-32～图 16-37 所示。

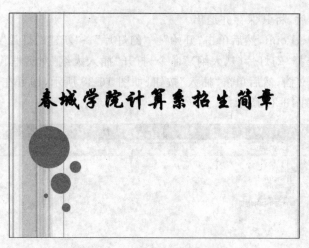

图 16-32　幻灯片效果展示 1

一、学院介绍

○ 春城学院成立于1998年，位于长春市经开区，学院占地700亩，建筑面积30.5万平方米。学院教学设施先进齐全，功能完备。建有计算机应用技术、数控技术、食品生物技术、汽车技术服务与营销、会计电算化和酒店管理六个重点专业实训基地。校园内采用美国AVAYA综合布线系统、CISCO交换机顶端设备，装备一流的广播、语音、有线、计算机网络等智能化网络系统，实现了教学和管理手段的现代化。

○ 根据市场需求，学院设有计算系、法律系、经济管理系、机电系、旅游系、食品系、传媒系7个系，现有专业30个，面向全国20个省招生。

图 16-33　幻灯片效果展示 2

二、招生计划

专业名称	科类	学历	学制	招生人数	学费
计算机网络技术	理工	专科	三年	80	4100
计算机应用技术	文理	专科	三年	120	4100
计算机软件技术	理工	专科	三年	80	4100
动漫设计与制作	文理	专科	三年	100	5900
电子商务	文理	专科	三年	80	5900
嵌入式系统工程	理工	专科	三年	70	4100
合计				530	

图 16-34　幻灯片效果展示 3

三、录取原则

○ 在高考成绩达到批次录取最低控制分数线的考生中，按公布的招生计划，首先录取第一学校制院的考生；在第一志原不满的条件下，不拒绝非第一志愿考生。

图 16-35　幻灯片效果展示 4

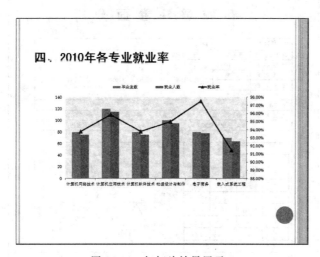

图 16-36　幻灯片效果展示 5

五、联系方式

○ 地址：长春市丙乙路1689号[130031]
○ 电话：0431-86902333 86902222 86902111
○ 邮编：130031

图 16-37　幻灯片效果展示 6

(6) 单击"文件"→"保存"→"新建幻灯片",将创建的演示文稿保存起来。

项目小结

本项目介绍了 Word 2010 与 Excel 2010 以及 PowerPoint 2010 协同使用的方法,使用户掌握 Office 2010 组件的综合应用,发挥 3 种办公软件各自的长处,以便在日后的学习和工作中取得事半功倍的效果。

课后练习:春城学院卷面分析

利用 Word 2010 与 Excel 2010 练习制作"春城学院卷面分析",效果如图 16-38 所示。

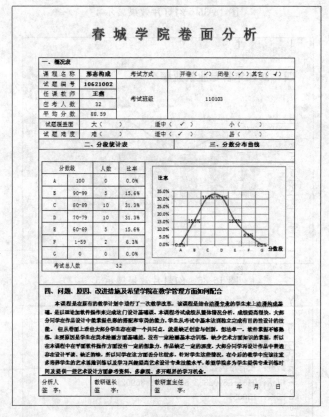

图 16-38 春城学院卷面分析

(1) 启动 Word 2010,新建一份空白文档。

(2) 单击"页面布局"→"页面设置"→"页边距"按钮,在弹出的下拉菜单中选择"自定义页边距"命令,设置左右边距为 2.5 厘米,其余各项目均采用默认设置,然后单击"确定"按钮。

(3) 绘制表格,如图 16-39 所示。

一、概况表			
课程名称		考试方式	开卷（ ） 闭卷（✓）其它（ ）
试题编号		考试班级	
任课教师			
应考人数			
平均分数			
试题覆盖面	大（ ）	适中（✓）	小（ ）
试题难度	难（ ）	适中（✓）	易（ ）
二、分段统计表		三、分数分布曲线	
四、问题、原因、改进措施及希望学院在教学管理方面如何配合			
分析人 签 字：	教研组长 签 字：	教研室主任 签 字：	年 月 日

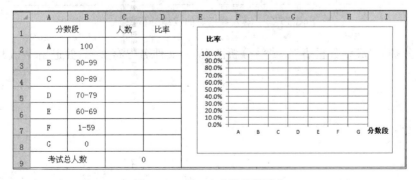

图 16-39 创建表格

(4) 插入艺术字和文本框，设置如图 16-40 所示的标题。

春 城 学 院 卷 面 分 析

一、概况表			
课程名称		考试方式	开卷（ ） 闭卷（✓）其它（ ）
试题编号		考试班级	
任课教师			
应考人数			
平均分数			
试题覆盖面	大（ ）	适中（✓）	小（ ）
试题难度	难（ ）	适中（✓）	易（ ）
二、分段统计表		三、分数分布曲线	

图 16-40 卷面分析报告表标题

(5) 启动 Excel 2010，建立表格和图表，如图 16-41 所示。

	A	B	C	D
1	分数段		人数	比率
2	A	100		
3	B	90-99		
4	C	80-89		
5	D	70-79		
6	E	60-69		
7	F	1-59		
8	G	0		
9	考试总人数		0	

图 16-41 Excel 成绩分析图表

(6) 选择如图 16-40 所示的表格和图表，然后单击“开始”→“剪贴板”→“复制”按钮。

(7) 切换至 Word 2010 表格中，将光标插入“分数段统计”下方的单元格中，单击“开始"→"剪贴板"→"粘贴"下三角按钮,在弹出的下拉菜中选择"选择性粘贴"命令,打开"选择性粘贴"对话框。选择"粘贴链接"单选按钮,在"形式"列表框中选择"Microsoft Office Excel 工作表 对象"选项,然后单击"确定"按钮,则 Excel 表格和图表作为对象链接至 Word 中,如图 16-42 所示。

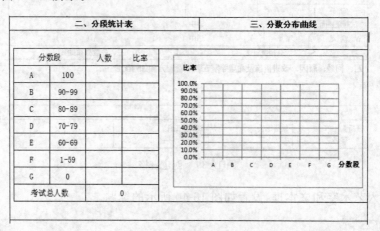

图 16-42　Excel 表格和图表作为对象链接至 Word 中

　　(8) 在 Excel 表格中输入数据,则图表自动显示,如图 16-43 所示。Word 表格中链接的 Excel 表格和图表随之改变。

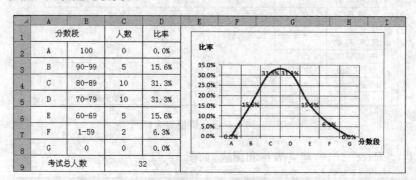

图 16-43　输入数据后的成绩分析图表

　　(9) 分别以"成绩分析表"、"成绩分析图表"为文件名保存文档,并退出 Word 2010 和 Excel 2010。

参 考 文 献

［1］孙海伦.办公软件应用教程［M］.北京：人民邮电出版社,2010.

［2］卞诚君.完全掌握 Office 2010 高效办公超级手册［M］.北京：机械工业出版社,2011.

［3］姜传芳.Word/Excel 文秘办公典型实例［M］.北京：科学出版社,2009.

［4］王凡帆.办公软件安例教程［M］.北京：人民邮电出版社,2011.